江苏省高校优势学科建设工程资助项目

职场交往美德

Zhichang Jiaowang Meide

韩秀景 著

上海三联书店

内 容 简 介

　　加强职业道德建设,确立职场交往美德是发展市场经济的必然要求,也是实现职场和谐必须要做的功课,近年来,职业道德滑坡严重,职场交往道德缺位已成为不争的事实。这一点无论是从职场人的职业素质、职业态度、职业行为还是行业间的竞争合作等诸多方面都能显现出来。如何培育和修炼职场交往美德,以推进市场经济健康发展,达成职场和谐,这既是一项艰巨的任务,也是一项系统的"行为习惯养成"工程。这一工程必须借助有目的、有意识、系统的、全方位的环境熏陶、教育模塑、道德自制来进行。本书比较系统地分析了职场交往美德的基本概念,阐述了职场交往美德何以必要,探索了职场交往美德实现的基本路径和方法:强调以礼显德,用良好沟通、谦虚营造良好职场氛围,认为职场交往须以诚信为基石,秉持合作精神,坚持互惠互利,奉行宽容之道,做事先做人,并以善做事为支撑,最终实现职场和谐。

目　录

第一章　职场交往与美德

　　职场交往美德是当今职场稀缺而珍贵的品质标签,也是职场人士谋求成功的坚实根基。美德和能力,就如同人之左右手,不可偏废,单有美德,没有能力,难以胜任工作;单有能力,没有美德,人将残缺不全,无法实现职场的可持续发展。因为没有人会信任、重用一个品德欠佳的员工。

第一节　美德

一、美德释义

　　谈到职场交往美德,就不得不先谈美德。美德,即优秀的品质,"而且是有善的价值的优秀品质。"[①]按照伦理学家万俊人的解释,美德"即人的德行的卓越成就和德性的完善。"[②]"美德本身是一种优秀的气质,虽然是一种主观的心灵状态,但它却含有客观的内容和结构,并与

————————

　　① 詹世友:"美德的本质及美德伦理学的学科特征",《江西社会科学》2007.07.
　　② 万俊人:"道德何以兴国立人?——学习领会习近平总书记在山东考察时重要讲话精神",《光明日报》2013.12.03.

正确的行为紧密关联。"①这也就是说,美德还是一种行动能力。可以将其视为"一种好的品质,或者更特定地说是以卓越的(或足够好的)方式应对或响应各种事项的气质。"②而所谓"好的品质"、"卓越的方式"则是说,在社会行动的领域中,出于美德的行为都必须能够实现社会健全的价值目标。③"美德更多的体现了基于现实之上的理想性,是代表主体的道德理想、在伦理生活中得到比较普遍尊奉、在一定意义上具有普遍和永恒价值的那些德性。"④

什么是"美"?许慎以为"羊大为美"。⑤"羊大"之所以为"美",是由于其好吃之故。美学家李泽厚则认为,"羊人为美"。他认为许慎在解说美"从羊大"后,紧接着说,"美与善同意"。从甲骨文和金文来看,"美"指的是戴羊形或羊头装饰的大人。"羊大则美"在说明味美好吃时,更为强调的是自然性的塑造陶冶和它向人的生成。而"羊人为美",则着重强调社会性的建立规范和它向自然感性的沉积。因此,在李泽厚看来,"羊大则美"与"羊人则美"是统一的。"这种统一表现为自然感官的享受愉快与社会文化的功能作用的交融统一,是感性中的理性,自然性中的社会性;是人性与制度、感性与理性,自然与社会交融的和谐统一。所以美德应是道德中能够保证人与自然、人与人、人与社会和谐,能反映出至善的道德境界及道德向善性的部分。"⑥

从历史上看,在我国先哲们并未就"美德"形成明确的定义,更多地是以范畴与命题形式出现。孔子建构起了第一个完整的美德体系,

---

① 詹世友:"美德的本质及美德伦理学的学科特征",《江西社会科学》2007.07.

② Christine Swanton, *Virtue Ethics:A Pluralistic View*, Oxford University Press, 2003, p.19.

③ 詹世友、汤青岚:"美德的内在结构及其塑造途径",《道德与文明》2009.03.

④ 康宇:"儒家美德与当代社会",黑龙江大学2007.17.

⑤《说文解字》.

⑥ 康宇:"儒家美德与当代社会",黑龙江大学2007.17.

他以知、仁、勇为三达德，以此为基础，提出孝、礼、悌、忠、恕、恭、宽、信、惠、温、良、俭、让、诚、敬、慈、刚、毅、直、克己、中庸等一系列美德条目。孟子则以仁、义、礼、智为四基德，将其扩展为"五伦十教"，即君惠臣忠、父慈子孝、兄友弟恭、夫义妇顺、朋友存信。孟子在"仁"的基础上进而提出了"充实之谓美"的命题：充实乃内心充实，心灵之美即为内心充实之美，其本质在于人性的善，据此可说善即是美。董仲舒之后，仁、义、礼、智、信成为儒家美德最主要的构成原素。①

　　在西方，苏格拉底提出了"美德即知识"以及"智慧即美德"的原则。他强调理性的重要性。而亚里士多德是第一个较完整提出美德学的哲学家，他详细地列举了美德条目：美德＝中道＝勇敢＋自制＋慷慨＋大方＋胸襟恢宏＋好名＋温和＋诚实＋机智＋友善＋有耻＋正当愤怒。② 亚里士多德强调美德即优秀的品质，是潜在的"善"和中道。麦金太尔则将美德理解为如此的品质倾向，"它不仅能维持实践的进行，使我们能实现内在于实践和各种善，而且又能使我们克服所遭遇的那些危险、伤害、诱惑、涣散，它还维持了我们相关种类的善的探索，使我们达到不断增长的自我知识和善的知识。"③

　　可见，美德是"美"与"德"的统一，进而言之，就是"美"与"善"的统一。正所谓"君子成人之美，不成人之恶"，④"君子之学也，以美其身"。⑤

　　美德伦理学认为，"美德是心灵中的理智、情感、欲望等成分在存在论层次上的优秀状态，其客观标准为：凡是有利于把心灵塑造到这

---

① 参见康宇："儒家美德与当代社会"，黑龙江大学 2007.18.

② 孙君恒."西方美德伦理学的复兴"，《广西大学学报》2001.06.

③ John W Chapman and William A Galston, *Virtue*, Oxford University Press, 1992,p.17.

④《论语·泰伯》.

⑤《荀子·劝学》.

种优秀状态的思想、行为规范就是有善的价值的。它要求,从道德上说,我们的行为的过程和结果应该可以返回我们内心,来涵养我们的心灵,也就是说,通过这些行为实践,可以'积善成德'。"①

二、美德的价值

美德对所有社会来说都是宝贵的、短缺的精神资源。它的存在,维持了各种各样的社会实践的正常运行。对职场人士来说,美德乃职场立人立足之本。老子曰:"修之于身,其德乃真;修之于家,其德乃余;修之于乡,其德乃长;修之于国,其德乃丰;修之于天下,其德乃普。"②按照老子的说法,人生活在社会中,不论是治国、做人、持家、入士、为文、从教、经商,都要把伦理道德放在第一位,自觉接受伦理道德规范的约束,如此才能形成和谐的人际关系和良好的社会秩序。

美德是不可估量的强大精神力量。美德"必定是一种精神力量,有其自身的特质,同时又内含着现实社会的价值指引,能够以优越的或足够好的方式来自处和处世。"③孟子说过"仁者无敌"。仁者之所以无敌,是因为他行事以德,而行事以德的人,会在利人中利己,在成人中成己,在爱人中爱己,即,通过利人达成了利己,通过成就别人成就了自己,通过使别人快乐获得快乐。故能凝聚大家,与众人结合成命运共同体、利益共同体和情感共同体。

美德是对个人不良欲望的一种超越。凡拥有美德者,都善于约束自己的不良欲望,在有德之人看来,有损美德的利益不是一种利,反而是一种害。正如孔子所言:"不义而富且贵,于我如浮云。"避免攫取不符合道义的利益,也就避免了它可能导致的害。

---

① 孙君恒:"西方美德伦理学的复兴",《广西大学学报》2001.06.
② 《道德经》.
③ 詹世友、汤清岚:"美德的内在结构及其塑造途径",《道德与文明》2009.03.

　　美德能促使人们自觉而恰当践行道德规范。理论是灰色的,而生活之树常青。伦理道德同任何理论一样,至多只能概括实际生活中一般情况。而现实的社会生活是丰富多彩和复杂多变的,运用道德规范必须考虑生动的实际生活,必须考虑现实的确切事实,做到恰如其分地运用道德规范,而"有美德的人对'正当的'、'对的'等道德规范能够通过在具体的处境中,做出恰当、合宜的行为来体现它。不存在一种能够应付任何情形的绝对抽象的道德规范。"①

　　美德有利于社会生活和工作。美德的他人意识、社会意识的维度,使得有美德的人必然能够自尊且尊重他人,即彼此同等地尊重对方的自由意志。所以,美德必定是有利于社会生活和工作的。这一点如同米德所言:"只有当你能把你的动机和你追求的实际目的与共同的善认同时,你才能达到道德的目的并获得合乎道德的幸福。因为人性本质上是社会的,合乎道德的目的也必定是社会性的。"②这就是说,在本质意义上,一个有美德的人,他的精神空间一定具备了社会性的维度。③

　　美德除了其社会价值,还有其内在价值。美德的内在价值,表现为"美德自身就是目的,它本身就好,而不是相对于其他目的而言的好,达到它,是好生活内在的一部分,而不仅仅是获得生活之好的手段或工具。按照古代儒家以及柏拉图、亚里士多德的观点,好的生活就意味着人的心灵得到了内在的整体的成长,获得了精神力量,所以,能够做出合乎美德的实践活动就是幸福。在这个问题上,与亚里士多德相比,柏拉图《理想国》所表达的生活信念似乎与此更为接近。对亚里士多德来说,好生活还包括了外在生活的顺遂,如中等家资、身体健

---

① 詹世友:"论美德的特征及其意义",《道德与文明》2006.02.
② 乔治·H.米德:《心灵、自我与社会》,上海:上海译文出版1992.333～334.
③ 詹世友:"论美德的特征及其意义",《道德与文明》2006.02.

康、拥有朋友等,而对柏拉图和儒家来,外在生活道路的平坦与坎坷、命运的穷达,均无损或无补于美德的内在价值……所以,从这个意义上说,美德的确有其内在价值,因为它是好生活的内在的部分。如果我们在生活困顿之中仍然能够人格挺立,自得其乐,就表明我们确实拥有一种道德经验,它是通过修养之后获得的一种实有诸己的内在品质,此即美德。"[①]

第二节 职 场 交 往

一、何谓职场交往

职场交往即人们在具体的职业活动中人与人之间的交往。具体包括职业选择过程中的人际交往、职业适应期的人际交往和职业发展过程的人际交往等。职场交往不同于一般的人际交往,它是受职业纪律和职业道德所约束的。

职场交往是在人们职业活动中逐渐形成和发展起来的,职场活动离不开职场交往,离开了职场交往,职业关系便无从产生。所有职业关系都是职场交往活动的产物,职业选择过程、职业适应过程和职业发展过程的人际交往都是职场交往的具体表现,通过具体的涉及职场活动的人际交往使职场交往具体化,从而使职场交往活动变得丰富多彩且有意义。

一位哲学家曾说过"人生的美好是人情的美好,人生的丰富是人际关系的丰富"。同理,我们也可以说,职场的美好是人情的美好,职场的丰富是职场人际关系的丰富。

---

① 詹世友、汤青岚:"美德的内在结构及其塑造途径",《道德与文明》2009.03.

二、职场交往的功能

就个体而言,职场交往是一个人进入职业岗位进而求得发展的基本需要。首先,职场交往是个体顺利进入职业岗位的需要。任何具有劳动能力的个体只有在和拥有职业准入权的人发生交往,得到接纳的基础上,才能实现职业准入,谋得特定的职业岗位,开始其职业生涯。其次,职场交往也是个体职业发展的需要。个体在职业发展过程中无不希望获得职业伙伴的理解、尊重、帮助、支持和合作,这些愿望与需求只有在积极的职场交往过程中才能得到满足。再次,职场交往对个体的成长发展会产生重要影响。一个人唯有在健康和谐的职业群体中,才有可能充分地展示自己的职业素质和职业能力,实现自我的价值。

就群体而言,职场交往对于群体内团结合作关系的形成具有重要意义。首先,职场交往与群体士气、工作效率、群体目标实现密切相关。随着组织分工的愈益精细,几乎所有的工作都成为一种社会劳动,都需要群体协作,并且协作程度直接决定了劳动的效率和效能。而协作程度又与职场交往所形成的职业关系密切相关。由积极健康的职业交往形成的良好职业关系对于鼓舞群体"士气",提高工作效率、完成群体目标有着积极影响;由消极不健康的职场交往形成的不良职业关系对于群体"士气",工作效率、群体目标都会产生消极影响。其次,职场交往所形成的职业关系与群体凝聚力高低密切相关。群体凝聚力是指群体对成员的吸引力和成员对群体的向心力以及由成员之间人际关系的紧密程度综合形成的,使群体成员固守在群体内的内聚力量。在一个职业群体中,由积极健康的职场交往所形成的和谐、融洽的职业关系能使每个人的健康、合理的心理需要得到满足,使个人产生心情舒畅的情绪,使群体保持宽松和谐的气氛,进而形成较高的群体凝聚力;由消极不健康的职场交往所形成的不和谐的职业关系难以满足每个人的正当心理需要,导致个人心情不舒畅,群体气氛压抑或紧张,进而影响群体凝聚力。

第三节　职场交往美德

一、职场交往美德

职场交往美德,简单地说,就是职业交往过程中所表现出来的一系列高尚道德行为以及在工作中达成一种"和谐"的伦理关系。职场交往何以被赋予道德属性? 是因为,"从发生学看,道德的产生离不开交往,道德产生于人们调整利益关系的交往活动,道德及道德需要是在交往和实践中通过利益关系调整而体现出来的。通过交往人能掌握道德观念从而形成道德习惯,不断进行道德实践。"[①]并且"人与人的交往是一切社会关系形成的最初原点。在社会关系网交结点上的每一分子都承担着相应的责任与义务,并分享着一定的权利。权利与义务的分配是依据一定的原则、准则来进行的,因此,人与人的交往乃至形成的人际关系就被赋予了伦理道德属性。"[②]可以说,交往引发了道德关系。职场交往作为一种交往当然也不例外。在职场中,人们通过职业交往形成了职场人际关系。职场人际关系主要包括职场内部与职场外部两个方面。职场内部的人际关系包括与上级的关系,与同级的关系,与下级的关系;职场外部的人际关系包括与服务对象的关系,与客户的关系,与往来单位的关系等。

职场交往美德作为职场人在职场交往中体现出来的优秀道德品

---

① 胡士平、黄建军:"走向交往的道德教育",《理论与改革》.2006.03.

② 汪怀君:"伦理学视域下的人际交往",《唐都学刊》2008.09.

质,其本质是"善",是拥有他人意识,具备了"将心比心、设身处地、以情絜情"的心灵品质,而一旦有了这些,也就有了"他人的视野,有了人情相通的维度"。[①] 这样的人总是不但善于自处,而且更善于与他人在社会中、在职场中共处,能在社会生活、在工作中表现出诚实、正直、公平、正义的美德,即表现出"善"行为,而"善"的行为必定会赢得职场的悦纳,同事客户的欣赏与信任。

美国法理学家富勒认为,道德的内容包含两个层次,分别为"义务的道德"和"愿望的道德"。前者是社会得以维系的基本条件,是对人们最低限度的要求,是人们应有的义务,如果我们的行为不符合义务的道德,就会受到指责,因此,履行义务的道德对我们来说是理所当然的。后者是"愿望的道德",对许多普通人来说,属于比较难以实现的道德要求,它"提供了应该作到尽善尽美的一个一般思想",它体现为人们的思想价值观念、精神层面的追求。[②] 笔者以为,职场交往美德应兼具富勒所说的道德的两个层次,但更偏重于后者。

具体来说,对于职场人士而言,职场交往所需要的美德主要不再是基于自我人格完善或自我品格卓越的内在美德,而是或者主要是基于某种行业或职业的人格优秀或社会职业的卓越成就。也就是说,职场人士所要寻求的主要是同其职业身份相应的、并通过其在职场领域里的卓越实践所达成的、具有职业理想类型意义的美德。例如,作为工作交往的平等尊严、谦虚、诚信、宽容、互惠互利、合作、文明礼貌等等;这些美德都或多或少具有其社会性质,因之也与传统社会的传统美德,尤其是私人性美德,如,孝、慈、恕、悌、温、良、恭、俭、让等等,区别开来。

---

① 詹世友:"论美德的特征及其意义",《道德与文明》2006.02.
② 参见沈从灵:《现代西方法理学》.北京:北京大学出版社 1992.253.

是否拥有职场交往美德,对职业的成败得失会产生重要影响,在有些时候和有些情况下甚至越过了能力对职业成败得失的影响。就内部交往关系而言,一般说来,在能力及其他条件相同的情况下,内部交往关系越好,越有利于职业的成功,尤其有利于职务的提升;就外部交往关系而言,尽管交往关系对于从事不同类型职业的人的影响差别比较大,但其中的每一种关系对职业成功都会或多或少地产生影响。然而,职场交往及其关系的好坏又与一个人的交往德性即交往美德直接相关。"职业成功需要良好的人际关系,而良好的人际关系既需要德性作为前提,也需要德性作为保障。德性对于建立良好人际关系的前提意义在于,它能使别人对德性之人有信任感。在人际关系方面,信任非常重要。如果一个人具备善良、诚实、谦虚、感恩、互利、合作等德性,人们就会信任他,他也就有了人缘基础。良好的人际关系建立起来还需要维护,而维护也需要德性,德性是良好人际关系的可靠保障。"①倘若一个人德性欠佳,就没有人愿意信任他,与之建立持久而良好的工作关系,领导不敢重用,同事不愿意与其合作共事,客户不放心与其业务往来……这样的人,如何实现职场的发展、职业的成功。

二、职场交往美德的价值

职场交往美德不仅是职场人士的操守,是职场人际和谐的保障,也是一个人立足职场的基础。

职场交往美德是惠及职场每一个人的精神财富。孔子强调"惠而不费"。在他看来,"因民所利而利之"的德政是惠而不费的。如果我们能把孔子思想引申一下,使美德成为每个职场人士进行职场交往的操守,职场一定会更加美好。上司有仁爱的美德,下属就幸福了;下属

---

① 钱昌照:"德性与职业成功",《赣南师范学院学报》2012.04.

有敬业爱岗、敢于担当的美德,组织发展就顺畅了,合作伙伴有精诚团结的美德,关系就和谐了,交易双方有互惠互利的美德,交易成本就降低了……职场的每一个人都有美德,职场就会成为一个善道流行、人人各得其所的幸福场所。

职场交往美德有益于职场和谐。随着人们生活世界的丰富多彩,社会分工的越来越细,相互之间的依赖和联系也更加紧密,合作变得不可避免。但是有人的地方,就有分歧,就有利害,就不容易合作。而具有交往美德,德性完善的人"在职业生涯中能自觉地、有时甚至能自发地处理好各种关系,特别是能处理好从职者的眼前利益与长远利益的关系、从职者的局部利益与全局利益的关系、从职者个人的利益与职业组织的利益的关系。"①因为"美德的他人意识、社会意识的维度,使得有美德的人必然能够自尊而尊人,即彼此同等地尊重对方的自由意志。"②而在职场中,拥有他人意识,能够自尊和他尊,会更容易相互尊重与谅解,会容许异己的存在,这恰恰是和谐交往的前提和有效合作的基础。况且,"有美德的人尊道而贵德,一事当前,先问是否合于道义,而不以一己之好恶对待人和事。有美德的人讲仁讲义,乐于助人,乐于成人之美,这有助于消融人与人之间的冷漠和对立,增进人与人之间的和谐与合作。"③进而形成比较和谐的工作环境。

职场交往美德有助于个人职业生涯中获得和利用机遇。"德性是获得和利用机遇的最重要前提。德性之人会使别人信任他并对他有信心。当别人信任你、对你有信心时,他就会觉得给你支援和机会能取得更大的效益,能得到更多的回报,他就会愿意给你支援和机会。

---

① 焦国成:"美德是一种智慧泽后长远和谐人际",《光明日报》2011.2.18.
② 焦国成:"美德是一种智慧泽后长远和谐人际",《光明日报》2011.2.18.
③ 焦国成:"美德是一种智慧泽后长远和谐人际",《光明日报》2011.2.18.

德性之人不仅会遇到较多的机会，而且更能把握和抓住机会。"①

职场交往美德有助于个人在职场中立于不败之地。中国有句古语，"小成靠智，大成靠德。"德乃立人之本，一个人成事之关键在于德。"有美德的人，是在爱人中爱己，在利人中利己，在使众人快乐中获得快乐。因为他行事以德，故服人不靠威势武力；因为他爱人利人，故能把自己与大众连为一体。因此，孟子才说"仁者无敌"。② 在职场上，能力固然重要，但仅有能力是不够的，美德和能力，就如同人之左右手，不可偏废，单有能力，没有美德，人将残缺不全，无法实现支持的可持续发展。

职场交往美德对职业成功的影响是广泛而深刻的，不仅体现在人际关系状况、机遇的获得和把握等方面，还体现在敬业精业、责任感、集体意识等诸多方面。身在职场的每一个人，拥有交往美德也许不足以成事，但不具有交往美德足以败事。

---

① 钱昌照："德性与职业成功"，《赣南师范学院学报》2012.04.
② 焦国成："拥有美德就拥有智慧"，《中国集体经济》2011.03.

第二章　职场和谐始于人际理解

人在职场中,大多时候是无法选择上司、同事和客户的,也不太可能遇到太多志同道合的人,在这样的情况下,要实现和谐交往,必须学会人际理解,学会相互适应,给予别人以关注,尤其关注别人的兴趣,顾忌别人的感受,而不是完全从个人角度出发。

第一节　人际理解

一、人际理解与人际理解力

什么是人际理解,即理解他人的思想、感情与行为。人际理解暗示着一种去理解他人的愿望,能够帮助一个人体会他人的感受,通过他人的语言、语态、动作等理解并分享他人的观点,抓住他人未表达的疑惑与情感,把握他人的需求,并采取恰如其分的语言帮助自己与他人表达情感。人际理解就像一座桥,两头是路,没有桥,路就断了,而通过桥,则条条大路都宽广。

有人将人际理解的水平称为人际理解力。所谓人际理解力实际上就是心领神会、对他人的敏感性、觉察他人的感受、体谅等。通俗地说,就是换位思考,就是站在对方立场上考虑问题,听其言、观其行,察其性,觉其德,并且善于沟通。

描述人际理解力有两个维度:其一是对人理解的深度,包括从理解明确的想法或明显的情感到理解行为背后复杂的、隐藏的动机等;其二是倾听并反馈给他人,包括根据他人的行为与事件的描述,帮助对方解决难题等。

对于第一个维度,可根据程度进行如下分级:

级别　行为描述

-1　缺乏理解,误解他人或者对他人的言行举止感到不可思议。

0　对他人缺乏正确而全面的认识,但还不至于严重误解他人。

1　理解他人的情感或者一些比较明显的想法和愿望等,但是不能将两者联系起来。

2　对目前的情感与明显的想法和愿望都能够理解。

3　理解他人的真正意图。能够准确抓住他人尚未明确表达的思想和情感,或者能够采取他人希望但没有表达出来的行为。

4　理解深层次的问题。明白真正的问题所在,即导致对方流露出的情感或言谈举止的真正原因是什么,并对他人的优势与劣势做出公正的评判。

5　理解复杂的深层次问题。能够理解导致他人的态度、行为与处理方式的深层次的复杂原因。

对于第二个维度,可根据程度进行如下分级:

级别　行为描述

-1　态度不友好,不能与他人进行有效的沟通。

0　　倾听但缺乏诚意。没有真心试图去倾听他人说话。

1　　认真倾听。能够抓住他人的思维线索与要旨，偶尔提出一些问题便确认与理解他人意思。

2　　积极倾听。敞开胸怀，鼓励他人发言，积极搜索话语间的信息，以把握沟通的核心内容。

3　　预测他人的反应。根据观察与理解，预测他人将会产生的反应，并做好回应准备。

4　　积极聆听并予以适当的回应。适时改变自己的言谈举止，并对他人关注的问题作出积极回应。

5　　采取帮助他人的行动。适时改变自己的言谈举止，并对他人关注的问题作出积极回应。

二、人际理解力是职场交往的基础能力

对于职场人士来说，人际理解力是职场交往不可或缺的基础能力。它能帮助人们提高认识事物的深度与速度，同时还有助于正确满足他人愿望和需求，成为顺利开展工作的助推器。以医生被指控医疗失误为例，有证据表明，医生被指控失误的风险，与其医疗失误的多少几乎没有关系。针对医疗失误诉讼的分析显示，在遭到起诉的医生中不乏医术高明之人，相反，有些医术拙劣的医生却从未遭到投诉。不久前，医疗研究者温迪莱文森记录了一组医生与其病人之间的数百条对话。在这组医生里，约有一半从未遭到过投诉，而另一半则被投诉过两次或以上。温迪莱文森发现，仅凭这些对话，她就能够找出两种医生之间的明显差异。从未被投诉的医生花在每位病人身上的时间，要比遭到投诉的医生长了3分钟（18.3分钟比15分钟）。前者更趋于给出"指导性"的解释，比如"首先，我会为你做检查，然后我们再来谈

你的问题"，或者"我会专门留出时间供你提问"，这些话能够帮助病人理解他们在此次就诊中将会得到的结果，以及应该何时发问。另外，这些医生更趋于积极聆听，喜欢使用"请继续往下讲"等用语。除此之外，他们在病人的就诊过程中也更加幽默和爱笑。有趣的是，这两种医生提供给病人的信息，在质与量上都大同小异，第一种医生并没有给出更多有关用药和病情方面的细节，区别仅仅在于两种医生是如何与病人沟通，如何理解病人。

仔细观察不难发现，在现实中，具备人际理解力的人通常会有比较强烈的"他者意识"，他们能够"觉察他人的感觉或心情"、"理解他人的愿望、需求与观点"、"理解他人对待某件事情的态度与行为原因"等。如此一来在职场交往过程中就会顾及对方的感受，选择对方更易于接受的方式与其沟通交往。

一位教授讲述了自己经历过的两件事：

有一天，在我家附近新开了一家海鲜自助餐厅，我的一位朋友邀请我和妻子一起品尝。

这家餐厅地点适中，停车位宽敞，装潢气派，菜的味道也相当不错，大家都感到来对了地方。没有多久，我的手机响了，是我担任顾问的一家公司的董事长有急事找我。因为这位董事长就在餐厅附近，所以我就请他前来分享美味。

过了一会儿，那位董事长来了，他刚一坐下，服务小姐立刻走了过来，拿起账单说："现在是五位，多了一位"。刚来的董事长立刻说："不必了，我已用过餐，跟教授聊一会儿就走"。

服务小姐听了，立刻收起笑脸，告诉他"你不能吃喝，只要吃一点点，我们马上算你一份"，说完扭头就走。

我的董事长朋友非常尴尬，倒是做东的朋友立即打圆场说："吃一点吧，吃一点吧，算在我账上。"

服务小姐的言谈举止,严重破坏了原来美好的气氛,坐了不一会儿,我们就离开了,以后再没有去过那家餐厅。

两个月后,我和夫人有事赴美,在俄亥俄州的哥伦布市稍做停留,在那里留学的儿子带着我们到一家自助餐厅用餐。

坐下不久,我儿子的同学从窗外走过,看见我们一家,就走进来打招呼。他告诉服务小姐,自己已用过餐,服务小姐微微一笑,片刻,便送来一杯冰红茶给他,这让我们很感动,觉得这间不大的餐厅充满了浓浓的人情味。我们有理由相信这位同学一定会成为这家餐厅最忠实的顾客。

道德的本质就是心中有他人,通过这个事例不难看出拥有人际理解力,理解他人的感受在职场上有多么重要。

当然,理解是相互的,作为一种换位思考,没有纯粹的去理解,也没有纯粹的被理解,即不能单方面要求被理解。理解是心灵对话,只有首先去理解别人,才能被别人理解,而双方的相互理解不仅会使交往变得容易,也为有效合作奠定基础。当年,乔布斯在挖角百事可乐总裁约翰·斯考利时,曾问了他两个问题。第一个问题是:"你是想卖糖水度过余生,还是想一起来改变世界?"第二个问题是:"你是要当海军,还是要做海盗?"结果斯考利的激情和梦想被乔布斯激发出来,欣然接受了乔布斯的邀请。乔布斯之所以能够成功说服约翰·斯考利,根本原因在于其超强的人际理解力,能够觉察约翰·斯考利的愿望,理解他的需求,给追梦者——约翰·斯考利提供了一个圆梦的机会,而约翰·斯考利也认同乔布斯的观点,理解其雄心壮志。

三、拥有人际理解力是一种美德

美德不仅仅是人的一种高尚思想品质,也是一项能力,或者说,一个人的道德水平的高低,还要表现为两种能力:一是体验能力,二是行动能力。所谓体验能力，即洞察他人思想、情感和行为的能力，对别人能够体察入微，与人为善，尊重、理解和接受别人。这一点近似于我们说的人际理解力，和谐交往的前提是知人心、顺人意，你有好心善意，还要看别人愿不愿意接受，将好心善意强加于人，有时候非但不为别人所接受，还会引起不必要的误会误解，甚至引发这样那样的矛盾。所谓行动能力，即表达道德情感的能力。这种能力主要表现为用言语推销自己、引导他人；用行动证明自己，带动他人。

从某种意义上说，"道德的基础就是能够站在他人的角度替他人着想。"①要实现职场和谐交往，必须学会理解他人，能够站在他人的角度思考问题和处理问题，绝不能要求他们按照你规定的模式说话做事，或者仅仅满足你的要求和利益。你要试着站在别人的立场上分析事情，时时提醒自己：别人这样做是出于什么原因？总之，就像印第安人告诫人们的那样："要穿别人的鞋走上一段路"。

圣经《新约·马太福音》中说，"无论何事，你们愿意人怎样待你们，你们也要怎样待人，因为这就是律法和先知的道理。"这是一条做人的法则，又称为"为人法则"，它几乎成了人类普遍遵循的处世原则。它蕴含着极为深刻的内涵，那就是：如果你希望别人了解你的需要，就应该首先了解他们每一个人的需要，据此给予帮助和支持。

《红楼梦》中有一副对联："世事洞明皆学问，人情练达即文章"。意思是说，把人情世故弄懂就是学问，善于应对人情也是文章。所谓的人情练达，表现在职场交往中，也就是坚守一个原则，遇事多替人着想，不要只为自己，不为别人。能坚守住这一原则，人与人之间也就好相处了。

---

① 寇东亮："'他者意识'社会主义和谐人际关系的伦理基础"，《社会主义研究》2007.04.

　　长江 CEO 班曾组织全班前往香港见著名企业家李嘉诚。去之前，大家免不了设想一下见面的情景，第一，见不了李嘉诚，先见到椅子、沙发；第二，李嘉诚来了，我们发名片人家不会发名片；第三，李嘉诚跟你握手然后你站着听讲话，就像我们被接见；最后，吃饭肯定有主桌，李嘉诚在那坐一下，吃两筷子说忙先走了；然后我们很激动回来写感想……

　　结果这次见面完全颠覆了人们之前的想象。

　　电梯一开，长江顶楼，70 多岁的李嘉诚站着跟大家握手，之后发名片，同时递过来一个盘子，盘子里有号，拿名片顺便抓个号，这个号决定你吃饭的时候坐哪桌，拍照的时候站什么地方。

　　接着大家鼓掌希望李嘉诚讲话。李嘉诚说，我没有准备，我只讲八个字叫做"创造自我，追求无我"。什么叫"创造自我"？你在芸芸众生中，把自己越做越强大，自我膨胀，超越别人，这个过程就容易给别人以压力。因为你强大了以后很强势，就像你老站着，别人蹲着，别人就不舒服。所以，你要"追求无我"，让自己化解在芸芸众生中，不要让别人感觉到你的压力。一方面创造自我，一方面让自己回归于平淡，让自己舒服也不给大家制造压力。这段话先是用普通话讲的，然后又用广东话讲了一遍，后来发现还有老外就又用英文讲了一遍。

　　然后吃饭。吃饭的地方摆放着四张桌子，每张桌子都多放了一副碗筷，李嘉诚四张桌子轮流坐，在一个小时的吃饭时间里他每张桌子都坐了差不多 15 分钟。结束之后他没先走，逐一跟大家握手，在场的每个人都要握到。墙角站着一服务员，李嘉诚专门跑到那和他握手。大家都被李嘉诚周到和细致的安排感动了。

　　至此，人们终于明白了，为什么很多人都愿意和李嘉诚做生意，因为李嘉诚善于体察别人的需求，凡事都替别人着想，时时处处让别人感到舒服、愉快。

第二节　职场和谐以人际理解为前提

理解是人与人心理相通、相容的前提，是人与人相处的不二法门。职场人际和谐以人际理解为起始，人际理解本身就是一个人对另外一个人的关心，就是一个人对另外一个人的有情，一个人对另外一个人关心、有情才能缩小人际间的距离，并由此建立良好的人际关系。

职场是由千差万别的个人组成的。如果这些人之间不能相互理解，差异就会成为不可逾越的鸿沟，职场就可能变成永不休止的战场。事实上，人际关系的分歧，大多源于彼此的不理解；人与人之间的淡漠、摩擦、分离和冲突，也多半由于彼此的不理解而造成。在实际工作中，我们经常听人抱怨："出力不讨好！"为什么会造成这种局面？是因为出力没有出到点子上。你所看重的事恰恰是别人所轻视的。倘若你在出力之前，能从对方的角度出发，站在对方的立场上考虑问题，你就会多一些对对方的理解，知道对方的需求，力就会出在点子上，就会产生雪中送炭之功效。

有人发现，令人羡慕的CEO们往往并不是最聪明的人，也不是做事能力最强的人，而是最会跟人打交道的人，最有"同理心"的人。他们的成功在很大程度上取决于他们不仅知道自己的感情和需求，还知道他人的感情和需求，在工作中注入了包容、理解、帮助和支持。可见，最强的竞争力不是把自己变得最强大，而是最会运用和培养"同理心"，最会帮助和"利用"别人。当然，理解别人并不是为了掌控别人，而是为了让交往的双方都更好。

一、了解他人

了解他人，以他人认为最好的方式对待他们，而不是自己中意的方式。这意味着要善于花些时间去观察和分析我们身边的人，然后调整我们自己的行为，以便让他们觉得更称心和自在。这当然就使得他们更容易对你产生认同。

"空中客车"飞机推销员贝尔纳·拉弟埃，从1975年受聘以来一直业绩非凡。他成功地推销了230架飞机，价值420亿法郎。他采用的是一种"情感推销法"。有一次，拉弟埃到印度推销飞机，事先了解到接待他的是印度航空公司主席拉尔，而拉尔对自己的军旅生涯非常自豪。所以，拉弟埃见到拉尔的第一句话便是："将军阁下，正因为您，使我有机会在我生日这一天又回到了我的出生地。"这句话直接向对方表明，他了解主人辉煌的过去，同时感谢主人慷慨赐予的机会，使得他能在自己生日的日子里来到该国，而且最具意义的是该国乃是他的出生地。如此无疑大大缩短了他与客户的心理距离，赢得了客户的好感。于是，推销工作便在一种无需推销的环境中完成了。

有一位销售人员在向一个工程机械企业推销项目时，碰到了一个销售总监。他是这个项目的决策人之一，销售人员必须争取他的支持，但是此人和销售人员的竞争对手关系一直不错，对这位销售人员不感兴趣。

这位销售人员是怎么做的呢？他先了解了销售总监的背景，他的家在北京，工作的企业却在一个县城。他的孩子明年高考，他想多陪陪孩子。

了解到此情况后，销售人员在项目方案交流中专门设计了一个将管理部门与执行部门分开的方案，把相关管理职能放在大城市，以利于人才招聘和信息的搜集。这位销售总监看到此方案后不仅眼前一亮,立刻成为该项目方案的坚定支持者。

总体来说,对别人的了解,应该在问题出现之前,在评估和判断之前,在你表达个人观点和意图之前,先了解别人的意图,这对于建立良好职场人关系,达成有效合作非常重要。因为"当我们真正做到深入了解彼此的时候,就打开了通向创造性解决方案和第三条道路的大门。我们之间的分歧不再是交流和进步的障碍,而是通往协同效应的阶梯"。[①]

二、理解他人

从职场交往角度来看,所谓的理解他人,实际就是超越狭隘的个人经验和个人好恶,以开放的心胸去体察上司、同事、下属、客户乃至竞争对手的感受、想法以及处境,进而言之,就是理解他们的思想、情感与言行,理解他们的愿望与需要,理解他们的处境、问题和困难等,给予关心、帮助并尽其所能解决问题。

在美国通用汽车公司曾发生过著名的冰淇淋与"蒸汽锁"事件。事情是这样的:

有一天,一位客户给美国通用汽车公司的庞帝雅克部门写信抱怨,说他最近买了一部新的庞帝雅克车,他每天饭后都开着这辆车去买冰淇淋,令人百思不得其解的是,只要他买的冰淇淋是香草口味的,从冰淇淋店出来车子就发动不起来,而如果买的是其它口味的,车子发动就没问题。

庞帝雅克派一位工程师去查看究竟,发现的确如此。这位工程师当然不相信这辆车子对香草过敏。他经过深入观察后发现,这位车主买香草冰淇淋所花的时间比买其它口味的冰淇淋要少。原来,香草冰

---

① 史蒂芬·柯维:《高效能人士的七个习惯》,北京:中国青年出版社 2007.253.

淇淋最畅销,为了方便顾客购买,店家特别将香草口味的冰淇淋陈列在单独的冰柜,并将冰柜放置在离收银台最近的地方,而将其它口味的冰淇淋放置在离收银台较远的地方。

再联系车子发动问题,终于明白了问题出在"蒸气锁"上。当这位车主买其它口味的冰淇淋时,由于所花时间较长,引擎有足够的时间散热,重新发动时就没有问题。而由于买香草口味冰淇淋所花时间较短,引擎无法让"蒸气锁"有足够的散热时间,结果难以发动起来。

找到了原因,问题自然迎刃而解了。由此可见,在与客户的交往过程中,对待客户所反映的问题,最关键的是我们的"态度"和"理解力"。当碰到问题时,不要直截了当地说"那是不可能的",而要投入我们真诚的努力,冷静地思考问题的症结,积极地寻求解决问题的方法。唯有如此,才能真正赢得客户,与客户建立持久而良好的关系。

一个人能否做到理解他人,通常与其人际洞察能力直接相关。通过下表可以了解一个人的人际洞察能力。[①]

	是	否
1. 能通过别人的眼神看出感情变化。	□	□
2. 别人不同意你的观点时,也能继续说下去。	□	□
3. 经常把注意力放在别人观点的积极部分。	□	□
4. 很少急于分派别人各种任务。	□	□
5. 给别人提建议前会考虑哪种说法对方容易接受。	□	□
6. 无论与谁交谈,总是一位出色的倾听者。		
7. 一进房间就能感受到房间内的气氛。	□	□

---

① 魏钧:《忠诚管理》,北京:北京大学出版社 2005.190.

8. 遇到朋友，能够尽量谈及对方的事情。 ☐ ☐

9. 总是能听出"言外之意"。 ☐ ☐

10. 能说出别人对自己的感受。 ☐ ☐

11. 能够体察出别人没讲出来的感受。 ☐ ☐

12. 能理解别人表达的情感。 ☐ ☐

13. 不喜欢的人接近时，能不急于表达不悦。 ☐ ☐

分数评价说明：

回答"是"的数量	10 个以上	9—4 个之间	3 个以下
分数评价	精通此道 只欠东风	有待历练 存在隐患	如不提高 阻碍发展

三、倾听他人意见

身在职场的每一个人，都应该有开放的思想，学会聆听他人的意见，哪怕是自己并不赞同甚至强烈反对的意见。如此，不仅做到了兼听则明，也有益于职场人际关系的和谐，有助于合作的达成。

下面是一位企业主管的亲身经历。

"我们公司的规模不大，当时正同国内一家大型金融机构谈合约。他们从旧金山邀请了律师，从俄亥俄州邀请了谈判专家，连同两家大银行的总裁，组成了一个阵容强大的 8 人谈判小组。我们公司想大幅提高服务水平和收费标准，但是对方的态度咄咄逼人，并且不断提出各种要求。"

"在谈判桌上，我们的总裁说：'请按照你们的意愿草拟一份合同，让我们明白你们的需要和顾虑，然后我们再表达我们的意见，接着再谈价格。'"

"对方谈判小组的人惊呆了，他们简直不敢相信，我们愿意先了解他们的需求与愿望。后来他们花了三天时间草拟了合同。"

"拿到合同草案后，我们的总裁说：'现在来看看我们是不是理解你们的需求。'然后他按照自己的理解逐项概述合同的内容，直到双方都确定他已经理解并抓住了重点。'对，没错。不对，我们不是这个意思……对了，现在对了。'"

"当充分了解了对方的想法和需求后，总裁才从自己的角度表达我们公司关注的重点……这一次，对方听得非常认真，而且是心甘情愿的，不像一开始那样咄咄逼人。原来那种充满严肃、怀疑、甚至是敌对的气氛变得充满协作精神和创造力。"

讨论结束，对方的谈判小组在总结时说："'我们希望同你们合作，愿意做成这笔生意，请尽快报价，我们马上签约。'"

四、设身处地考虑问题

设身处地考虑问题即换位思考，这是一种理解至上的人际关系思考方式。古人云："己所欲之，施之于人。"作为职场的每一个人，在与他人共事中，需要彼此理解、信任、换位思考、将心比心，如果人们能够把自己的内心世界，如情感体验、思维方式、处事做派等与对方联系起来，站在对方的立场上体验和思考，与对方在情感上就容易产生共鸣和相互理解，而一旦有了相互理解，不但许多矛盾、摩擦可以避免，还会因理解促成合作或促进合作。

卡内基曾任用 19 岁的侄女约瑟芬担任秘书。约瑟芬犯了错，卡内基很生气，可转而一想，自己的年龄比约瑟芬大两倍，工作经验多上万倍，怎能要求她现在就具有自己的观念和判断力？而自己在 19 岁时是怎么做的？是不是一样犯过错误、做过蠢事？

卡内基的结论是，约瑟芬的总体工作表现，其实比他自己在 19 岁时更好。所以，他让约瑟芬注意所犯的错误。他说："你犯了错，约瑟芬,但比起我所犯的错误来说,要轻得多。不过,如果你换个方式做,会不会更明智些?"

结果,约瑟芬不仅心悦诚服地接受了卡内基的批评,更重要的是卡内基的理解化为了她进步的动力。

五、争取他人的理解

人际理解是相互的,除了理解他人外,还包括争取他人的理解。正所谓:先知彼,后解己。在职场交往中,如果你能简明扼要阐明你的观点,条理分明地说明你的方案或做法,同时又能真正理解你的交往对象想法、要求、愿望及其顾虑,提出有利于他的解决方案。就很容易争取交往对象的认同、支持或合作。著名管理学家史蒂芬·柯维曾讲述过发生在他身边的一件事。

我认识一位教授,他向我诉苦说:"史蒂芬,我的研究项目不符合系里的主流研究方向,申请科研经费特别困难,我感到束手无措。"

我们深入探讨了他目前的处境,我建议他有效表达自己的需求以争取系里的理解。我对他说:"我知道你的诚意,你的研究一定会带来巨大的收益,只不过他们可能还不知道,所以你要向他们讲清楚,表露出你对他们的了解,然后解释你提出要求的理由。"

"好吧,我试一下。"他说。

"你愿意和我一起练习一下吗?"我问,他同意了,于是我们彩排了一遍。

他的开场白是这样的:"我先说一下你们的目标,还有你们对我的提议的看法,看我理解得对不对。"

他的陈述不慌不忙,循序渐进,充分表明了对对方的深入了解和充分尊重。结果刚说到一半,一位高级教授就对另一位教授颔首,然后转过头来对他说:"那笔钱是你的了。"

第三节　人际理解与情商

一、情商

1. 情商释义

情绪情感智慧（EQ），简称情商，其最早的提出者是美国心理学家约翰·梅耶和彼得·萨洛维，他们于 1990 年提出了情商的概念，但当时并没有引起人们的关注，直至 1995 年，由另一位心理学家丹尼尔·戈尔曼出版了《情商：为什么情商比智商更重要》一书，情商这一概念才引起了人们的普遍关注，一时间，情商一词成为流行于全球的热门词汇，也正是基于此，丹尼尔·戈尔被称为"情商之父"。

情商表现为五种情绪能力和社会能力。情商的第一个组成部分是认识自我情绪的能力，即自知。心理学家拉德说："自知意味着知道你自己当前的感受。大多数人并不作深入的思考，因为我们整天都忙忙碌碌，所以就无暇反省和自知。"一个人的自我形象与他在其他人眼中的形象越一致，他的人际关系就越成功。情商的第二个组成部分是认识他人情绪的能力，即移情。移情指的是不仅了解自己情绪，还能感知周围人的情绪。拉德说："移情能培养我们的同情心和无私精神，并能带来合作。"情商的第三个组成部分是管理自己情绪的能力，即自律。自律是控制自己情绪的能力，它指的是能很好地处理忧郁、暴躁、愤怒等情绪，以及不胡乱发作或陷入绝望状态的能力，情商高的人能更好地从人生的挫折和低潮中恢复过来。情商的第四部分是自我激励的能力，即自强。自强的人并不需要经常的刺激来推动，他们能够很好地控制情绪，不满足于现状，不靠冲动和刺激就能采取行动。情商的第五部分是管理他人情绪的能力，即社交技巧。社交技巧指的是通过与他人的交流来掌握人际关系的能力。其中,自知被视为情商的核心。简单概括情商,就是与自我以及与他人相处的能力,情商的本质是融——融合、融洽、融入、融融、圆融。

情商的核心是"自知"。

一个人如何了解自己是否自知呢? 有学者提出了测量的方法[1]

	是	否
1. 可以清楚讲清自己的感受。	☐	☐
2. 通过自我审视,对自己的情绪有更多的了解。	☐	☐
3. 在大多数时候能明白自己的情绪。	☐	☐
4. 当很沮丧时,可以向别人讲出来。	☐	☐
5. 当悲哀时,能知道原因。	☐	☐
6. 常常用别人对自己的看法来判断自己。	☐	☐
7. 生活富有情感。	☐	☐
8. 注意保持一种平和心态。	☐	☐
9. 就像接受自己一样接受自己的情绪。	☐	☐

分数评价说明:

回答"是"的个数	7个以上	6—4个	3个以下
分数评价	精通此道 只欠东风	有待历练 存在隐患	如不提高 阻碍发展

丹尼尔·戈尔曼认为,影响到一个人行为技能和潜能发挥的,不只是其"智力商数"(IQ),还有更具活力特性的"情绪商数"。只有提高

---

① 魏钧:《忠诚管理》,北京:北京大学出版社 2005.161.

了情商,才能处理好各种问题,达至人与人之间的和谐。

2. 情商特点

第一,亲和力强,善于交流。作为职场人士,要善于与职场上的他人交流,说该说的话,并且说得恰到好处,应变得体。

第二,适应性强。主要表现为适应各种各样的环境与工作。

第三,对人对事富于敏锐性。能敏锐地发现问题、发现苗头,有效协调解决。

第四,有道德。一个人的情商和德性有很大的相关,高情商必须有道德。显而易见,情商并非道德,但是一个人要有效发挥其情商,势必不能背离其个人以及所属社会的道德标准,否则,就算他情商再高,恐怕也难以实现"顺人而不失己"的人际和谐。在现实中,有道德之人并不一定情商就高,但是高情商者必须有道德,道德可以弥补情商上的不足,但情商永远弥补不了道德上的缺陷,有道德的人方真正称得上情商高。

一个人有道德,如品德高尚与正直等本身并不一定能成就什么,但是假如一个人在品德与正直方面有缺陷,那他就是不可靠的,而不可靠意味着靠不住,靠不住的人迟早会败事,是不堪交往的。

二、高情商有助于人际理解

清华大学校长说过:"未来的世界,方向比努力重要,能力比知识重要,健康比成绩重要,生活比文凭重要,情商比智商重要。"智商显示一个人做事的本领,情商反映一个人做人的表现。对于职场人士来说,随着职场分工越来越精细和融合度的日益提高,要求一个人不仅要会做事,更要会做人,有比较高的情商。

在职场交往中的高情商主要体现在如下几个方面。

1. 充满正能量和激情

高情商的人对工作本身及其工作环境充满正能量和激情,能够调动自己的积极情绪,避免不良情绪影响工作和周围的人。高情商在职场交往中最重要表现之一就是具有稳定的性格和稳定的工作态度,这里的所谓稳定,就是能以一贯的激情和态度来对待工作、对待他人,遭遇困难不轻易退缩。

2. 善于沟通与交流

高情商的人善于沟通和交流,他们在工作中会坦诚地对待周围的人和事,坦诚而有礼貌地与领导、同事和客户进行沟通交流。

3. 包容

高情商的人心胸宽广,拥有一颗包容的心,无论是对人还是对事都不会以自我为中心,不抱怨、不指责,不恶语伤人,更不会斤斤计较。

4. 有聆听的好习惯

聆听是人与人之间最好的沟通方式,是尊重别人的表现。高情商的人善于聆听,会注意和重视别人在说什么,而不是自己滔滔不绝。

5. 用心对待他人

一个人无论本事有多大,能力有多强,都不如真心实意关心他人给人印象深刻。高情商的领导会让下属知道你关心他、栽培他;高情商的同事会让团队伙伴明白你真诚对待他;高情商的业务员会让客户明白你愿意帮助他解决问题。

6. 真诚赞美

高情商的人善于赞美别人,他们长着一双发现别人优点的眼睛,善于捕捉领导、同事和客户不为人知的优点,并发自内心地真诚赞美。

情商最重要的是洞察力、理解力和表达能力,即有认识他人情绪的能力,对人对事富于敏锐性,善于换位思考,长于沟通,富有亲和力。高情商意味着人际理解力强,适应性强。作为职场人士,如果拥有很高的情商,无疑会有助于其人际理解,懂得如何去运用和发掘自己身边的资源,积累自己身边的资源,并充分利用这些资源建立和扩大人际关系网。

在现实中,我们不难发现,如果一个人情商高,就会有很好的自我认知,能够积极探索,并从探索中建立信自心,同时还会有很强的自控能力和耐挫能力,说话得体,办事得当,才思敏捷。不难想象,这样的人会很容易达成人际理解,做到工作顺利,事业有成。

美国 2010 年上半年发生了一次矿难,美国总统奥巴马为遇难的 29 人举行追悼会,并发表深切的悼词,在悼词中奥巴马表情凝重地念出了 29 名死难者的姓名,高度颂扬了他们的牺牲精神。奥巴马说:"他们从事这份工作时,并没有忽视其中的风险。他们中的一些人已经负伤,一些人眼见朋友受伤,所以,他们知道有风险。他们的家人也知道。他们知道,在自己去矿上之前,孩子们会在夜晚祈祷。他们知道,妻子在焦急等待自己的电话,通报今天的任务完成,一切安好。他们知道,每有紧急新闻播出,或是广播被突然切断,他们的父母会感到莫大的恐惧……但他们还是离开家园,来到矿里。然而,他们并不是为自己。"奥巴马情真意切的悼词,不仅成为这次矿难处理的一个亮点,而且赢得了公众的谅解与理解,甚至在一定程度上还加深了美国民众对他的好感。[①]

相反,如果一个人性格孤僻,不合群;自卑、脆弱、不能面对挫折;急躁、固执、自负,情绪不稳定,说话不上路,做事不得体,即使智商很高,也很难为职场上的他人所理解和认同,获得职场成功。

最近微博上曝出这样一件事。有个 90 后的大学生,到电视台实习,开会时脑筋灵活,出了不少好点子,大家聊得高兴,主任说:"麻烦你开完会给大家定个饭,按人头,我请客。"没想到该实习生一本正经

---

① 参见韩秀景:《公共危机管理理论与实践》,南京:南京师范大学出版社 2012. 242.

地说:"对不起,我是来实习导演的,这种事我不会做的"。

这个大学生也许很聪明,有才华和工作能力,但是如果这样下去的话,也许才华和能力根本无法发挥出来,因为他的才华和能力在没有发挥出来之前,别人就已经封杀他了。显而易见,这种人不是输在智商上,而是输在情商上。他不明白职场交往的基本准则,今天你订饭,明天他打水,大家互帮互助,这就是团队,这就是工作。

三、提高情商水平

高情商不是与生俱来的,而是在成长过程中教育培养不断开发出来的。一般认为,那些能够充分理解他人对自己的看法(以及他人感受)的人不仅在工作中更好相处,其工作表现也会更好。也正是基于此,要求职场人士必须致力于情商水平的提高。那么,在职场交往中,一个人该如何提高情商水平呢?

1. 保持自知自觉。自知即知道自己的职责和使命,知道自己真正的优势是什么,知道自己的缺陷,尤其是致命的缺陷。有了自知,就容易达成自觉。

2. 进行自我管理。要能很好地管理自己,表现在:一是管理好自己的心态,不论是工作还是与人交往,都要有积极向上心态;二是管理自己的情绪,即要有稳定的情绪,能驾驭情绪波动,并避免坏情绪的影响,尤其是遇到困难能够通过正确的途径来控制情绪,不随意发脾气,不让那些不良情绪影响到工作和交往。无论遇到何等逆境都会坚持下去,迅速调整情绪,恢复活力,具有很强的心理韧性,遭遇失败后能够重新崛起;三是管理自己的时间,即要做到工作安排井井有条,井然有序。

3. 能够识人。在工作上要有识别人的能力,能够识别人的品德,能够识别人际间距离远近。

4. 善于相处和协调。与人相处保持热情,学会与不同的人相处,能站在对方角度思考问题,无论年龄老幼,地位高低,能与大多数人充实而愉快地相处。能够给予和帮助,用结果证明自己的能力,而非先索取。

5. 对关系负责。处理职场人际关系有两个基本法则:一是你想人家怎样对待你,你也要怎样对人;二是用心维护和经营各种关系。明白没有什么是理所当然的,所有感情关系都会用心经营维护,上下级关系、同事关系、合作关系都要经营。具体来说,对关系负责主要包括:一是尊重他人,善解他人;二是善待他人;三是对局面有掌控;四是对未来留余地;五是对他人有宽容;六是对自己有约束。研究表明,一个人的成功85%归功于其良好的人际关系,其专业才能只占15%。美国著名的兰德公司曾经做过一项调查,他们对4000名智商在115以上的受过良好教育的人士进行了研究,结果发现成功与受教育程度关系并不大。研究者进而发现,事业是否成功的关键是成功者精通人际关系的处理。一个人拥有良好的人际关系,建立起自己坚实可靠的人际关系网络,就会得到同事的支持,下属的追随,朋友的帮助,从而化解各种困难。

四、受人欢迎十原则

1. 记住对方的名字。姓名对于每个人来说都是最具有代表性的,熟记对方的名字可以使对方对你产生深刻的印象。

2. 保持轻松自然、毫不做作的态度。把自己打造成一个随和的人,让对方不致产生压迫感。

3. 避免发怒和生气。尽量做到对任何事情都能泰然处之,从容不迫。

4. 表现自然得体。无论任何事情都不逞强,而以自然的态度去应对。

5. 拘小节。尽量去除个性中不拘小节之处，即使是在无意识中所产生的。

6. 关心他人。受关心的人会因你而得到鼓励，因而会乐于与你交往。

7. 努力化解心中的抱怨。

8. 友好待人。做到以友好的态度对待周围的每一个人。

9. 对于同事的成功不要忘记表示祝贺，同样地，在同事悲伤或失意时，也不要忽略表示同情。

10. 理解他人。有理解才有可能提供他人需要的帮助。

五、不受欢迎十特征

1. 不尊重人。不尊重他人，不顾及他人的面子的人，常常挫伤别人的自尊心，剥夺别人受尊重的需要，对这样的人，人们当然避之唯恐不及了。

2. 骄傲自满。一个自高自大、恃才傲物的人会使他人感受到威胁，自尊受到挑战。而自吹自擂则会使人无法信任，这些都会削弱其人际吸引力。

3. 自私自利。一个自私自利的人肯定会招人反感，这种人只关心自己的需要，不顾及他人的利益，甚至损人利己，自然缺乏吸引力。

4. 妒嫉心强。妒忌他人，实际上是企图剥夺他人已经得到的东西，这种心理一旦表现出来，就会引起他人的强烈反感。

5. 苛求于人。吹毛求疵、苛求于人不仅会使人产生不快，而且还会让人自尊心受挫，感到难以与其合作。

6. 为人虚伪。人们都讨厌虚伪的人，在与虚伪的人打交道时，会疑虑重重，担心上当受骗，从而失去通常的安全感。

7. 报复性强。与报复心强的在一起会让人产生恐惧的感觉,唯恐稍有不慎而遭到报复,人们自然会疏远这种人。

8. 孤独固执。对别人冷淡、固执己见会让人感到难以与其和谐共事,这种难以共事之感对人构成了一种心理惩罚,所以这种人也很难具有吸引力。

9. 猜疑心重。与猜疑心重的人很难真诚坦率地交往,这种人常常让他人蒙受不白之冤,所以也难以让人亲近。

10. 过分自卑。过分自卑就是看不起自己。在人们心目中,过分自卑是无能和卑贱的影子,这种人自然没有魅力吸引别人。

你何以不受欢迎?

在工作相处中,为人虚伪、自私和骄傲,那是必然要招人讨厌的。然而有些人为人还不错,却因为不大注意与人交往的方式,也成为不受人欢迎的人。这是为什么呢? 回答了下面的 18 道测试题,你也许就明白其中的原因了。

1. 你参加聚会,是否经常迟到,甚至不守信用?

2. 你是否喜欢独占谈话时的话题?

3. 你是否经常做不速之客,事先不通知就到同事、上司处拜访,使人感到被动甚至讨厌?

4. 当他人在融洽地交谈时,你是否经常去打扰?

5. 当他人在紧张工作时,你是否经常去闲聊?

6. 对自己的种种不如意的事情,你老是喜欢找人诉苦吗?

7. 你喜欢打听别人的隐私,并且乐于传播吗?

8. 别人不愿意告诉你的事情,你是否千方百计地想知道?

9. 你看见漂亮的异性,常常显得格外殷勤吗?

10. 领导在场时,你常喜欢表现自己吗?

11. 你请求别人帮忙时,往往不管别人是否愿意,有无能力,总是想方设法达到目的吗？

12. 别人写信给你，你经常忘记回信吗？

13. 同事、朋友请你参加他们的活动，你经常借故推托吗？

14. 你不喜欢肯定别人，更不习惯赞美别人，是这样吗？

15. 同事、朋友生病，你是否懒得去探望？

16. 借了别人的东西，你常常忘记归还吗？

17. 别人借给你东西，你从来没想到要比自己的东西更爱惜吗？

18. 你批评别人的时候，常使人下不来台吗？

对以上问题，如果你总是频频地对号入座，那你肯定是一个不受欢迎的人，此时，就要引起你的特别注意了。

第三章　用礼仪营造和谐职场关系

人在职场,与人交往是必不可少的,职场礼仪作为工作交往的道德准则,作为行为规范和行为模式,在职场的各个方面都发挥着重要作用,求职择业需要有礼有节,工作交往需要注重礼节,商业合作需要重视礼节。遵守礼仪不仅会让我们的工作更有秩序,也会使人际关系更为和谐。

第一节　礼仪彰显美德

一、礼仪

在古代,"礼"、"仪"是分开的,"礼节者,仁之貌也"。作为待人接物的形式,称之为"礼节"、"礼仪";作为个人修养,称之为"礼貌";用于处理与他人的关系,称之为"礼让"。古人云:"礼者,敬而已矣。"①意思是说,所谓的"礼"不过是一个"敬"字罢了,敬人即为礼。由此可见,礼仪礼貌的核心思想是敬,礼仪礼貌的本质是表示对别人的尊重和友善。

———————————

① 《孝经》.

从现代的意义上来说,礼仪是指"人们在社会交往中形成的、以建立和谐关系为目标的、符合'礼'的精神的行为准则和规范的总和。"①礼仪一般被理解为人际交往方面的风俗习惯、礼貌礼节以及基本的公德观念。礼仪涵盖了一个人的穿着打扮、言行举止、品性修养等等。礼仪的行为,实际上就是人们在尊重他人的理念支配下与人交往所表现出来的礼貌与礼节。当然,礼仪绝不单单是一种外在形式,而是一种内在修养与外在修养相辅相成的素质和行为,正所谓"德辉动于内,礼发诸于外"。②"礼"作为一种具体的行为来讲,就是指人们在待人接物时的文明举止,也就是现在所说的礼貌。

二、礼仪与道德密不可分

从伦理学视角来审视礼仪,它是指人们在长期共同生活和交往中形成的,以风俗、习惯、传统的形式固定的道德行为规范。礼仪对人的要求包括表里两个方面,一是与人为善的道德观念,二是优雅得体的言行举止。一个人的礼仪、礼貌是其修养、文明程度的表现。古人认为,一个人举止庄重,进退有礼,执事谨敬,文质彬彬,不仅能够保持个人的尊严,还有助于进德修业。古代思想家认为仪表仪态之于人如同皮毛之于禽兽,禽兽没有了皮毛,就不能成其为禽兽了;人失去仪表仪态,也就是不成其为人了。

我国自古以道德立国,道德与礼仪密不可分,甚至可以通过道德观察德性。《左传》中有这样一个故事。晋国的一位官员出使,经过冀邑时,看见一位叫冀缺的人在田间耕作,妻子来给他送饭,荒郊野外,唯有夫妻两人,但两人却相待如宾。这位官员很感动,便向晋文公推

① 蒋璟萍:"我国行政管理中的礼仪运用",《伦理学研究》2012.03.
② 《礼记》.

荐，希望晋文公启用冀缺。晋文公询问理由，这位官员回答："敬，德之聚也，能敬必有德。德以治民，君请用之！"意思是说："敬是诸种美德的萃聚。能恭敬待人者，必是有德之人。治民，要有德性，所以请您任用他！

礼仪的本质是一种善，是善良人性的扩张和发展。礼仪所表现的是一种善良的人性和高尚的人格，是一种规范的人伦。人是情感动物，而情感需要交流。内心对他人的尊敬、善意等，只有藉由一定的方式表达出来，通过"礼仪"表现"善意"，达成"善行"，才能让对方清晰地感受到。得体的礼仪既是对他人的尊重与善意，又体现了个人的自尊自爱。

2005 年 8 月的一天，身为韩国新国家党代表、最高委员的朴槿惠，接到党委秘书打来的电话："朴委员，有人给你送来了一个西瓜，又大又圆，肯定很甜，看得我们都眼馋了。"

"哦？请帮我留住这个人，我尽快赶回去。"正在外面处理公务的朴槿惠，这般回应道。"可是他登记完信息，就走了。"秘书说。"这样呀，那你们先别吃，把它放在我桌上，等我回来。"

放下电话，秘书觉得朴委员刚才的态度有些奇怪，平日里她可不是一个小气的人，经常带一些好吃的东西与大家分享。办公室的其他人也感觉朴委员今天的举动有些不可思议。一个小时后，处理完公务的朴槿惠回到了办公室。"让我看看那个西瓜。"秘书赶紧把西瓜搬了过来，朴槿惠看了一眼后，说道："请帮我跟它拍张合影吧，然后把照片给我和送瓜的人各一张，并代我谢谢他。"

"跟西瓜合影？"描述有些迷惑。"是的，就现在。"合影拍好后，朴槿惠说道："现在，你们可以切开吃了。""我懂了，您之前不让我们动西瓜，是为了回来跟它合影啊！"秘书恍然大悟。"你只说对了一半，"朴槿惠认真地说"因为完整地看上它一眼，是对送礼者最基本的尊重和感谢,哪怕这份礼物很薄。"

朴槿惠通过"礼仪"表达出来的谦和、善意与德性,相信对方一定能深切地感受到。

三、礼仪蕴含的道德意义

礼仪具有重要的道德意义,古人云:"礼者,德之基也","人而无礼,焉以为德。"[①]礼仪是道德的保证,礼可以端正人的行为"不学礼,无以立。"[②]礼仪是人际交往的基本道德准则,它可以使人际关系和人们的生活方式符合一定的秩序。

遵守礼仪是一种美德,是一种道德修养,显现人们的道德精神,保证道德原则的实施。具体分析礼仪的道德功能,可以概括为三个基本方面,或者说是三种实现形式:

一是以"礼"引德。礼仪作为一种基础性的行为规范,可以"引导"人们加强道德修养,即以教"礼"为基础,引导人们加强道德修养,提高道德素质,逐渐成为有道德的人。

二是以"礼"显德。礼仪作为一种道德精神的外在形式,可以"显现"人们的道德水平。礼仪可以展现一个人的道德素质,从他的仪态和行为中,体现出对"礼"的价值的认知水平和对"礼"的执行的修养程度。即在社会生活和交往中,总是通过"礼仪"来显现"礼"的修养,显现一个人的内在的道德素质。观察一个人的仪态仪表、行为举止、语言文字,往往可以了解他内心的道德世界。据说,在康德离开人世前的一个星期,他的身体已经极为虚弱,一个医生来探望他,他不但努力起身相迎,用已经不太清楚的口齿表达对医生抽空前来的感谢,还坚

---

① 扬雄:《法言·问道》.
② 《论语·季氏》.

持要医生先坐下，他才坐下。等大家都落座，康德才用尽全身力气，非常吃力地说了一句话：竟然是："对人的尊重还没有离我而去"。

三是以"礼"保德。礼仪作为一种操作性强的道德规范，可以"保证"道德原则的实施。即我们选择适合"礼"的内容的"礼仪"，就可以贯彻"礼"的精神；选择适合道德原则的"礼仪"，就可以把道德原则的要求按照"礼仪"的方式组织起来，落实到人们的行动上。[1]

此外，礼仪还以善良的情怀、挚爱的关怀、温暖人、感化人。有一位中国人讲述了他在法国一家咖啡馆的奇遇。

我刚到法国，一位朋友邀请我去一家咖啡馆叙旧。我看到一位男士点了一杯咖啡，服务员收了他 1.4 欧元。价格居然这么便宜，我用不太流利的法语对服务生说："我要一杯咖啡。"服务生迅速递给我一杯咖啡，并告诉我："这杯咖啡 7 欧元，女士。"

不一会儿又来了一位女士，她对服务员说："请给我准备一杯咖啡好吗？"服务员收了她 4.25 欧元，她点的是和我一模一样的咖啡。

陆陆续续地，我发现同样一杯咖啡，竟然有 1.4 欧元、4.25 欧元和 7 欧元三种价格。我心里对自己受到 7 欧元的不公平待遇愤愤不平。

这时，朋友笑了起来："你没有注意到顾客对服务员说的话吗？如果只对服务员说'来杯咖啡'，价格就是 7 欧元；如果说'请给我一杯咖啡'，价格就是 4.25 欧元；若说'你好，请给我一杯咖啡，好吗'，甚至给陌生人一个拥抱的话，价格就是 1.4 欧元。"

这间名叫"席拉小店"的咖啡店用这种特别的方式，告诉人们应该以礼待人，以优雅的方式与人相处。可以说，一杯"礼貌咖啡"将一个民族的优雅体现得淋漓尽致。[2]

---

[1] 参见将璟萍："礼仪的道德功能"，《光明日报》2003.10.28.

[2] 摘自孙梦叶《知识窗》.

据说,在电报刚刚兴起的时候,仅仅一个"请"字就浪费了法国人将近 200 万欧元。即使如此,法国人也没有放弃发电报说"请"字的习惯。

第二节　礼仪营造和谐

礼仪不仅是人际交往的基本道德准则,也是促进职场友好交往的道德规范之一。今天,无论是何种行业,何种组织,都非常注重礼貌礼仪,因为对今天的职场来说,分工合作是必须的,要有效合作,就必须和谐相处,而和谐相处首先需要从礼仪礼貌入手。在职场交往中,如果一个人自觉遵守礼仪礼貌、待人和气,就会给对方一种亲切感、受尊重感,会拉近彼此之间的距离;如果大家都具备这种谦恭、友好、和气的态度,就会增进人们的友谊和团结,合作就会变得轻松自如。众所周知,在"人性特质中,礼貌几乎是唯一最具相互性的行为,你以礼待人——别人也会以礼回报你——还会使他感到非常愉快,感到自己受重视。相反,不以礼待人,对一个人的自我会造成很大的伤害,而且会激起他对你的敌视和仇恨"。[①] 所以,无论你身处何种行业,担任何种职位,都应该有礼貌地对待所有的人,不管对方是上司、前辈、下属还是客户、竞争对手。无论何时何地,一位礼貌待人的人,总会受到人们的欢迎和尊重,没有人会拒绝与之相处相交。

一、遵守礼仪是建立和谐职场关系的基础

礼仪体现了一个人的职业素质和风貌,遵守礼仪,是一个人职业修养、职业文明的表现。古人认为,举止庄重,进退有礼,执事谨敬,文质彬彬,不仅能够保持个人的尊严,还有助于进德修业。今天,礼仪甚

---

① 安东尼·罗宾:《潜能成功学》,北京:经济日报出版社 1997.510.

至还能为一个人张贴标签——你是谁？你的素质如何……梅西商业集团大学公关部经理简尼曾经说过："我总是在几分钟内对是否录用求职者做出判断，这并没有什么可惊讶的，是他们的姿态、形体语言、态度和热心程度给我提供了依据。"[①]已故美国总统林肯有一次外出，路边有一个身穿破衣烂衫的黑人老乞丐对其行鞠躬礼。林肯总统一丝不苟地脱帽对其回礼。随员对总统的举止表示不解。林肯总统说："即使是一个乞丐，我也不愿意他认为我是一个不懂礼貌的人。"应该说，林肯的举动体现的不但是对人的尊重，也是高度的自尊，更是作为政治家的一种姿态、一种习惯、一种素质风貌。

有人认为，日常礼仪属于小事，属于细枝末节，不足于真正体现一个人的素质风貌，要展示一个人的素质风貌唯有通过大事件。诚然，大事件确实能够显现一个人的素质风貌，但是，小事、细枝末节亦同样重要，甚至更重要。为什么这么说呢？一是因为大事件不可能天天发生，小事情才会时时上演；二是人们在小事、在细枝末节上表现出来的更多的是一种习惯，而这种习惯有赖于一个人的性格、态度和平时的养成。人们常说"性格决定命运"。"态度决定命运"，而性格和态度会表现在许多不经意的小事和细枝末节上。所以说小事、细枝末节虽然微小，但却能够真实地反映了一个人的品行、性格、态度和作风。作为职场人士，要在职场的交往过程中显现自己的良好素质与风貌，一方面需要把功夫用在平时，不断完善自己的性格，培养积极的态度。因为一旦养成了优良的性格和积极地态度，关键时刻才能水到渠成地"本色"表露。另一方面，还要学习以良好的礼仪风貌展示自己的优良性格和积极态度，如，适宜的着装、得体的举止、良好地表达等。唯有如此，才能得到领导的赏识、同事的好评、合作者的信任，竞争者的钦

---

① 李艳敏："完美的形象——求职的亮丽名片"，《中国大学生就业》2009.15.12.

佩,进而结成和谐良好的职场人际关系,为有效合作奠定坚实基础。

在职场交往中,遵守礼仪既是一种修养,又是一种品德,更是和别人建立和谐关系的基础。孔子曰:"不学礼,无以立"。在孔子看来,一个人如果不规范自己的行为举止、仪表仪态,不讲礼仪、礼貌,没有道德修养,是难以立身处世的,更勿庸说成就一番事业了。

二、遵守礼仪是赢得职场认同的前提

懂得和遵守职场礼仪,是赢得职场认同和接纳、获得职场成功的重要条件之一。有人说:"世上的成功者,一部分来自机遇眷顾,大部分来自于不懈的奋斗。不懈奋斗中的一条,必是以良好的礼仪礼貌塑造和维持良好的个人形象。只有当个人形象做好了,他才能赢得上层人士的赏识,赢得下层人士的信任,才能聚集自己的力量系,一步一步走向成功。"[①]

美国某城市有一位史蒂文斯先生,突然失业了。他是一个程序员,在软件公司干了8年,他一直以为将在这里做到退休,然后拿着优厚的退休金颐养天年。然而,万万没想到公司却突然倒闭了。此时史蒂文斯的第三个儿子刚刚降生,重新工作来挣钱养家迫在眉睫。然而一个月过去了,史蒂文斯也没找到工作。因为除了编程序,他一无所长。

有一天,他终于在报纸上看到一则软件公司招聘程序员的信息,待遇也很诱人。于是,他揣着资料,满怀希望地前去应聘。应聘的人数之多超乎想像,很明显,竞争将会异常激烈。经过简单交谈,公司通知他一个星期后参加笔试。凭着过硬的专业知识,笔试中,他轻松过关,两天后面试。他对自己8年的工作经验无比自信,坚信面试不会

---

① 彭书淮:《进退规则:世界历史中的生存游戏》,北京:中国民航出版社2004.149.

有太大的麻烦。然而,考官的问题是关于软件业未来的发展方向,这些问题,他从未认真思考过,因此,他被告知应聘失败了。

史蒂文斯觉得公司对软件业的理解,令他耳目一新,虽然应聘失败,可他感觉收获不小,有必要给公司写封信,以表感谢之情。于是立即提笔写道:"贵公司花费人力、物力,为我提供了笔试、面试的机会。虽然落聘,但通过应聘使我大长见识,获益匪浅。感谢你们为之付出的劳动,谢谢!"这是一封与众不同的信,落聘的人没有不满,毫无怨言,竟然还给公司写来感谢信,真是闻所未闻。这封信被层层上递,最后送到总裁的办公室。总裁看了信后,一言不发,把它锁进了抽屉。

3个月后,新年来临,史蒂文斯先生收到了一张精美的新年贺卡,上面写着:尊敬的史蒂文斯先生,如果您愿意,请和我们共度新年。贺卡是他上次应聘的那家公司寄来的。原来,公司出现职位空缺,他们马上想到了品德高尚的史蒂文斯先生。要知道,这家公司可是闻名世界的美国微软公司。十几年后,史蒂文斯先生凭着谦虚的为人和骄人的业绩一直做到了公司的副总裁。

三、礼仪具有营造和谐工作关系的功能

礼仪还具有调节人际关系,营造和谐工作关系的功能。在职场中,人们的相互关系错综复杂,难免有不同意见、不同做法,产生一些冲突和矛盾,有时甚至可能采取一些极端行为。而若能以"礼"为基础,形成良好的礼仪习惯,自觉主动地遵守礼仪规范,按照礼仪规范约束自己,就会变得善良、诚信、和谐、谦敬和自律,此时,不仅能融洽与交往对象的关系,缩短彼此间的心理距离,促使不同意见、不同做法者相互包容,促使冲突、矛盾各方保持冷静,缓解已经激化的矛盾,还能促成工作中的"互敬互助",建立起相互尊重、彼此信任、友好合作的关系,达成团结协作。

孔子认为,"君子敬而无失,与人恭而有礼,四海之内,皆兄弟也。"①意思是说,君子内心有仁爱,举止必然恭敬,做事谨慎而没有过失,与人交往恭敬而有礼貌,那四海之内都是兄弟。塞万提斯曾说:"礼貌不花钱,却比什么都值钱。"洛克认为:"礼仪的目的与作用使得本来的顽梗变得柔顺,使人们的气质变得温和。没有良好的礼仪,其余一切成就都会被人看成骄傲、自负、无用和愚蠢。"管理学家史蒂芬·柯维则强调:"即便是小小的善意和礼貌,也常常扮演着重要的角色。假如借口不拘小节就待人粗鲁、刻薄和不敬,结果可能导致情感账户的巨额支出。"②反之,一个微笑、一声谢谢、一次举手之劳的帮助和支持,都可能对你的工作产生巨大的推动作用。

第三节　践行礼仪美德

人是情感动物,而情感是需要交流的,内心对他人的尊重、友好,只有藉由一定的形式表达出来,才能让对方真切地感受到、体会到。礼仪的功能之一就是让大家学习与践行,孔子说的"道之以德,齐之以礼"③便是这个意思。

一、以礼貌语言表达诚恳

语言是人的思想、情操和文化修养的一面镜子。古人云"修辞立其诚,所以居业也"④将诚恳地修饰言辞看成是立业的根基,是有其道理的。并且认为做人应该坚持"言必信,行必果"⑤,巧言令色,是无法

---

① 《论语》.
② 史蒂芬·柯维:《高效人士的七个习惯》,北京:中国青年出版社 2007.185.
③ 《论语·为政》.
④ 《易·乾文》.
⑤ 《论语·子路》.

取信于人的。

那么,如何以礼貌语言表达自己的诚恳呢?

1. 交谈时要善意表达,在工作交流中,应持有一种不冒犯他人的态度,在此基础上还要有表现这种态度的令人愉悦的方式。

2. 谈话时自然诚恳,落落大方,表达得体,不宜指点江山,指手画脚。

3. 谈话是交谈,沟通是对话,不是独白,因而要给别人发言的机会,不能一个人唱独角戏;听别人说话时,也应该有所回应,不能敷衍,一味地啊啊啊、是是是。

4. 不要轻易打断别人的谈话,或随意提出新的话题。一方想补充另一方的谈话,或者联想到与之相关的事,想作说明,可以说"我插一句",或者说"请允许我补充一点。"当然,插话不宜太多,以免扰乱对方思路。

5. 如果自己是在主持一场谈话,要学会弹钢琴——不时与所有人攀谈,不要只与一两个人谈,而不理会其他人,更不要只与地位高的人交谈,那样容易给人留下"媚上欺下"的印象。

6. 参加别人的谈话要主动打招呼,别人个别谈话时,不要凑前旁听。若有事需与某人说话,应待别人说完。第三者参与谈话,应以握手、点头或微笑表示欢迎。谈话中遇有急事需要处理或离开,应向谈话对方打招呼,表示歉意。不应贸然插入,更不能一声不响地旁听。

7. 正式谈话内容一般不要涉及疾病、死亡等令人不愉快的事情,不谈一些荒诞离奇、耸人听闻、黄色淫秽的事情。不径直询问对方的履历、工资收入,对于对方不愿回答的问题不要追问,涉及对方反感的问题应表示歉意或立即转移话题。一般谈话不批评上司、前辈或身份高的人。不讥笑、挖苦、讽刺同事和竞争对手。

8. 与任何人交谈,都是一种对等关系。上至最高领导下至最基层的工作人员,在人格上是完全平等的,因此应该以礼待人,这样既能显现一个人的人格尊严,又可以满足对方的自尊需要。为此,相见应该道"好"、偏劳应该道"谢"、托事应该道"请"、失礼应该道"歉"。

应避免的不礼貌表达。

1. 揭人短处或道别人隐私。揭别人短处或到处传播别人隐私不仅有碍别人的声望,也会贬损自己的形象,让人对你留下不够宽容甚至卑劣的印象。要知道,你所知道的不见得是事情的全貌,相信片面之言并加以宣扬,是不负责任的。

2. 热衷争辩。喜争好辩,且把别人逼到墙角,这种做法不单单是损害了别人的自尊,让众人对你产生反感,还会让你养成专挑剔别人毛病或错误的恶习,长此以往,你就会成为孤家寡人。

3. 用质问的口气说话。质问很容易伤害别人的感情,除非遇到辩论的情境,否则大可不必用质问的口气说话。有些人习惯于以质问的语气来纠正别人的错误,这一做法犹如先给对方一拳,之后再向他做出解释说明,殊不知,这一拳不但会打得人晕头转向,使其感情受到伤害,还会让人感觉你是一个自傲和苛刻之人。如果对方恰好是个脾气不好的人,必然恼羞成怒,进而引发激烈的争辩,这是最易伤感情和破坏彼此关系的。职场中的许多同事不睦,上下级失和,同行交恶,大多是由于一方喜欢以质问方式来与对方谈话所致。采用如此方式的人,多半心胸狭窄,好吹毛求疵,或脾气乖僻或自负自恋,其不良品格在谈话中表现得淋漓尽致。

4. 自吹自擂。有修养的人大凡都是谦逊和低调的,不会自吹自擂。在职场上,爱吹嘘自己的人难以得到上司、同事的真诚合作和客户的信任,因为这样的人目中无人,目空一切,根本听不进别人的意见,会令与之交往的人产生不信任感和不安全感。

二、以得体服饰传递可信

《弟子规》要求："冠必正，纽必结，袜与履，俱紧切"。这些古老的规范，对于职场交往依然非常必要。因为在工作交往中，仪表不仅仅代表着自己，展示着自己的形象，还代表着一个组织，塑造着组织的形象。得体的仪表（适合自己的职业、年龄、生理特征、相处的环境和交往对象的工作习俗等）是一种无声的交际语言，既表现了一个人的自爱和积极心态，也表达着一个人的修养和对他人的尊重。正式、得体、优雅的仪表不仅能够增加一个人的自信，促使其以积极奋发、进取、乐观的心态去面对现实，处理工作中所遇到的各种矛盾、困难和问题，同时还增强了交往对象对他的信任，给人一种可信、可靠的感觉。

周恩来总理晚年罹患癌症，身体状况非常不好，但由于工作需要，他依然带病工作。后来两脚都肿了，原先的皮鞋、布鞋都穿不进去了，他只能穿着拖鞋走路。可是有些重要的外事活动，他还是坚持参加。他身边的工作人员出于对总理的爱护和关心，对他说："您就穿着拖鞋接待外宾吧，外宾是能了解您老人家的。"总理摆摆手，慈祥而严肃地对工作人员说："不行，要讲究礼貌嘛！"他请工作人员帮他特制了一双鞋，专门在接待外宾时穿。

上世纪 80 年代，有文章介绍了英国王室成员安妮公主的变化。

英国新闻界一直与安妮公主关系不好，但 1985 年安妮公主却被选为"1985 年的女士"，成为众人瞩目的人物。

安妮公主的成功主要是由于她做了大量的儿童福利工作，并能积极关心下层社会的人们，因而获得了人们的尊敬，但另一方面也有服装的功劳。

安妮公主过去喜欢穿戴那种老古董式的乡下姑娘的服装，后来逐步被其具有女性柔美、讨人喜欢的服饰所取代。在一次电影首映式上,她甚至戴上了粉红色头饰,这些变化引起了人们的注意,沟通了和更多的人之间的感情。与此同时,她自己容易引起麻烦的多刺态度也被自信心取代,报纸上的照片展现出一个令人耳目一新的"安详宁静"的安妮公主形象。

(一)职场着装与修饰

服饰礼仪是人们在职场交往过程中为了相互表示尊重与友好,达到交往的和谐而体现在服饰上的一种行为规范。它包括服饰造型礼仪,服饰色彩礼仪和饰物配用礼仪,还包括在不同场合选用不同的服饰的规范。遵守服饰礼仪其实就是在一定的社会规范下穿用服饰。

得体的服饰是展示自己职场交往美德的名片,因为服装体现出了其文化素养和精神追求。衣冠服饰不仅是人类生活的要素和文明的标志,还是构成形象美的重要条件。美国形象大师罗伯特·庞德说过,"服装是视觉工具,你能用它达到你的目的。你的整体展示——服装、身体、面部、态度为你打开凯旋、胜利之门,你的出现向世界传递着权威、可信度、被喜爱度。"①

在职场交往过程中,一个人要想让人们觉得你属于某个阶层,你必须穿得像这个阶层的人。换言之,看起来像某种人,会极大地赢得这一圈子的人的认同和接纳。西方有这样一种说法:你可以先装扮成"那个样子",直到你成为"那个样子"。因为人们往往会把着装与其收入、社会地位、文化品位等联系起来。孰不见,商务交往中,由于你"像个成功人士",人们便相信你的公司是有实力的,有发展前景的,因而愿意与你的公司进行交易或合作吗? 当然,着装得体不一定能保证你的职场交往成功,但穿着打扮不当却保证你职场交往失败。因此,有

---

① 转引自英格丽:《你的形象价值百万——世界形象设计师的忠告》,北京:中国青年出版社 2005.5.

必要也应该通过得体的着装展示自己良好的素质和精神风貌,让得体的着装为你开启成功交往之门。

安东尼·罗宾说过:"你的仪表会对你自己说话,也会对别人说话,它可以帮别人决定对你的看法。从理论看来,我们应当看重一个内在而不是外表,但请你不要太天真,大家都是以你的外表衣着来打量你,因为你的仪表是别人打量你的第一项最简便的工具,而且这种印象会持续下去,在许多方面影响别人往后对你的看法。"[①]不仅如此,仪表向你周围的人传递和展示着一个信号,那就是尊己与尊人。

1. 着装的原则

着装首先要做到扬长避短,即根据自己身材和气质等来选择服装,体型矮胖的人,最好不要穿横条纹的衣服,偏瘦的人,最好不要穿竖条纹的衣服。其次要讲究搭配协调,即上下装在款式、质地、色调尽量协调,使之富有整体感。第三要避免盲目赶时髦,着装应该体现个人特质,穿出个人风格,有个人品味才是上乘表现。

女性着装

(1)正式场合以着正装为宜。正装包括衬衫、上衣、西裤或西服裙,西服以线条柔和、款式新颖为宜,如果不着正装,最好选择和岗位或职位要求相符的服装。

(2)裤子和裙子的穿着。裤子几乎适用于一切场合,裙子也适合大多数场合,一条恰到好处的裙子,能够充分展示女性的韵味和风采。一般说来,裙长应盖住大腿的三分之二,并注意裙子的款式、色彩、厚薄与上衣的搭配。穿裙子一定配丝袜,袜口切忌露在裙摆之上。背带或无袖连衣裙不适合在正式场合穿着。

(3)鞋子和袜子。正式场合一般穿皮鞋,不穿凉鞋,穿凉鞋被视

---

① 安东尼·罗宾:《潜能成功学》,北京:经济日报出版社 1997.324.

作与光脚无异。穿着袜子的关键是,一定要和裙子、裤子以及鞋子相协调。穿丝袜最好选择几乎看不出颜色的透明色。也可以尝试炭灰色这样的深色袜子,但正式场合最好不要穿黑色的长袜。

(4)着装三不露原则。手臂不露——不穿无袖上衣;大腿三分之二以上不露——不穿超短裙、迷你裙;脚趾不露——不穿凉鞋,只穿包鞋;胸线不露——不穿太过透明或低胸的上衣。

(5)颜色搭配原则。服装整体颜色最好不要超过三种,其中最好有一个颜色是灰、黑或者白,不要将两个强烈的色彩搭配在一起,最好以其中一色为基础,另外一色使用的分量要少一些。记住,颜色搭配始于"简单大方",终于"简单大方"。

男性着装

男性服装款式不多,变化不大,穿着重在整洁大方,合体。但是在正式场合,衣着不应过于随便,运动服、沙滩服或牛仔服、夹克衫之类的休闲服装一般要慎穿,衣服颜色以不超过三种颜色为准则。西服是公认的正装,正式场合穿西服已成为惯例,但也要因地、因时、因人而异,天气太冷或太热不宜穿西服,不习惯穿西服的人也不要勉强,否则会适得其反。

西服穿着的基本准则:

(1)西服有正装和休闲装之区别,正装西服一般要求上下同色同料,休闲西装的质地和颜色不拘且可自由搭配。

(2)正装西服要求挺括庄重,颜色以灰、蓝、黑色为主基调,尤以深蓝、灰、深灰等中性色彩为佳,若有花纹,也只能是暗而淡的。

(3)西服重在合体。西服的尺寸非常重要,太大、太小、太紧、太松的西服都会破坏着装人的形象。合体的西服应该过臀部,四周下垂平衡,手臂伸直时上衣袖长恰好过腕部,领子应紧贴后颈部,衬衫领子须稍露出外衣领。

（4）西服穿着应该体现线条美。西服的外部衣袋不应放任何东西。薄皮夹、手帕等应放在外衣内侧的口袋里，平时不要把手插在衣袋里。

（5）穿正式西服要求成龙配套。全套西服包括上衣和西裤、衬衫、领带、皮鞋和袜子。穿西服要注意衬衫的搭配。衬衫的颜色以白色为主基调，也可采用与西服颜色相近的同色搭配；衬衫的领口要挺括、硬扎，下摆要扎在裤子里；衬衫的衣袖要稍长于西服上装的衣袖（一般为两指），以体现西服的层次美。在比较正式的场合，穿西服一般应系领带。领带的色彩可以根据西装的色彩配置，一般以绛红色、蓝色、深灰色为主，可带白、黄、银黄等简单花纹，但忌用三种以上颜色，尤其是俗艳的颜色；领带的面料以真丝为主；图案以圆点、简单小图形为佳，忌用动物图案、花草图案和美女图案；领带的打法与领口的样式密切相关，领口越宽，领带的结就越宽，打出来的领带应该是底部三角正处于腰带的中间，长度以达到腰带扣的位置为宜，长于腰带，显得不精干，短于腰带，显得小家子气。穿正式西服一定要配皮鞋，皮鞋的颜色一般以黑色或深棕色为宜，黑皮鞋可谓万能鞋，它几乎和所有颜色的西服都能搭配；皮鞋的样式以简单大方为佳，不能穿那种带有金属装饰物的鞋；皮鞋需要经常上油擦亮，不能蒙满灰尘。袜子的颜色要与西服的颜色相协调，最好是同色，且以单色调的灰、黑、蓝为佳，万万不可穿花袜子和白袜子（白袜子只适合于运动或穿白西服时）；袜子的质地最好为棉或毛，长度以盖住小腿为宜（让多毛的小腿显露出来是十分不雅的）。

（6）穿西服时内衣须单薄。衬衫里一般不穿棉毛衫，如果一定要穿的话，应该注意不要让领圈和袖口露在外面。单排扣西服可以敞开穿，也可以扣拢扣子穿，如果扣扣子穿要注意最后一粒不能扣，双排扣西服不能敞开穿，所有的扣子都要扣拢。另外，西服的袖口和裤边都不能卷起。

2. 配饰

配饰的作用在于锦上添花或画龙点睛,具体而言男女各有不同。

女性配饰

(1)首饰。正式场合的首饰材质一般以金、银和珍珠为多。无论处于何种位置,在服装上加一些闪亮的首饰都会为女性增加光彩,但是要注意不要做过头,比如,在手上戴一枚以上的戒指,在手腕上戴满手镯。另外还要避免过于夸张或者那种叮当悬挂的首饰,特别是耳环,这会让你看来没有职业素养。在职场上,最好选择纽扣式的耳环或者设计简单的闪亮小环。总体来说,首饰的大小除了要和穿着、体型相配合外,还要与职业、年龄和周围的环境相协调,做到相得益彰。此外,要注意避免佩戴价格低廉、制作粗糙的首饰。

(2)手提包。手提包作为整体装饰的重要部分,备受女性的重视。在职业交往中,手提包是作为公文包使用的,因此风格要持重,不要使用体育用包或叮当作响的包,也不要把包塞得满满当当。

(3)修饰。在对着装的整体效果进行最后的修饰时,可以考虑在套装的翻领上别一枚精致的胸针,或者在脖子上系上一条别致的丝巾。

男性服饰

(1)首饰。对于职场男士来说,首饰应该尽量少戴。对于已婚男士,佩戴一枚结婚戒指就够了,钻石项链、黄金手链等都是不恰当的选择。

(2)手表。选用金属表、优质真皮或金属表带。金黄色表看起来优于白金表。虽然白金表被认为高雅,但易于和银表和不锈钢表混淆起来。

(3)眼镜。一般来说,金丝边框眼镜比塑料边框眼镜更显儒雅。

如果选用塑料边框眼镜的话,尽量不要选用粗、宽、厚的。

(4)腰带。腰带最好与皮鞋同色,腰带扣形状要简洁,不要把大字符的商标符号露在外面,因为这往往意味着品味低俗。

(5)公文包。公文包宜选用黑色或深棕色的,质地应以牛皮或羊皮为主且杜绝一切花纹图案和文字,"花里胡哨"意味着低品味;最好不要用夹式、背肩式或箱式的皮包。公文包内应备有一支优质金属墨水笔。

(6)手套。手套应选择皮制的,颜色以黑色、深棕色为宜。不要佩戴毛线手套或布手套。

(二)女性仪容装扮

在职场中,你会碰到这样一些人,他们一边大把大把地花钱购置服装,一边由于自己头发油腻、指甲不整、牙齿不洁而损害整体效果。人体修饰包含许多细节,如果你重视这些细节,并在这些方面花一定的时间和精力,别人就会重视你;否则,即使穿非常漂亮华丽的服装,也难得到他人的尊重。

1. 头发

有人说,女性的美,有一半在头发。女性的一头秀发,能增添无限的魅力与风韵。头发的美是仪容的重要组成部分,因此,作为职业女性,在职业交往中须注意自己的发型设计,使其不仅要符合美观、大方、整洁和方便生活与工作的整体原则,还要与自己的发质、脸型、体型、年龄、气质、四季服装以及环境等因素相协调,如此才能给人以整体美的感受,树立良好的职业形象。就不同的脸型而言,椭圆形可谓东方女性的标准脸型,可任意选择发式;长脸型看起来面部比较消瘦,其发型可适当遮住前额,使脸部在视觉造型上增加一些力度,并设法遮住两颊;方脸型应采用遮掩棱角的发型设计,这样可以使面部看起来圆润一些;前额宽的脸型,可以选择增加额头两侧头发的厚度的发型设计。

2. 化妆

对于职业女性而言,化妆也是一项工作礼仪,哪怕只是一点淡妆。化妆会让女性的面孔看起来更为完美,为此,可以用一些腮红、睫毛膏和唇膏来强调自己的面部特征。如果还想为面部增添一些色彩的话,可以考虑用粉底和眼影。选择唇膏时要注意唇膏的颜色应该比嘴唇的自然颜色略深一些,要能盖住自然唇色。此外,要特别注意避免化妆过浓,工作交往时浓妆艳抹的女性是不会被人认真对待的。化妆的另一个要点是:注意各部分的协调,如,要特别留意下颚到脖子的交界部分,看看粉底能否和脖子的肤色自然衔接;眼影的颜色和腮红的颜色搭配得是否相宜。为了达到美容的效果,化妆还应考虑季节、自身的性格气质、职业特点、年龄、场合等因素,结合以上因素采用不同风格的化妆法。另外要注意,化妆工作最好在家中完成,在大庭广众之下化妆是不雅的行为,如果实在有必要的话,应该就近找一个洗手间或者其它隐秘的地方。

3. 手和指甲

指甲对女性来说是总体形象的另一个重要部分。手必须保持干净,指甲要经常修剪且保持健康,同时避免太长和太亮,它会使人觉得你是什么事都不干的大小姐。

4. 卫生习惯

无论是男女,都要养成良好的卫生习惯。卫生是文明的标志,一个举止庄重的人,应该注意个人卫生,养成良好的生活习惯。如,经常换衬衣,每天换袜子和内裤;保持皮鞋亮洁;早、晚刷牙;至少一个月理一次发,勤洗头,如有头屑,注意选用去头屑的洗发水;经常修剪鼻毛,男性每天都要刮胡子;不要当众瘙痒、擤鼻涕、掏耳朵、打哈欠、修指甲、剔牙齿;避免发自体内的各种响声;不乱丢烟蒂。不随手扔果皮、纸屑;进入正式场合,不吃葱、蒜、韭菜等具有强烈气味的食物。

总之,作为女性,在职场交往过程中一定要仪容庄重大方,总体原则就是保持自然、保持微笑、保持端庄。若在与人交往时总是一脸严肃,甚至苦着脸,又怎能顺利地与人洽谈办事呢?

三、以礼貌举止体现教养

在职场的交往过程中,仅仅用衣饰整饰自己是不够的,还应该注意自己的言行举止。孔子说:"君子不重则不威"[①]。意思是说,作为具有理想人格的君子,从外表上应当给人以庄重大方、威严深沉的形象,使人感到稳重可靠,可以付之重托。美国人类学家霍尔认为:一个成功的交际者不仅需要理解他人的有声语言,更重要的是能够观察他人的无声信号,并且能在不同的场合正确运用这种信号。"霍尔所说的无声信号就是人的举止,即人的动作和表情,举手投足,一颦一笑等。人的动作表情、举手投足,一颦一笑,鲜明地反映着其内在修养,传递着礼仪礼貌,让自己在一举手一投足之间,一颦一笑之中,尽显庄重、大方优雅的内蕴气质和职业美德,对于职场交往来说非常必要。

(一)日常基本礼仪

人有众多社会属性,对日常基本礼仪的熟练运用程度,是一个人素质和能力高低的参考,也是一个人职业美德的展示。遵守礼仪规范不仅可以增强一个人的魅力指数和自信,使个人的许多优势发挥出来,还可以为事业发展营造更多的和谐和愉快。

1. 握手

握手在今天已成为一种日常的基本礼节。职场交往过程中,与人握手是不可避免的,与人第一次见面时要握手致意,熟人久别重逢后

---

① 《论语·学而》

要握手寒暄,告辞和送行时双方要握手作别。在一些特殊场合,如向人表示祝贺、支持、感谢和慰问时;双方交谈中出现了令人满意的共同点时,或双方原先的矛盾出现了某种良好的转机和彻底和解时……也需要以握手为礼。

加拿大著名形象设计师凯伦认为,握手是一门有趣的艺术,它让我们在瞬间产生种种推测和判断,握手是无言的,但是传递的信息却是丰富微妙的。关于这一点,每一个人都能深切感受到。性格热情开朗的人伸出的手让人感觉充满活力,表达了渴望与你相识相见意愿;性格冷淡甚至有些怪癖的人伸出的手则是冰冷、僵硬无力的,恰似一条死鱼。有人说,最让人憎恨的握手方式就是这种"死鱼"式的握手,它让人感到被拒绝、被排斥,是最没有礼貌、最破坏自己形象的握手方式。

握手礼仪:

(1)初次见面的握手礼。先自我介绍,或经他人介绍后,再伸出你的手。

(2)握手的方式。平等而自然地握手姿势是两人的手掌都处于垂直状态,手掌和拇指形成一个角度,四指与拇指全部与对方的手握在一起。这是一种最普通也是最为稳妥地握手方式。

(3)握手时的目光。握手时要与对方目光接触,面带笑容,目光接触显示你对别人的重视和兴趣,也表现出了你的自信、坦然和诚意,同时还要观察对方的表情。

(4)伸手的顺序。上下级之间,上级伸手后,下级接握。长辈晚辈之间,长辈伸手后,晚辈接握。平辈、平级男女之间,女性伸手后,男性接握。当然,如果男性为长辈或上级时,依然遵循长辈、上级伸手,晚辈、下级接握原则。对于长辈、上级、女性的主动握手,一定要接握,否则,不但让对方窘迫,也显得你没有礼貌。而当自己主动与人握手时,则应该事先考虑一下自己是否受对方的欢迎,对方有无握手之意。如果你已察觉对方无握手之意,向其点头示意或微微鞠躬即可。

(4)握手的时间。握手的时间一般以三到五秒钟为好,时间太短会显得过于仓促,时间太长又显得过于热情,特别是当男性握着女性的手时,握的太长,容易让对方感到窘迫和不安。当然,如果确实需要表示真诚和热情,也可以长时间地握手,并上下摇晃。

(5)握手禁忌。带着手套握手是失礼行为。

2. 称呼

在职场交往中,如何称呼对方看似简单,实则不简单。关于这一点,你只要留心一下现代职场人称呼的繁杂名目,就会明白一个贴切得体的称呼是多么重要。

(1)用职衔、职称称呼对方。对方若有职衔或职称就用职衔职称称呼对方,可以不叫出对方的姓氏,这一点对于那些进出政府机关、管理层的人来说尤其要注意。此外称主席、部长、经理、董事长也一概如此。只有在你要以先生来称呼对方时,姓氏才是必须加上的。

(2)用先生、小姐称呼对方。用先生称呼男性、用小姐或女士称呼女性在职场交往中是最普通的。当你觉得没有必要称呼他们的职衔的时候,或者不知道对方究竟是什么职衔的时候,先生、小姐、女士这种称呼最恰当。

(3)直接称呼对方名字。在有些场合或有些时候,如果你直接称呼对方的名字,会收到亲切愉快、缩短心理距离的效果,当然,这要依你的身份与当时的情境而定。

(4)称呼在场的许多人,如果不方便使用""先生"、"小姐"这些称呼,那么应该按先长后幼、先上后下、先疏后亲的次序使用各种不同的称呼。

(5)称呼上的权宜之计。有些时候,实在不知道如何称呼对方,有一个权宜之计,那就是称其为老师或前辈,这一称呼既尊敬有礼,又不使人觉得太洋、太怪;对特别熟悉的年长的同事,为表示尊重和亲热,也可以称其为某哥、某姐,如,王哥,李姐等。

(6)称呼中的古礼。我国古代有一些文明称呼,有的至今还在沿用。比较常用的有"令",如,"令尊"、"令郎"、"令爱";"贵",如,"贵公司"、"贵店";"大",如,"大名"、"大作"等等。与此相反,称自己则用谦恭的口吻。常用的有"敝"、拙等,如,"敝公司"、"敝校";"拙文"、"拙作"、"拙见"等等。

3. 介绍

介绍一般分当面介绍、书信介绍和自我介绍三种。

(1)当面介绍

当面介绍时,介绍人应遵循的一般礼貌是:向老年人引见年轻人,向女性引见男性,向地位高的人引见地位低的人。在两个女性之间,向已婚的引见未婚的(如果已婚的女性明显年幼,则仍需遵循长幼的原则,先向年纪大的引见年轻的)。一言以蔽之,应该先称呼年长的、地位高的人和女性的名字,因为先叫出谁的名字意味着对谁的尊敬。

单独介绍两人相识,应该先了解一下双方是否都有结识对方的意愿,或者主人自己衡量一下这两个人是否有相识的必要,免得造成不必要的尴尬。

如果人们正在谈话,主人该怎样向他们介绍一位生人呢?如果人不是太多,应该要先介绍后进来的一位,然后再逐一介绍原先在场的人。如果人太多,可以稍等片刻再相机行事。

介绍其他人相识时,最好能用一两句话作为引起他们往下谈的话头,比如:这位是刚从美国回来的李晓雷,或者,指出被介绍双方的相近点或有关联之处,如,这位是李小宁,是你姐姐的大学同学,也在某某单位工作。

作为被介绍者,应该站立并正视对方,显示出想了解和结识对方的诚意。待介绍人介绍完毕,通常应该先握一下手,说些"你好! 幸会! 久仰!"之类的客套话,然后还可以重复一下对方的姓名或别的称呼。

(2)书信介绍

在职场交往中,有时也会通过书信介绍人相识。介绍信一般都简单明了,信中不写其他事项,写好后不封口交给被介绍人。

介绍人一般不直接持介绍信去拜访对方,以避免收信人必须当面做出反应。这样既不礼貌,又难免使对方为难。可在拜访前打电话或发送短信给收信人,简单说明情况。对方接到电话或短信后,应尽快答复,根据情况或回复或约见。如果实在不能尽快安排,也应尽早回信或回电话解释一下。

有的时候介绍不用信件,而是由介绍人在自己的名片上写上几句简短的话交给被介绍人,但这样做意味着被介绍人的身份低于介绍人。

(3)自我介绍

在开拓新的工作关系时,往往需要先做一番自我介绍。一般情形下,可以先说一声"您好!"来提请对方注意,然后自报家门。自我介绍切忌不顾对方反应,一下子连珠炮式地说好多话。过于迫切与一个陌生人拉近距离,会使他感到莫名其妙甚至反感。若想与对方继续保持联系,可以留下自己的联系方式或地址,但一般不应该主动要求对方也这样做,那样会显得太唐突和无礼。

4. 名片

名片通常在三种情况下使用,一是带有商业性质的横向联系和交际,二是社交中的礼节性拜访,三是用在表达感情和表示祝贺的场合。第一种情况比较常见。

名片的使用礼仪如下:

递送名片给对方时要用右手或者双手,名片上的字要朝向对方。接受名片者亦应毕恭毕敬双手接过,使对方感到你对他的尊重,对他的名片很感兴趣,接过名片后,一定要看一遍,必要时可以轻声念一下,有不明白的地方可以直接向对方请教。之后再把名片放入提包的皮夹里,或放入衣服口袋中,或放在桌子上,切忌名片上不可再放任何东西。

如果你想要对方的名片,不要直截了当地索要,可以这样说:"以后向您请教,不知怎么联系您",或者说:"如果方便的话,能否请您留张名片?"若对方带有名片一般会给你,若没有,也会婉言解释。

5. 举止姿态

研究表明,在人际交往中,声音语言和说话的内容仅占 38% 和占 7%,肢体语言是占 55%。而且这三者中肢体语言所传达的信息是最真实的。特别是潜意识的肢体语言,完全表达了内心最真实的信息。

在职场交往中,得体合适的肢体语言,良好的举止姿态,不仅可以体现一个人的个人魅力,缩短与交往对象的距离,还可以使其工作产生事半功倍之效;而粗俗不雅的姿态和动作,不仅会有损个人形象,还会对工作造成意想不到的不良影响。因此,自古以来,仁人志士们都十分强调在细小的礼节、举止方面培养自己良好的习惯,以达到修身养性的目的。认为"不矜细行,终累大德"。不检点细小的行为举止,最终要损害大节,积恶足以灭身。

举止姿态一般指站立、就座、行走、手势等。对举止姿态的礼仪要求,我们常用一句话来概括:站有站相,坐有坐相。

站立。站立时直立站好,重心放在两个前脚掌上,要做到:立姿端正、收腹抬头、眼睛平视、面带笑容,双臂自然下垂或在体前交叉,右手放在左手上。男子站立时双脚间可保持一定的距离,但以不超过一脚为宜,女子站立时,双脚呈"V"字型,膝和脚后跟要靠紧。正式场合,两手可在体前交叉,但最好不要叉在腰间、裤袋或抱在胸前。向长辈、朋友、同事问候或做介绍时,不论握手或鞠躬,双足应当并立,膝盖要挺直。

入座。入座应稳而缓,不要过急或过猛。从椅子左方入座,轻轻用手拉出椅子,不要弄出大的声响。坐姿重在端正,一般以坐满位子为宜(有时会只坐椅子的1/3。这种浅坐的方式给人以尊重有礼,认真倾听的感觉),手自然放在双膝上,男子双膝间距不要超过肩宽,女子双腿并拢或双脚相搭。目光平视,嘴微闭,面带笑容。谈话时可侧坐,但要注意上体与腿应该同时转向一侧。

行走。人走路的形态能反映出一个人的个性、情绪及修养等。行走时身体重心要微微向前,重心在前脚掌的大脚趾和二脚趾上,行走路线应该是脚对前方所形成的直线,脚跟落在这条直线上。走路时要轻而稳,上身挺直,抬头,眼平视,面带微笑,两臂自然前后摆动,肩部放松。多人一起行走不可搂肩搭背,也不要横排并行。

手势。在职场人际交往中,手势是不可缺少的最有表现力的一种"体态语言",得体适度的手势,会在交际中增强感情的表达和传递善意,如,优美动人的手势常令人心中充满惊喜。柔和温暖的手势会令人心中充满感激,坚决果断的手势,犹如具有千军万马的无穷力量。

运用手势重在做到规范适度,一般认为:掌心向上表示诚恳、尊重他人。比如,介绍别人或为别人作介绍时,手掌要自然向上,以肘关节为轴,手臂伸直,手指自然并拢,指向目标;在引路、指示方向时,作介绍应上身稍前倾,以示对对方的尊重。总体来说,手势要自然亲切,多用柔和的曲线手势,少用生硬的直线手势,以缩短与对方的心理距离。与客人谈话,手势不宜过多,动作不易过大,上界一般不宜超过对方的视线,下界不低于自己的胸区;左右摇摆的幅度也不要太宽,一般应在胸前或右方进行,给人一种优雅、含蓄而彬彬有礼的感觉。谈到自己时,不要用手指自己的鼻尖,而要把手掌按在自己的胸口上;谈到他人时,不可用手指向别人,更不要背后对人指指点点。

正确运用具有礼貌意义的动作。

点头:与人打招呼或致意的礼貌举止。通常多用于迎送场合,当迎送人数较多时,可以用点头向多人致意。

举手:远距离相遇和仓促擦身而过时的礼貌举止。

起立:位卑者向位尊者表示敬意的礼貌举止。

欠身:向别人表示自谦的礼貌举止,相当于向对方致意。它与鞠躬的区别只是程度不同而已,即鞠躬要低头,而欠身则只是身体稍稍向前倾,不一定低头,两眼仍可直视对方。

鼓掌:表示赞许和向别人祝贺的礼貌举止。

抱拳:与身份相仿者互致敬意的礼貌举止。

合十:兼含敬意与谢意两重含义,原是佛门动作,后由佛门传出。

拥抱:表示亲密感情的礼貌举止,多用于外事和迎来送往场合。

应该避免的几种举止体态:

跷二郎腿,并将跷起的脚尖对着别人;打哈欠,伸懒腰;剪指甲、掏耳朵、抠鼻孔;抖腿和摆弄手指;不时看表;双手搂在脑后;交叉双臂紧抱胸前;双脚叉开;揉眼睛、挠头发;对着别人喷吐烟雾和烟圈。

利用身体语言。

身体语言也被称为"肢体语言"。我们常说一句话,叫做"此时无声胜有声"这里的无声之所以胜有声,是因为有效运用了身体语言。利用身体语言,能够有效传递亲和力、敬意与好感。一个人在开口之前,他的眼睛、他的动作、他的全身都在表达某种意思,这些所表达出来的意思,或者使人准备听他说话,对他发生敬意;或者使人不想听他说话,对他产生恶感。所以一个人在开口之前,要想方设法启动你的身体语言,向听的人传达你对他们的敬意与好感,暗示出你所要说的话的重要性。在平时说话的时候如此,在演讲、辩论、谈判的时候更是如此。

有效运用身体语言,一定要做到自然得体。进门时,挺胸抬头、目光平视;就座时,做满座或让身体占满座位的三分之二,两手掌心向下,叠放在两腿之上,两腿自然弯曲,小腿与地面基本垂直,两脚平落地面,两膝间的距离,男性以一脚为宜,女性以两膝两脚并拢为好;交流时应尽量缩短双方的距离(以不侵犯个人空间距离为宜),以增加情感;交谈时,应通过点头、微笑等表示关注和赞同;倾听时,注意身体前倾,目光全神贯注。

6. 守时守约

在现代社会紧张的工作节奏中,每一个人的时间都极为宝贵,严守时间,不无故失约是职场交往中最起码的礼貌。不守时之所以给人留下坏印象,就在于不守时的人不能满足人们的自我尊重需要。在这种情况下,原本无足轻重的琐事就变成了"巨大的琐事",进而引起这样或那样不必要的麻烦。

与人有约,最好按照约定的时间赴约,重要活动更是不能迟到,一旦留下不守时的坏印象是难以挽回的。如果确实因客观原因无法避免迟到,应事先通知对方并表示歉意。必要的话,还应该向相关人员道歉或事后亲自上门道歉;当然,也不必过于早到,约定之前的时间,是对方的时间,如果早到可能是一种失礼,甚至会给对方带来不必要的紧张与麻烦。

有一次,台湾作家刘慵应邀去台北近郊的一所大学演讲,这所大学的地理位置有些偏僻,交通不是很方便,尤其是上下班时间堵车严重。而演讲开始的时间恰好又定在了早上七点钟,正值上班高峰期。

6点45分的时候,来听演讲的同学都站在校门口东张西望,看着拥堵的车流,人们纷纷统议论,刘老师肯定堵在路上了。又过了几分钟,一位眼尖的同学喊道:"快看,刘老师来了。"只见刘墉不紧不慢地穿过马路,走到同学们面前,亲切地跟同学们打着招呼。

"刘老师,您是怎么来的呀?"一位同学好奇地问,"难道是从天而降?"同学们听到问话,都哈哈大笑,刘墉也跟着笑了。演讲准时开始,并受到了同学们的好评。

事后,刘墉跟朋友说,其实自己在上班高峰期前就到了,因为知道会堵车,所以早早就出发了。朋友不解地问:"那你为什么不进去呀?""我干嘛要这么早进去,这样会让本来忙于布置会场的主办方更加慌乱,一边安排还得一边招呼我? 再说我早早露了面,等真的出现在大家面前的时候,已经没有了新鲜感。在约定的时间,从容地从天而降不是更好吗?"

刘墉的"从天而降"不仅是一种从容的行为,更体现了刘墉对别人尊重和理解的美德。

关于守约。承诺对方的事情,一定要在规定的时间内完成;如果实在不能如期完成,一定提前通知对方,争取谅解,否则会给人留下不守信用的坏印象。

7. 以微笑向人

微笑是世界语,是人类最好看的表情,它表示没有敌意,希望友好,愿意被喜欢等等。有人曾作过这样一个比喻:假如把笑标在温度计上,笑死人了是50度,冷笑是0度,微笑是18度。众所周知,18度是人体感觉最舒服的温度,可见,微笑是一种最适宜的笑。不仅如此,从形象上说,微笑的样子最美,从生理上说,微笑保持的时间最长。达·芬奇的《蒙娜丽莎》被称为永恒的微笑,几百年来人们驻足欣赏这幅绝世之作时,不仅是叹服艺术大师的功力,也是在赞美微笑的力量。

微笑给人们带来了温暖,给人留下了热情、宽厚、谦和、含蓄、娴静美好的印象,表现出了对别人的理解、关心和爱,缩短了人们彼此之间的距离;微笑能给人心理上带来稳定感、优势感,可以使人身心稳定,帮助人获得幸运和财富,同时也有利于积极地处理各种问题。在职场交往中,善于微笑的人,能给工作和生活带来不可估量的正能量。微笑无需成本,却能创造出价值。正如苏格兰人所说:"微笑比电便宜,却比灯灿烂。"那些善于并喜欢微笑的人,不仅为自己赢得了好运和机遇,也使得自己人际关系更和谐,工作更顺利并更有成效。有人说,美国前总统里根的成功与他的微笑有很大相关。里根很擅长讲笑话,并且脸上终日挂着微笑,这给公众留下良好的印象,同时也使他成为一位极富魅力的领导人。

在很多礼仪课程中,微笑练习是最重要的练习之一。因为教育者知道,微笑符合社会心理需要,能帮助学习者取得社会交际的成功。在职场交往中,微笑是一个人给予同事的最好见面礼,常常保持微笑的人,会让人感觉到他的自信、友好和善意,而这种态度不仅会感染人,还能尽快缩短双方的心理距离。给别人一个赞美,并伴以微笑,将使微笑的力量扩大许多倍。当你带着微笑央求别人帮忙时,会使别人难以拒绝;当你微笑着拒绝别人时,会让人感到你这是对事不对人;当你微笑着指出别人的错误或过失时,会使别人在心理上更容易接受;从别人那里接受一次恩惠,并报以微笑,别人会更深切地体会到你的感激之情;即使有时不得不使用某些坦率的直言,一个微笑也会解除由此而产生的刺伤……

8. 记住别人的名字

著名成功学家戴尔·卡内基说过:记住一个人的名字,对他来说,是任何语言中最甜蜜、最重要的声音。记住对方的名字,并把他叫出来,不仅是一种礼貌,是一种对对方的尊重,还等于给予了对方一个巧妙而有效的赞美,让他们感觉到了自己的价值。

政治家所要上的第一课就是:记住选民的名字就是政治才能,记不住就是心不在焉。周恩来、罗斯福、韦尔奇都知道一个最单纯、最明显、最重要的获得好感、促进交往的方法——记住别人名字,使别人觉得自己很重要。而记住他人的名字,在职场交往中几乎和政治上一样。

有很多人记不住别人的名字,其实,并不是真的记不住,而是没有意识到交往中记住别人名字的重要性,因而没有花心思认真去记忆,他们会为自己寻找种种借口:工作太忙了,事情太多了,没有时间去记这么多名字。难道你比周恩来更忙,比罗斯福事情更多,比韦尔奇更没有时间。他们都能花时间去记忆,并能适时地说出别人的名字,你也能。如果你真的能做到这一点,将会使你的工作大为受益。

第四节 工作礼仪规范

一、会见礼仪

会见是职场交往中的一项重要活动,如何展示个人交往美德并取得最佳会见效果呢?

(1)问候时最好有明确的指向。走进会客室的门,你的第一句话可以是:"您好,见到您很高兴。"但如果对方是你熟悉的人,这样说的效果可能会更好:"张部长,您好,见到您很高兴"。

(2)若对方没请你坐下,你最好站着。坐下后不应掏烟,如对方请你抽烟,你应说:"谢谢!"请记住,千万不把烟灰弹到地板上,那是很不得体的。

(3)不要立即出示你随身携带的资料、书信或礼物等。出示自己所带资料、书信和礼物的最好时机是在你提及这些东西且已引起对方兴趣时。另外,应该事先准备好相关资料,以便在对方询问有关问题时,能够给予详细的解释或说明。

(4) 主动发起谈话,珍惜会见时间。尽管对方已经了解到你的来意和一些情况,但是仍需要主动加以说明和解释。你可再次对某些问题进行强调和说明,这不仅反映了你的良好精神面貌,也是礼貌之必须。

(5) 保持适当的热情。在谈话时,你若对某一问题没有倾注足够的热情,很可能会让对方失去谈这个问题的兴趣。

(6) 当愤怒难以抑制时,应提早结束会见。愤怒会使你难以自控且失去理解他人的客观尺度,如此不仅无助于问题的解决,反而会把事情搞得一团糟。

(7) 聆听对方说话。首先要让对方讲话,不可无故打断对方,应做好准备,以便利用恰当的时机给予响应,鼓励对方继续讲下去;其次要做到"听话听音",以便能够机警、巧妙地回答对方的问题。

(8) 杜绝不良的动作和姿态。玩弄手中的小玩意,用手不时地理头发、掏耳朵、抠指甲、抖腿、眼睛死死盯着某一物体,如天花板或对方身后的字画等,这些动作不但意味着对别人的不尊重,还有失个人风度。

(9) 诚实不欺。一个小地方的作假足以毁掉你的全部,对方一旦怀疑你不诚实,你的所有良好作为都将黯然失色。

(10) 坦率且有节制。人无完人,对于自己或者己方的缺点、过失不妨坦率地承认,这样做不但无损于你的形象,还会增加你的人格魅力。

(11) 有容人之量。要有宽容的气量,特别是在评论第三者时,不应失去体量他人的气度,尖刻的讥讽语言不仅让人难以入耳,而且会让人对你的人品发生怀疑。

（12）使用概括性的语言。讲话缺乏逻辑，叙事没有重点，不会概括的人，不仅会增加交流的难度，还会让人避之唯恐不及。

（13）进行音色和语调的自测与改进。把自己要讲的话录音 5 分钟，听听表达是否清晰？语音是否正确？语速是否适合？语调是否老练？如果不满意可予以改进。

（14）注意穿着打扮。穿着打扮应与会见场合、会见环境以及个人的年龄和身份相协调。

（15）告别要简练得体。会见结束时，告别语应适当简练，不应再提出新的话题。

二、餐饮礼仪

共进工作餐是职场交往的一个重要部分。管理心理学研究表明，共进工作餐可以促进贸易的达成。而从就餐礼仪可以洞察一个人素质和风范。

1. 宴请人礼仪

（1）提前等候。作为宴请人应提前几分钟到达餐厅等恭候客人来临。

（2）把最好的座位让给客人。主人应坐在客人的左边。坐在主人右边的人是最重要的客人。

（3）请客人点菜。

（4）致辞要简短，宴会上越短的致辞越受人欢迎。

（5）掌握碰杯顺序。一般应由主人和主宾先碰杯，再由主人和其他人一一碰杯，人多时可以同时举杯示意，但最好不要交叉碰杯，别人祝酒时应停止进餐。

（6）不强迫客人喝酒。

（7）不要过于热情地与别人分享食物，不要用自己的餐具为别人夹菜。

2. 赴宴礼仪

（1）服饰整齐。作为赴宴人出席宴会前最好稍做打扮，至少要穿一套合乎时令的干净衣服，忌穿工作服和面带倦容赴宴，这会使主人感到未受尊重。

（2）按时赴宴。最好按时赴宴，迟到四五分钟尚可，但不要迟到十五分钟以上，当然更不能提前十五分钟以上到达，这是失礼的行为，会让主人觉得你太急于进餐了。

（3）到达后先向主人问候致意，再向其他客人问好。

（4）事先准备好名片，在餐前按礼节相赠。

（5）主动交谈。进餐前应主动与其他客人交谈，不要静坐不语，也不要只与一两个人交谈，或只谈一两个人知道的事情。即便是工作餐，也不能一味谈工作，如果那样，会显得不合时宜。

（6）当主人与主宾讲话时，应暂停进餐和交谈。

（7）进餐时举止要文雅。不要将手肘放在桌子上，不要边吃东西边交谈。咀嚼时应该闭嘴，汤、菜太热应该等稍凉一些再吃、喝，不要吹。鱼刺、骨头应该放在盘中，不要直接吐在桌子上。剔牙时，应用手掩口。咳嗽、吐痰应离桌。无论食物有多么美味，都不要发出吧嗒、吧嗒的响声。喝汤时不要发出嘶嘶的声音，把汤送入口中而不是吸入口中。适量地把食品放入口中，而不能在口中塞满食物。不要把不能下咽的东西在众目睽睽之下吐出，应侧在一旁，在不为人注目的地方将其吐在餐巾纸中。不要用手抓食物。不要在吃东西时说话，必须回答时，先咽下食物，再做答。不要在用餐时吸烟。宴会进行中，不能当众解开钮扣，脱下衣服，必要时去盥洗室，如发生打翻或打破餐具的情况，应向邻座致歉，并请服务员再送一副。如有事提前告退，应事先向主人说明，到时再悄悄告退，不必惊扰太多人。

（8）喝咖啡时，右手拿杯把，左手端小碟，小勺是搅拌用的，用完应放回小碟内，千万不可用来啜咖啡。

（9）喝酒应控制在本人酒量的三分之一之内，酒醉不仅容易失言、失态，而且破坏宴会的气氛。

（10）餐后应向主人致谢。

三、电话礼仪

在高速发展的现代社会，越来越多的公务活动和人际交流是通过电话进行的。你在电话中的语言表达，足以让对方对你的形象、性格、素质进行想象。通过电话交谈的过程，可以推断一个人的素质、性格、态度、可信度。礼貌、规范的接打电话方式，不仅可以衬托一个人的职场交往美德，还可以促进工作的有效进行或展开；反之，不礼貌、不规范、没有职业风范的接打电话方式，不但会破坏你的职场形象，还会对日后的工作造成不良影响。

接听电话

（1）电话铃声响起，做好接电话的准备。

（2）在铃响第二声后拿起电话。接得太早，会显得一个人无所事事，接的太晚又恐对方挂断电话。

（3）先说您好，然后自报家门。

（4）在接电话时，停止手中、口中的一切活动，手中持笔，以便记下重要的信息。

（5）说话时声调要显得热情，愉快，这样对方会给你乃至你的单位留下好印象。

（6）倾听对方说话，应不时说"是"、"对"，以显示你给对方的积极反应。

（7）在电话中接到对方通知或邀请时，应当热烈地致谢，并注意听从对方的安排。

（8）电话谈论工作事宜时，时间观念要强，表达要言简意赅，不说车轱辘话。应该等对方放下电话后，再挂断电话。

打出电话

（1）选择适时的通话时间。白天在八点以后、假日在九点以后、夜间在十点以前，有些人有午睡的习惯，没有特殊情况，不要中午打电话。电话接通后，应先询问一下对方是否时间允许，有无妨碍等，如果不方便，询问何时方便，你会如期再打电话过来。

（2）查清对方的电话号码，并正确拨号，万一拨错了，应向接听者表示歉意，不要一挂了之。如电话无人接听，应等铃响六至七下再挂断。否则，如对方正巧不在电话机旁，匆匆赶来接听，电话已挂断。

（3）用"您好，我是某单位的某某"开头，再告诉对方你打电话的目的。

（4）让你的声音传递你的微笑。

（5）不要在工作电话中啰嗦、絮叨，除非对方请你重复；要用精炼的职业语言，不要用拉家常的俗语。

（6）以祝福对方的友好语言结束电话："非常高兴能够与您通话！""谢谢您！再见！"

作为一个职场中人，如果你的素质不错且有一定专业能力，却在工作中远远落后于别人，不要一味抱怨自己如何怀才不遇。不妨自我反省一下：自己在与上司、同事的工作交往中是否为人可靠，处事得体？自己的种种做法是否符合职场交往的礼仪规范？是否有礼貌？如果没有，那就需要马上改进了。

第四章　用良好沟通协调工作关系

良好沟通既是一种重要的工作方法,也是重要的职场交往美德。在职场交往中,没有什么比沟通更重要的了。沟通虽然不是职业交往的唯一工具,但却是职场交往最经常、最大量使用且最重要的工具。人在职场,除了做好自己的本职工作之外,与人合作是不可避免的。在合作过程中,良好沟通特别是语言沟通(本章主要探讨语言沟通)至关重要,通过良好沟通可以协调不同意见、不同做法、化解隔阂和冲突,解决争执和矛盾。良好沟通除了讲究规则和技巧外,互相尊重、坦白和真诚、勇于承认错误这些优良品德不可或缺。

第一节　职场沟通

一、职场沟通无处不在

沟通是人们之间最常见的活动之一,本指开沟以使两水相通。后用以泛指使两方相通连;也指疏通彼此的意见。具体而言,就是指人们之间进行信息及思想的传播。沟通的要素包括沟通的内容、沟通的方法、沟通的动作。就其影响力来说,沟通的内容(说话者的语词和讲话内容)占 7%,影响最小;沟通的动作(说话者看起来像表达什么意思)占 55％,影响最大;沟通的方法(说话者的语气、语调、音量影响)占 38％,居于两者之间。也就是说,听者得出的结论,其中有 93％来自说话者怎么说,而不是说什么。

沟通有两个主要的目的:一是了解他人以及被他人所了解;二是让双方明确彼此的立场和观点。而要达到这两个目的,必须进行对话。成功学大师安东尼·罗宾说过:"不论何时你想说服别人去做某事,你都会进行对话。当你说出自己的观点时,你的听者头脑里会提出疑问或相反的观点。除非你意识到这一点并准备解决它,不然你可能遇到的将是相反的意见。"①

职场中沟通无处不在,没有什么比沟通更重要的了。在日常工作中,你多数时间都在沟通,下属给上级汇报,是在沟通;上级给下属发布指令、分派任务、进行指导,是在沟通;同事之间就某些问题进行讨论,是在沟通;和客户进行电话交谈,是在沟通;解决纠纷,是在沟通;交易双方进行谈判,是在沟通;准备新闻发布会,是在沟通……我们每天必须沟通不同的东西:思想、观点、做法、意见、希望、感情、需要。更何况在职场中,每个人对于工作事宜,可能都有自己的理解和做法,这就难免会产生矛盾、冲突和隔阂,为了实现协调,你必须把自己的观点和做法与别人进行沟通。因为不论你的观点多么正确,做法多么科学合理,如果不能有效地传递给人们,终究还是你的观点和做法,而且只是你的观点和做法,若要使你的观点和做法产生价值,你必须通过沟通把它传递给别人;不仅如此,有时还需要对你的观点和做法激发出来的问题及反对意见做出积极反应。当然,这并不是说让你反驳别人提出的问题,而是建议你运用讨论的方法,用别人能听进去的话去改变他的想法或做法。

---

① 安东尼·罗宾:《潜能成功学》,北京:经济日报出版社 1997.536.

沟通是如此之重要,从某种意义上我们甚至可以说,沟通本身也是一项工作,是一种重要的工作方法。良好的沟通不仅有益于获得他人的认同,甚至可以决定一件事的成败。而蹩脚或不良沟通则会给人与人之间的交往设置无形的障碍。也正是基于此,现在美国的许多大学都开设了有关沟通的课程。在这些大学看来,整个美国社会就是一个大舞台,从教授、政治家、企业总裁到律师、将军、记者,不会沟通就很难出头。如今我们许多大学的通识课程中也都增添了有关沟通学方面的课程,在这些课程中,老师不仅讲授沟通的技巧方法,更要求学生进行课堂实践,而且鼓励他们站起来说,大声说出自己的观点,并且有效影响别人,说服别人。一向不善于沟通表达的学生,为了拿到学分,更为了锻炼自己,只好向自己宣战,开始尝试着进行沟通。

二、职场沟通的主要形式

孔子说过:"言之无文,行之不远"。[①] 意思是说,只管自己痛快而不讲求沟通的表达形式,一般不会收到良好沟通效果。

沟通依据形式不同分为语言沟通和非语言沟通。语言沟通主要是指口头语言沟通和书面语言沟通。非语言沟通主要包括声音、语气、肢体动作等。

就语言沟通来看,有效的语言沟通有三个特点:一是运用负责任的语言。所谓运用负责任的语言就是避免说话过满,尤其是避免使用绝对性的词语,以建立可信度;二是使用肯定性的语言。所谓使用肯定性的语言就使用正向的语言表达方式表达,避免攻击性的语言;三是选择恰当的语言。所谓选择恰当的语言就是选取一种既适合听众、也适合自己,同时也与具体情景相协调的语言形式进行表达。

---

① 《左传·襄公二十五年》.

　　与语言沟通相对应的是非语言沟通。非语言沟通作为沟通的第二种方式也很重要,有人甚至认为信息传递中有90％是靠非语言沟通来完成的。如别人讲话时,我们多采用非语言沟通的方式,如,通过面向说话者,身体前倾、用目光接触等表示对说话者的支持与关注。而当说话者的语言信息与非语言信息不完全一致时,我们更倾向于相信他的非语言信息。当然,最有效的沟通当属语言沟通和非语言沟通的结合。

　　沟通的风格可以概括为四种:支持型、指挥型、回避型和敌意型。所谓支持型沟通者,是指能够保持一种平和的心态,站在支持的立场表达反对的观点。所谓指挥型沟通者,是指采用一种权威心态与人沟通。所谓回避者沟通者,是指对沟通秉持一种被动心态,用不参与来实现自我保护。所谓敌意型沟通,是指对别人的讲话流露出轻视和敌意。在这四种沟通风格中,支持型沟通者的沟通风格和沟通方式最为有效,而敌意型沟通者的沟通风格和沟通方式效果最差。后者是职场交往中最应该放弃的。因为这种方式对团队合作最具有破坏性。

　　需要特别注意的是,要谨防无效沟通。无效沟通包括消极沟通和防御性沟通两种:消极沟通通常表现为压制别人、挖苦别人、打击别人,喜欢关注贬低别人的内容等;防御性沟通则表现为总是设法说服别人、不关注沟通内容而是对说话者品头论足、假装在听等等。无效沟通不仅反映在语言上,更多的是通过非语言信息传递出来的,并且很快就会让人捕捉到。因此,每个人都要注意自己的非语言表现,以免伤害别人。

　　在现实中,谈心、交流、各自多做自我批评都是很好的沟通形式,也是化解冲突与矛盾的良方。

第二节　职场良好沟通

一、良好沟通是职场人际关系的润滑剂

良好沟通的境界是一方能体会到另一方当时的感觉，并接受这种感觉。对于职场人士来说，良好沟通犹如人际关系的润滑剂，对于人际关系的协调具有十分重要的作用。就个人而言，只有良好的沟通，才能为他人所理解，得到必要的信息，获得他人的帮助；就组织而言，只有良好的沟通，才能了解组织成员的情绪，化解组织内部的矛盾，增强组织的凝聚力和战斗力。

众所周知，担任过美国总统的林肯是一位沟通高手，他的许多演讲不仅感人肺腑，而且令人回味悠长。这里仅举一例。当初林肯作为美国共和党候选人参加总统竞选，其对手民主党人道格拉斯是个大富豪，他试图用金钱和声势来击败林肯。他租用了漂亮的竞选列车，在列车的尾部安了一门火炮，每到一地，就鸣炮 32 响，加上庞大乐队演奏……其浩大的声势，超过了美国历史上的任何一届美国总统竞选。对此，道格拉斯曾不无得意地说："我要让林肯这个乡巴佬闻一闻我的贵族气味。"不仅如此，他居然写信质问林肯有多少财产，凭什么和自己抗衡。林肯没有专车，只好买票乘车。每到一站，他就在朋友们为他准备的耕田用的马拉车上发表演讲。他说："有人写信问我有多少财产。我有一个妻子和三个儿子，都是无价之宝。此外，还租有一个办公室，室内有办公桌一张，椅子三把，墙角还有一个大书架，书架上的书值得每人一读。我本人既穷又瘦，不会发福。我实在没有什么可依靠的，唯一依靠的就是你们。"

我们细细品味林肯的这一段话：

每个人都有妻子儿女,把妻子儿女视为无价之宝,这无疑会赢得选民们的情感认同。

在租用的办公室内,家具很少,书架很大,架上的书值得每人一读,这其实是向选民理想中廉洁奉公、勤奋、富有学识的领导人内在形象的认同。

不会发福,貌似是对自己风趣幽默的介绍,这其实是向选民理想中的领导人外在形象的认同。

唯一可依靠的就是你们,不是把自己扮作选民的救星,而是把选民当作自己的靠山,这无疑会在感情上进一步拉近与选民的心理距离。

林肯的娓娓道来不仅打击了竞争对手的嚣张气焰,更彰显了自己人格的伟大和成熟政治家的魅力,如此良好的沟通自然会打动选民、赢得选民的支持!

如果说良好沟通能促进人际关系的和谐,那么不良沟通则极易导致人际关系紧张,进而产生很多难以预料的恶果,如遭受别人误解、失去机会、被人疏远,不得不向别人解释。

一家企业采购部门的秘书接受了上司布置的一项任务——对供应商的资料进行分类整理。秘书辛辛苦苦工作,以最快的速度把资料整理好交到了上司手上。她原本以为上司会对她高效率的工作表示赞扬,没想到,上司看后却皱起眉头,连呼"不对"。原来,上司希望资料按照材料类型分类整理,而这位秘书却是按照地区进行分类整理的。显而易见,是不良沟通才造成了这样的结果。

1. 良好沟通的要领

(1) 善于倾听。倾听不同于听见,听见是耳朵接受声音的简单生理表现,而倾听需要全神贯注,理解所听内容并主动反馈回应。倾听有七个步骤:筛选、听见、理解、参与、记忆、评价、反馈。

（2）有效表达。是指能抓住谈话的关键和重点,并能用简洁的语言清晰地表达。

（3）能够捕捉对方的变化,并给以有效的回应,营造良好沟通的心理环境。

（4）巧妙运用肢体语言。

（5）及时反馈。

对照下表,看一看你是否能在最适当的情况下反馈:

检查要点

是√ 否×

① 反馈是否能明确、具体地提供实例?

② 反馈是否具有平衡、积极、正面与建设性?

③ 是否在正确的时间给予反馈?

④ 反馈是否集中于可以改变的行为?

⑤ 反馈是否考虑对方接受程度,确保理解?

2. 职场交往中良好沟通的表现

（1）从容不迫。当人们处于紧张不安状态时,是很难进行良好沟通的。人们受惶恐不安心理的制约,根本不能集中精力进行谈话,更谈不上无拘无束发表自己的意见或主张。要消除这种紧张不安状态,一是要具备热情的态度,同时面带微笑。大量事实证明,这种方法对于消除紧张不安心理是行之有效的。二是先选择一些双方都感兴趣、且较为轻松的话题。如此一来,就可以建立一种比较融洽的关系,进而推动沟通的有效进行。

（2）有效沟通。沟通就是对话。你有自己的观点和目标,对方也是如此。因此,仅仅说出自己的观点和想法是远远不够的,也要让对方说出他的观点和想法,即使你不耐烦也要听对方讲。同时,切记下面的要领:一是明确沟通目的,知道自己要说什么。二是把握好沟通时间。三是明确沟通对象,对谁说。四是掌握好沟通方法,知道怎么说。

(3)表达恰当。语言表达要确切、简洁、完整,并且要适当强调重点;要使用对方熟悉的语言,不使用陈词滥调、过分夸张的语言和一切不尊重对方的语言。形体语言与自然语言表达一致;同时要确认对方是否真的明白了自己所表达的意思。

(4)听取对方意见。有益于良好沟通的方法就是让对方知道你对他的意见感兴趣,你想听他说。沟通的一方能否向对方传递这样的信息,一是取决于自己是否养成了真心实意听取别人意见的习惯,你的言谈举止会告诉别人你是否在认真地听,特别是你的身体语言。有人说过,良好沟通的一个重要方面就是双方在交谈时的非语言沟通。如眼神、手势等身体语言,这种非语言表现往往会决定双方交谈的深度。积极反馈——具有积极的意义的身体语言有利于沟通,消极反馈——具有消极意义的身体语言不利于沟通(当对方向你微笑时,你没有任何反应,对方很可能觉得有一些不愉快)。总之,要通过体语传递这样的信号——你重视对方,并向对方传递一些表达亲近的信号。二是你必须集中精力了解对方所说的话,而不是如何对他的话做出反驳,如果你执着于自己的观点做法,你就有可能误解对方的话。如果你总是忙于反驳对方,你就会听不进对方的意见。

(5)与对方产生感情共鸣。感情共鸣对于促进良好沟通具有重要作用。与人沟通交流时,重在具有同理心,善于换位思考,能够设身处地站在对方立场上考虑问题。如果人人都有同理心,能够在感情上与对方有共鸣,而不是一味要求别人和自己一样,甚至指责别人,沟通就会变得容易得多。

(6)提问之前先提供一些必要的信息。在提问题之前,先交代一下背景情况,让对方知道来龙去脉,明白你提出问题的用意,沟通效果要好得多。最大的沟通失败就是对方根本听不懂你在讲什么。我们大概都有这样的经验,对方提出的问题让我们丈二和尚摸不着头脑,不清楚这个问题究竟在问什么?对方的用意何在?结果一时语塞,沟通无法正常进行。

(7) 言简意赅,一语中的。在讲究效率的今天,时间尤为宝贵,说话啰嗦,不得要领是沟通的大忌。要实现良好沟通,说话必须点到问题的关键,能够一语中的,切中要害。因此,在工作中,无论是一对一的与人交谈,还是多人讨论,最重要的是一开始就要言简意赅地阐明自己的观点,说到点子上,这样做不仅可以节省大家的时间,避免妄加猜测,而且有益于沟通的有效进行。

(8) 关注对方的回应。在沟通过程中,衡量一个人是否成功表述了自己的观点和主张,能否对对方产生影响,主要依据是对方的回应,特别是口头回应。为了最大限度赢得回应,一是要给对方回应的机会,二是鼓励对方发问。

你的沟通是否属于良好沟通?可以通过回答下列问题得知,如果你的回答大多是肯定,那么就需要加以改进了。

——你经常发现自己被别人误解吗?

——你经常说一些你不想说的话或表达不出你想说的话吗?

——你发现自己常说:"我想说的是……。"

——你经常说:"我不是这个意思,我的意思是那样"。

——当你坐下来写一份重要的文稿或备忘录时,你是很困难地把观点挤在纸上吗?

沟通不良的四大弊端:

——价值判断——对旁人的意见只有接受或不接受。

——追根究底——依自己的价值观探查别人的隐私。

——好为人师——以自己的经验提供忠告。

——想当然——根据自己的行为与动机衡量别人的行为与动机。[1]

二、良好沟通是工作交往不可或缺的美德

良好沟通是职场交往中不可或缺的美德。古人将诚恳地修饰言辞看成是立业的根基,有"修辞立其诚,所以居业也"[2]之说,是有其深刻道理的。在我们的日常工作中,一个人要想获得事业上的成功,仅仅依靠个人单打独斗是远远不够的,还需要得到别人的认可、接纳、支持和协作,如,上级的信任,同事或下属的理解和支持,客户的认可与接纳等等,而要凝聚这些力量,整合相关资源,使之达成相互理解和协调一致,良好的沟通是必不可少的。

在各种沟通方式中,语言对人的行为的刺激力最大,正所谓:良言一句三冬暖,恶语伤人六月寒。一句表扬或赞美的话很容易打开对方的心灵之窗,使之对人对事富有热情和朝气;一句伤人的恶语,则极容易使对方尴尬难堪,萎靡不振,甚至失去前进的动力。有人说过:对别人有所伤害的话,就像钉在树上的钉子一样,尽管能取出来,但留给别人的伤害就像钉子留在树上的疤痕一样永远消除不了。所以,在职场沟通中,如果你的起心动念是出于善意,那么也要让你的表达出于善意,发自于心,收之于心。

在哈贝马斯那里,良好沟通被视为交往理性。哈贝马斯之所以使用交往理性,目的在于使社会的话语交往成为有效的沟通与互动。"所谓交往理性,是这样一种理智能力,这种理智能力通过语言实现出

---

① 参见安东尼·罗宾:《潜能成功学》,北京:经济日报出版社 1997.566.

② 《易·乾文》.

来,具有主体间性结构,符合一定的社会规范且具有一定程序性,这种理智能力的使用不是为了获取狭隘的真理和实现特定的目的,而是致力于在对话活动中促成交往者彼此之间达成协调一致与相互理解。"[①]并且交往理性是语言性的、主体间性的,其功能取向不是征服与宰制,而是沟通与理解。而沟通与理解,恰恰是和谐交往与合作的前提。

第三节 德成于内而言形于外

在各种沟通方式中,语言是使用最频繁也是最为重要的沟通方式,而道德是言语的基础,一个人的言谈举止与其道德修养密切相关,德成于内而言形于外!先有美德,后有美言。通过一个人的言语行为往往可以推断一个人的品行道德,"心有善念口吐莲花","心有恶念口蜜腹剑"。不仅如此,言语道德水平还反映着一个人的文化素质、文化修养程度的高低,而文化修养程度也影响着人们的言语道德。

一、言语交际"十贵"

语言是职场交往的最重要工具,只有学会有效地运用语言,才能与人很好地进行沟通,进而得到人们的理解、接纳与合作,促使事业走向成功。

要进行良好沟通,最主要就是掌握与运用语言表达的技术,即有效地"说话"。形象设计师英格丽·张曾经说过:"交谈是判断一个陌生人的社会地位、生活、成长背景和可信度的最有效的工具。谈话的内容和技巧也是一把衡量人的真实品格的精密尺子。你所涉及的谈话内容,你所选用的语法、词汇、语音、口音等等,都像画笔一样一笔笔

---

① 徐闻:"哈贝马斯论实践理性与交往理性",《东岳论丛》2011.04.

绘出你的形象,在人们的意识中构造你的背景。只有那些雅俗共赏、不带有个人攻击性的,不存在个人偏见的、不带有强烈的政治和宗教观点的、不具有性别歧视的、不带有淫秽色彩、不给人们的灿烂情绪上播散忧郁的内容的谈话,才不会抹杀你优雅的形象。"[①]

对于如何有效"说话",古人提出了"十贵"原则。[②]

所谓"十贵"主要是一些语言表达技巧,是古人对如何进行语言沟通的经验总结,包括:言贵简、言贵诚、言贵和平、言贵婉、言贵逊、言贵当理、言贵有用、言贵适时、言贵养气、言贵养心。

"十贵"表现在工作沟通中,就是要做到:

1. 言贵简:说话言简意赅,把意思表达清楚,把道理说明白,是工作交往的基本要求,也是提高沟通效率的有效方法,同时还可以避免"言多必失"。

2. 言贵诚:说话要遵循诚实的原则,首先心要诚,要出于善心,为双方着想。其次要实,本着实事求是的精神,有一说一,有二说二,不能脱离实际地乱说。

3. 言贵和平:说话要心平气和,不能疾言厉色。口气要平等,语气要平易,不要以话压人,语速的快慢、声音的高低也要适度。在反驳别人或者指正别人之前先肯定,尽量少用"不"等否定词,这样才容易被人接受。

4. 言贵婉:说话要委婉,要用别人能够接受的方式谈论事情,关系再好也不能直白地说别人的短处,尤其是在其他人在场的情况下。对于否定或负面的信息要用曲折婉转的语言来表达,不能不顾及别人的感受直来直去。

---

① 英格丽·张:《你的形象价值百万——世界形象设计师的忠告》,北京:中国经济出版社 2005.136.

② 《慎言集训》.

5. 言贵逊：说话要谦逊，态度要谦虚，即便是对最熟悉、最亲切人，仍然保持尊重和耐心，不可通过语言来压制别人，表现自己。

6. 言贵当理：说话要合情合理，不要歪曲事实。

7. 言贵有用：说话最重要的是要有用，能起到沟通的作用，不能废话连篇。

8. 言贵适时：说话要合乎时宜，该说的时候一定要说，这叫不失时机，不该说的时候要坚决沉默，此时沉默是金。孔子说："可与言而不与之言，失人；不可与言而与之言，失言。知者不失人，亦不失言。"①说的便是这个道理。

9. 言贵养气：说话时一定要心平气和，说话之前须沉下心来，冷静镇定，应该用理性的思考主宰自己的语言，而不能让情绪左右说话的方式和内容。出现以下几种情况是最好别说话。盛怒下别说话，悲伤之下别说话，狂喜之下别说话，妒忌之下别说话。

10. 言贵养心：说话要有利于修养身心。说话不但是给人听的，也是给自己听的，不要被自己的语言激怒，要在让别人感到惬意的同时抚慰自己。

对于职场人士来说，如何在遵循"十贵"的基础上有效地说话呢？

1. 审慎选择话题

对于工作交往而言，话题的选择主要侧重于与工作有关的内容：你所看到的、所听到的、所感受到的事物都可以成为很好的话题；别人有兴趣的、知识性的话题也很好；别人的优点、鼓舞人心的好消息等也是不错的话题；此外，话题还可以就地取材——赞美别人的东西，往往可以引起以后的话题。然而，有些话题是要注意分寸或力图避免的，如：

——————

① 《论语·卫灵公》.

（1）不要无节制地谈论自己的工作、前途、规划，不要把话题放在自己身上，除非对方邀请你谈。一般来说，谈论自己很有可能显得自夸，它会让对方感到你的虚荣与愚蠢；如果你过于谦虚甚至自贬，又无法得到应有的尊重。

（2）不要喋喋不休地讲述别人没有兴趣、漫长无边的事，如果对方没有机会找借口离开，不得不听你讲述，他实际上是在受折磨。

（3）不要贸然问及别人的隐私，如工资、奖金、职业规划等，这种问题侵犯了别人的私人空间，会让人心中不舒服，同时也显得你没有教养。

（4）不要做祥林嫂式的人物，四处诉苦和发牢骚，这不是争取同情的正确方法。

（5）不要随意开有关性的玩笑，虽然今天大部分人能够接受，但留下的坏印象是难以消除的。

（6）若对方谈了你不愿意谈及的话题，不妨采取回避的方法。

2. 表达精准干练

表达精准干练的人可以让周围的人觉得可靠，因而会吸引人们，并产生一定的感召力，为此，应该做到：

（1）说话时应先说重点，并且简明扼要，最好将说话内容归纳为三个要点，因为人们容易记住 1、2、3，不容易记住 4、5、6。

（2）说话时要清晰明快，但不要太快。说话速度太快，会让人产生这人说话没有经过大脑的感觉，也许你的话并没有错，却令人不敢相信。

（3）争取每一件事情都在三分钟以内说明，这是展示自己聪明、干练的好方法之一。

（4）善用数字的尾数或说出事情的细微之处，会增强大家对你的信赖感。因为这会让人们感到你对工作非常细心且十分精通。

（5）如果受到质问，最好暂停一下再回答，这样会让对方觉得你的答案是经过思考的，而非信口开河。当然，思考的时间不宜过长，否则会让人觉得你迟钝、不够灵敏。

（6）谈论自己的专长时，应尽量避免使用专门用语。只有深入浅出、通俗易懂的语言才有助于人们了解你所说的一切，进而对你产生好感。有人以为唯有使用专门用语才能给人留下学识渊博的印象，其实，那样反而会弄巧成拙，让人觉得你在卖弄，甚至给人半瓶子醋的印象。

3. 尽量迎合别人兴趣

应酬学上有一条原则，先迎合别人的需求而达到自己的需求。幼儿园老师让小朋友们听话的诀窍是什么？是讲话时用小孩子的口吻。

在日本有一个妇女组织，每天下班后许多女性都在该组织中打网球。一位先生天天都去，有一天，他邀请朋友同去。朋友很犹豫，说这是妇女组织，是禁止男子参与活动的，我们怎么可以去呢？这位先生说：我不仅在那儿打球，我还是她们的教练。现在你明白了吧。为什么这位先生能去一个妇女组织打球，是因为女性网球好手不多，多数人在学习和练习，而这位先生满足了别人的需求。

试想一想，你是否对别人感兴趣？对大多数人来说，恐怕只对自己感兴趣。不信，你可以试一试，当你拿起一张有你在内的一张照片时，你最先看到的必定是你自己。

纽约电话公司曾对电话中的谈话进行过一次调查，想找到哪一个词最常被用到。结果发现这个词是"我"。在 500 个电话谈话中，这个词居然被使用 395 次之多。

在职场交往过程中，如果你要成为受欢迎的人，赢得对方的合作，就需要尽量迎合别人的兴趣，必要时甚至需要挺身而出为别人效力。如果能让对方有"我因你的话才想到"的感觉，你的要求、你的意见就容易被接纳,这是因为你让对方感到,"我的意见被接纳了"、"是我启发了他"。

有一家煤炭公司的经理一直想把他们的煤卖给一家大的连锁公司,可人家却一直从另一个镇买而不买他的。为此这位经理一直很郁闷。一次偶然的机会,这位经理参加了由著名成功学大师卡内基组织的一个学习班,在班上这位经理把那家连锁公司臭骂一顿。卡内基听后,决定在班上组织一次讨论,题目是:"连锁公司分布各处,对国家害多于益"。煤炭公司经理被要求站在反方立场上为连锁公司辩护。为了做好这次辩护,这位经理只好去向连锁公司请教,没想到,连锁公司的老总非常热情,居然化两个小时时间为他准备相关资料和信息。更出乎意料的是,连锁公司的老总告诉他:"请在春末再来找我,我想下一份订单,买你的煤。"

为什么产生了如此戏剧化的结果,就因为这位经理对连锁公司感兴趣,而不是要求公司对他及他的煤感兴趣。罗马诗人西拉斯说过:我们对别人感到兴趣,是在别人对我们感兴趣的时候。

可见,对于职场人士来说,无论是在何种场合,交谈时都应该注意避免以自我为中心,要学会站在别人的立场上考虑问题,能够迎合别人的兴趣,这样才能受到人们的欢迎,沟通才能有效。

4. 采用温和、委婉的表达方式

我们提倡讲真话,提倡实事求是,但这并不是说,讲真话可以不分场合、不看对象、不分轻重地随便乱说。不恰当的真话,过于直接的表达,有时比假话更有害。大量事实证明,许多真话,特别是那些对方不愿意听的真话(如批评、指责性的真话),刺激性太大,太难听、太刺耳,它不仅容易伤害对方的自尊,得罪对方,还会造成许多矛盾。而温和委婉的话则礼貌、得体,让人听起来轻松自在、愉快舒畅。在我国,人们都比较讲面子,因而对那些直言不讳、不给人留面子的人大都不太喜欢。关于这一点，无论是帝王将相还是普通百姓，盖莫如此。

战国七雄之一的魏国，开国君王魏文侯派大将军乐羊攻打小国中山，很快便攻占了中山。魏文侯将中山国封给了自己的儿子，因为有失公允，便有些心虚，有一天，他问群臣："众爱卿，你们看朕是怎样的君主？"下面一片"大王是仁义之君"的赞扬声。魏文侯听了，心里很是高兴。不料，一位名叫任座的大臣突然站起来说："大王，您得了中山，为何不分封给您弟弟，却分封给您的儿子，如此怎能算是仁义的君主呢？"

魏文侯一听，十分恼火，但毕竟是一国之君，不好马上翻脸。于是转而问另一位叫翟璜的大臣："翟爱卿，你说我到底是什么样的君主？"翟璜想魏文侯听不进逆耳忠言，我只能说顺耳之言，于是回答说："依微臣看，大王是仁义之君。"魏文侯很高兴，继而问："翟爱卿，不妨说说朕为什么是仁义之君？"翟璜回答："大王，微臣听得这么一句话：'凡是君王仁义，下臣就耿直'，刚才任座敢于直言不讳地批评大王，岂不说明大王是仁义之君吗？"

魏文侯听了，龙心大悦，并从翟璜的话中领悟到了翟璜的用意，于是请回任座，以礼相待。

任座的话，魏文侯听不进去，而且恼羞成怒，原因不在于他说的不是真话，不是忠言，而在于他的话太直言不讳、刺激性太强，太不入耳。翟璜所说的，其实和任座所说的没有什么两样，也是批评之意，但魏文侯却欣然接受，何以如此，就在于他巧妙地通过表扬、称赞的方式，来达到尖锐批评的目的。这样的话既是忠言，又很顺耳。

一次，一家英国电视台采访梁晓声，现场拍摄采访的过程。采访者是个老练的英国记者，他走到梁晓声面前先是谦卑得微微鞠躬，然后突然直起身子说："下一个问题，请您毫不迟疑地回答，最好只用简短的一两个字，如"是"与"否"来回答，梁晓声点头认可。

遮镜板啪的一声响，话筒立刻伸到梁晓声面前，记者问："没有文化大革命，可能也不会产生你们这一代作家，那么文化大革命在你们看来是好还是坏呢？"

梁晓声一怔，没想到这个记者的提问竟然如此刁钻。他努力克制着自己的情绪，之后反问记者："没有第二次世界大战，就没有以反映第二次世界大战而著名的作家，那么您认为第二次世界大战是好还是坏？"

英国记者为之一楞，张了好几次嘴，居然没有说出一个字，他狼狈地一挥手，摄像机立刻停止了拍摄。在座的人唏嘘一片，纷纷为梁晓声温和有力的回答叫好。

在人与人的交往中，常有人为逞一时的口舌之快，说话刻薄、阴酸、狠毒，这样的语言表达方式轻者让人下不了台，伤及感情，重者则破坏彼此关系，生发嫌隙，甚至贻误大事。

朱全忠与李克用同为唐朝大将。李克用剿灭黄巢班师回朝，朱全忠设宴款待，席间，李克用出言不逊，讽刺朱全忠说："我三世效忠大唐，门地显赫，而你朱三乃市井无赖，鹌鹑岂可与凤凰同日而语乎？"致使朱全忠恼羞成怒，从此与李克用绝交。

三国时期关羽心高气傲，说话盛气凌人。他驻守荆州时，孙权为巩固孙刘联盟，派人来求关羽女儿为儿媳，关羽一口回绝："虎女岂嫁犬子！"此语不仅得罪了孙权，而且坏了诸葛亮"联孙抗曹"的大计。没多久，孙权就出兵讨伐关羽，在麦城砍了关羽脑袋，孙刘联盟土崩瓦解。

古人云：口能吐玫瑰，也能吐蒺藜。修炼口德，做到心诚色温、气和辞婉，恶言不出口，这是职场人士应该具有的修养。因此，一定要记住，与人交往，"毒舌"要不得，委婉比直言不讳有魅力，良言比情绪化的恶语暖人心。虽然我们常说，苦口良药利于病，忠言逆耳利于行，但是现如今连苦口的中药丸都包上了一层糖衣,由苦口良药变成了甜口良药,我们还有什么理由不能将逆耳忠言变成顺耳忠言呢?

5. 用幽默化解尴尬和矛盾

幽默是思想、智慧和灵感在语言运用中的结晶,是一种良好修养的标志。

幽默总是与爱心结伴同行,每一个具有幽默感的人都有宽广的心胸、随和亲切的性格和洞察一切的聪灵。

幽默是一种才华、一种力量,或者说是人类面对共同的生活困境而创造出来的一种文明。具有幽默感的人,会借助幽默的力量,给人们带来喜悦,在这种情况下,谁都愿意与之交往与合作。

心理学证明,人们都喜欢富有幽默感的人,因为他给人带来了欢笑和愉悦。美国329家大公司经理们参加了一项关于幽默的调查,结果表明:97%的人相信幽默具有开放自己的作用。幽默在企业管理工作中有重要的价值,60%的人相信幽默感能决定一个人事业成功的程度。现代人逐渐重视幽默的力量,希望用幽默的力量来改变僵硬、刻板的个人形象、改善人际关系,进而期望从平庸凡俗中超脱,获得事业上的成功。

美国前总统里根就任后第一次访问加拿大,在向群众发表演说时,举行反美示威游行的人群不时打断他的讲话。陪同他的加拿大总理特鲁多显得很尴尬,里根面临如此窘境,却面带笑容地对特鲁多说:"这种事情在美国时常发生。我想这些人一定是特意从美国来到贵国的,他们使我有一种宾至如归的感觉。"一句话,使双方都如释重负。

幽默的作用还在于制造和谐的氛围和缓解紧张、对立的气氛,在很多严肃场合,乃至十分激烈的争辩中,一旦有人生发了幽默感,使用了幽默语言,就会给大家带来十分快慰的情趣,也会使争辩的双方心悦诚服。

1992年初,陕西的《女友》杂志社部分编辑和西北工业大学学生举行交谊座谈会,酬对应答中,一位学生问主编:"请问当编辑和当主编各需要什么才能?"问话中的火药味十分浓烈,显然该学生对外行领导内行的现象十分不满。主编略一思索后回答:"当编辑需要会写稿和会编稿,如果什么都不会就只好当主编了。"众人听后乐不可支。

大名鼎鼎的武侠小说家金庸拥有多份产业,其中包括一份报纸,后来他因故卖掉了这份报业,对此,曾有记者犀利地追问他:"听说你把报业看做是自己的女儿,可你却把它卖掉了,这是不是等于卖掉了自己的女儿呢?一个辛辣的两难问题,不管回答是或者不是,都会遭人贻笑,金庸却从容不迫地回答道:"不是卖女儿,是女儿出嫁了,这是没办法的事啊。"一句话,轻松化解了自己先前说报纸是女儿,现在又卖女儿的难题。回答幽默风趣,堪称经典。

当尴尬、矛盾和摩擦发生时,只有那些缺少幽默感的人才会把事情弄得越来越僵,而幽默则往往能够化解尴尬,甚至化干戈为玉帛,使一切变得轻松和自然。

一位女士买了一条黑狐围巾,却发现是假货。她去找皮货店理论:"你们真是奸商,我花了大价钱,买了你们一条黑狐围巾,不料遇到雨,黑色褪了,变成了褐色。"皮货店经理并没有急于辩解,也不生气,而是幽默地一笑说:"狐狸精真厉害,做成了围巾,竟还能变化。"幽默的话语,缓解了双方紧张对立的气氛,为进一步协商解决问题,奠定了良好的基础。幽默尽管没有改变皮货店犯错的事实,却让它被人谅解;让它形象免于受损。

幽默用于批评可以使批评变得委婉含蓄,使人在笑中思考,进而引以为戒。意大利著名音乐家罗西尼是一个十分幽默的人。有一天,一位青年带了自己所作的曲谱向他请教,青年人演奏时,他一面倾听,一面不断地将自己的帽子脱下再戴上。那位青年人不解地问:"您觉得屋子里太热吗?"罗西尼先生回答说:"不,这是我的一个习惯,每逢遇到熟人时,都要脱帽打招呼,现在我在您的曲子里遇到那么多老相识,所以不得不不断脱帽致意!"

显而易见,这种表达方式比直接说抄袭别人的东西太多更容易让人接受。

卡普尔曾经担任过美国电报电话公司的最高行政领导,在他任职期间,有一次主持股东会议,会上人们对他提出了许多质问、批评和抱怨,会议气氛颇为紧张,其中一个女人不断地提出质问,说公司在慈善事业方面投资太少。

她厉声问:"去年一年,公司在这方面花了多少钱?"

卡普尔说出一个几百万的数字。

"我想我快要晕倒了。"她说。

卡普尔面不改色地解下自己的手表和领带,放在桌上,说:"在您晕倒之前,请接受这笔投资。"

绝大多数股东都笑了起来。

卡普尔以幽默的方式表达了一个重要信息,即企业很重视人性的需要,他本人更是如此。如果有必要的话他甚至可以牺牲自己,但资金有限也是不容置疑的事实。设想一下,假如卡普尔暴跳如雷厉声反驳的话,恐怕就是另外一种情形了。

职场人士要培养自己的幽默感,应该多看一些有关方面的报刊、书籍、影视作品等。平时也可以多向一些有幽默感的人学习,观察他们是如何让人捧腹大笑的。但是要注意,幽默不等于无聊。说一些低俗的笑话,虽然也能博得人们一笑,但会让人觉得你素质低下,庸俗不堪。真正有幽默感的人是在使人感觉很开心、开怀大笑的同时,又能从心底里佩服你的智慧和豁达。

6. 掌握有效说话的方法

（1）语调适中，抑扬顿挫，态度不卑不亢。

（2）措词得体，咬字清晰。

（3）句式简单，用语不重复。

（4）用一些带有积极情感的词句，让人愿意继续听。对最熟悉、最亲切的人，仍然保持尊重，不直白地批评或揭短，尤其是在其他人在场的情况下。

（5）激起听众的共鸣。若想让听众对自己的说法和做法产生共鸣，切记一定要以对方为中心，而不是以自我为中心。

（6）能分清场合与身份，不乱开玩笑，说得体的话。

哪些交谈方法是应当注意克服的呢？

（1）打断别人的谈话和抢别人的话头，扰乱人家的思路。

（2）忽略使用概括和解释的方法，使对方一时难以领会你的意思。

（3）因为自己的注意力分散，迫使别人再次重复谈过的话题。

（4）连珠炮似地连续发问，让人觉得你过分热心或要求太高，以至难以应付。

（5）对待他人的问话或问题，漫不经心，言语空洞，使人感到你不愿为对方的困难助一臂之力。

（6）随意解释某种现象或问题，轻率地下断语，借以显现自己是内行或专家。

（7）避实就虚，含而不露，让人迷惑不解。

（8）不适当地强调某些与主题风马牛不相及的细枝末节，会令人厌倦，同时，对别人的人身攻击也会使听者感到窘迫。

（9）当别人对某些话题兴趣不减时，你却感到不耐烦，立即将话题转移到自己感兴趣的方面去。

（10）将中肯的劝告和正确的观点伴称为不正确的,使对方怀疑你有戏弄之意。

（11）一个人独揽话头,不给别人发言的机会。

7. 进行有效的目光交流

有人说过:眼睛如同我们的舌头一样能表达,眼神所表达的内容有时甚至超出了我们用语言可以表达的内容。研究发现,交谈时注视的时间约占 30％—60％之间。对正在讲话的人来说,应该学会把自己的真诚、热情和感染力通过目光传递出去,而听讲的人的目光就是无形的屏幕,它能把自己的情绪告诉对方。因此,目光的交流对谈话状态的维系是必不可少的。

了解了目光语言的含义,就能够在交谈时恰如其分地运用目光,以增强交谈效果,减少误会。一般来说,目光的合理有效运用要注意以下几点:

（1）交谈时双方的目光以水平位置相同或相近为好,俯视对方让人有盛气凌人之感,会使对方产生自卑或抵触情绪。

（2）交谈时应该看着对方,但不必总盯着对方的眼睛,以免使对方手足无措。凝视、注视对方要适度,否则会显得不礼貌。

（3）交谈时不要左顾右盼、东张西望,这是不礼貌的行为。

（4）交谈时切忌斜视,因为斜视的贬义多于褒义。

8. 适时使用"谢谢"

"谢谢"不仅是礼貌用语,更是沟通人们心灵的桥梁。道一声谢对一个人的要求并不高,却传递了对感谢对象的感激或感恩之情。有时一声"谢谢"足以搭建起一座友谊的桥梁。

说"谢谢"时要遵循以下原则。

（1）说"谢谢"须有诚意,要发自内心,要让人看出不是客套话。

（2）说"谢谢"要自然、认真、直接,不能含糊其辞。

（3）说"谢谢"时要有明确的称呼。

（4）说"谢谢"时必须有一定的体态、目光要注视对方,头要轻轻点。

（5）说"谢谢"时要注意对方的反应。如对方对你致谢感到茫然,应用简洁的语言向其道出致谢的原因,如此才能达到道谢的目的。

9. 用良言激发人的自信

俗话说:良言一句三冬暖,恶语伤人六月寒。良言可以拯救一个人的自信、尊严和灵魂,也可以救起他背后的一个世界。

有一个喜爱足球的女孩,连续报考多年足球队都未能入选,但她的教练总是说,下次一定能够成功,在教练的鼓励下她终日刻苦训练,后来居然当上了国家女子足球队队长,这个女孩就是后来大名鼎鼎的足球明星孙雯。

有一个爱唱歌的女孩屡屡参加歌唱比赛均名落孙山,有一次终于得了奖。音乐界的一位大师给获奖者颁奖,那位大师走上台,跟各位获奖选手握手,走到她那里,然后跳了过去,那一刻,她沮丧到了极点,她想,是不是自己真的不够好? 那种长时间不被肯定的失望像潮水一样淹没了她,心里难过极了。大师和其他获奖选手握手完毕,走到她面前,用力地握着她的手说:"孩子,你早晚会成为一个大家。"这句话和这一次特别的握手,深深地镌刻在这个热爱音乐的女孩心上,成为她奔跑路上的阳光。她就是韩红,那位大师叫谷建芬。

每个人都希望他人对自己良言以待,如何使希望变成现实呢? 请牢记下面一句话并率先加以践行:你希望别人怎样对待你,那你就应该怎样对待别人。

10. 用数字说明问题

数字是枯燥无味的,但是同时它又具有非凡的力量,如果能够巧妙地利用它,常常会产生意想不到的效果。

1972 年,纽约的一位女性国会议员贝拉·伯来格进行了一次演讲,呼吁在政治生活中消除性别歧视,给妇女以平等地位。她是怎么表述的呢? 她说:"几天前,我在国会倾听总统发表讲话,在我周围落座的有 700 多人。总统说,这里云集了美国政府全体成员,我环顾四周,在 700 多名政府要员中只有 17 人是女性,在 435 名众议员中只有 11 位是女性,在 100 多位参议员中只有 1 位是女性。内阁成员中没有女性,最高法院中也没有女性。"

在铁的数字面前,人们不得不承认在政治生活中存在着性别歧视。

在工作中,如果能够巧用数字、数据说话,把自己的观点隐藏在数据信息中,不仅会增强你的说服力,而且会给人留下头脑清晰、精明强干、处事专业的印象。所以,牢记一些数字、数据吧,它们在必要的时候会发挥威力的。

11. 避免"以自我为中心"

以自我为中心是人际交往中的一个致命错误。作为职场人士,应该如何避免以自我为中心呢?

(1)给别人发言的机会。既然是交谈,就不能一个人唱独角戏,一定要给别人发言的机会。假如你能够把话锋转向别人,而不是喋喋不休地谈论自己,你会赢得别人更高的评价。

(2)受到邀请后再谈论自己。谈论自己的恰当时间是当你受到邀请和有人要求你讲自己的事情的时候。如果别人对你的某些事情感兴趣,他自然会问你。此时告诉他一点你的情况,他会感到高兴。因为你是用非常友好的姿态与他交谈,以便让他了解一些你的情况的。

(3)使用"我也是"这样的字眼。从心理学上说,将你自己引进交谈的另一个动机,是你能告诉对方你自己的一些事情,而这些事情将与他所说的某些事情联系起来,或者在你们之间形成一种结合的时候。如对方说,"我是在农村长大的。"而你恰好也是如此的话,这时你最好回答:"我也是。"

二、善于倾听

倾听需要全神贯注,理解所听内容,主动反馈回应,倾听是进行良好沟通的重要前提。

芝诺说过:上帝给了我们两个耳朵,一个嘴巴,就是让我们少说而多听。这句话形象而深刻地说明了倾听的重要性。据说,有一个年轻人想拜著名哲学家苏格拉底为师,为了展现自己的智慧和口才,他滔滔不绝地对着苏格拉底讲了起来。苏格拉底打断了他的讲话,告诉他:"你必须交双倍的学费。""为什么要我交双倍学费?"年轻人费解地问,苏格拉底说:"因为我要教你两门课程:一门课是教你如何闭嘴,另一门课是教你如何开口。"

有人做过调查:什么样的人最受欢迎? 答案是善于倾听的人。虽然说这一调查结果未必全面,但从中可以看出人们对倾听的渴望。有人对美国 500 家最大公司进行了一项关于倾听的调查,结果发现,做出反应的公司中超过 50％的公司为他们的员工提供听力培训。而越来越多的事实也表明,在工作中,倾听已被看作是获聘成功、工作出色、提高管理能力的重要必备技能之一。

在职场的交往中,与他人沟通、交流、协作、共事是必不可少的,学会并善于倾听,就能够通过谈话者所表达的内容和非语言的信息,洞察对方的内心世界,了解他人的意见,在沟通中给予积极的反馈,并得到他人的认同和尊敬;而要推销自己的观点和做法,也必须先倾听对方说话。

善于倾听是一种美德,是一个人有涵养的体现。人人都喜欢别人认真的听自己说话,因为这是对他的尊重。倾听是一种分担,一种关怀,是人与人,心与心,灵魂与灵魂,感情与感情的交融和共鸣。倾听,是对他人的尊重,也是内心谦虚的表现。一个人善不善于倾听,不仅体现着他的道德修养水准,还关系到他能否与其他人建立起一种正常和谐的人际关系。被美国学界誉为"思想巨匠"的管理学家史蒂芬·柯维说过:当我们舍弃回答心,改以了解心去倾听别人,便能开启真正的沟通,增加彼此的关系。对方获得了解后,会觉得受到尊重与认可,进而卸下心防,坦然而谈,双方对彼此的了解也就更顺畅自然。

有一群推销员一起接受六个月的训练,并准备卖同样的商品。训练中,他们的销售技巧、习惯和个人性格,都经过了严格的考核并顺利通过。这说明在技巧方面不存在太大的差异,不过说服力最高的 10% 和说服力最低的 10% 之间,有一点非常耐人寻味的差异。

说服力低的一群,在每一次的拜访中,平均说话 30 分钟,而说服力高的一群,在每一次的拜访中,平均只说话 12 分钟!

表现力平平的一群,其说话的时间通常比客户多三倍。

这是一个很有说服力的事例,它表明,如果你希望某人做某事,你必须首先学会做一个好听众。因为你给予别人所需要的,他们才会给予你所需要的。

著名银行家约翰·摩根在儿子初入公司时给儿子写过一封信,信中这样说:"你初入公司,必须记住多听少说。如果你想成为一个善谈的人,要从先学会做一个善于倾听的人开始。你要学习鼓励别人多谈他们自己,听取他们的建议,从而才能更客观地看待问题做出正确的决策。过去,当我决定录用一个推销员时,我会批给他两三个客户做一番试验,如果有一个客户批评'话太多'时,我就绝对不会录用这个人。其实,这个理由很简单:言多必失,与其自行暴露缺点,倒不如认真择言,因为人们往往欣赏知识丰富却不吹嘘的人,我们的客户尤其如此。"

聪明人都非常善于倾听，并把倾听当作一种重要的沟通手段。

日本"推销之神"原一平认为："懂得倾听对方的谈话，尊重对方的兴趣，你就成功了一半。"

美国CNN电视台最著名的节目主持人莱瑞·金，专门采访世界顶级的领袖和名流。一个如此杰出的主持人，应该是最善于语言表达的，但是他却把倾听看作是比说更为重要的采访方式。当莱瑞被问到如何成为电视超级节目主持人时，他说："我倾听。我从来就没有在说话的过程中学到过知识。"

松下电器的创始人松下幸之助先生把自己的全部经营秘诀归结为一句话：细心倾听他人意见。松下公司在商品批量生产之前，一定要充分倾听各方面人员的设想和意见，在此基础上确立下一步经营目标。由于松下幸之助能认真听取各方面的意见，因此处理问题时总是胸有成竹，当机立断，表现出敏锐的判断力。

大量事实证明，倾听会使人变得"聪明"。一个人在工作中无论多么有才干，若能养成倾听的习惯，这一事实本身便向别人表明，你是一个非常机敏的人。一个傻子决不会有足够的理智意识到别人的话是多么有价值和多么重要，因而也不会给予密切的注意。不仅如此，越是善于倾听的人，越能得到他人的尊重，与他人的关系越融洽。

良好倾听的表现：

1. 以认真、积极的态度对待对方。正确的"倾听"是放下手头的工作，停止讲话，以热情的姿态欢迎讲话者，让对方感到你是有诚意和兴趣的。除此之外，还要注视正在讲话的人，不做无关动作：如看报纸或信件、修指甲、打哈欠……人人都希望自己讲话能引起别人的注意，否则，他讲话还有什么兴趣，还有什么用呢？

2. 忠于对方所讲的话题，尽可能不中途打断对方，让他把话说完。无论你多么想把话题转到别的事情上去，达到你和他对话的预期目的，但你还是要等待对方讲完以后，再岔开他的话题。讲话者最讨厌的就是别人打断他的讲话。因为你在打断他的思路的同时，又让他体会到你不尊重他。

3. 对不了解的信息内容进行追问。凭着你所提出的问题，让讲话人知道，你高度注意他的讲话，并且经过了认真思考。通过提问，可使谈话更深入地进行下去。

4. 吃透讲话者的主题思想，用讲话者的语言巧妙的表达你的意见，以使你的观点被他理解。不要表示出或坚持明显与对方不合的意见，因为对方希望的是听的别人"听"他说话，或希望听的别人能设身处地地为他着想，而不是给他提意见。不妨使用对方的语言或配合对方的证据，提出自己的意见。

5. 尽可能作正面的回答，不要在对方刚说完一句话，你就突然提出评论性或批判性的意见，这不仅无助于你们的交流，还会伤害双方的感情，在双方关系上设置一道鸿沟。

6. 做笔记。做笔记不但有助于倾听，还能够集中话题和赢得对方好感。

7. 不要总是保持沉默，要通过自然语言和体态语言给予讲话者必要的反馈。要做一个积极的"听话者"，如，朝着讲话的人倾斜你的身体，面带微笑，赞成对方的观点时，要适时点头，用"嗯"、"噢"等表示自己确实在听和鼓励对方说下去，也可以对其暗示做出反应或做笔记，等等。

8. 不要过早下结论或判断。如果你心中对某事已经做出判断，沟通便难以进行下去，你就不可能再倾听了。

认真按照以上要求去做，你一定会成为一个成功的倾听者。

工作中的很多问题是没有解的，有时也不必去解，只需要有人听，有人知道就行了，此时，你需要做的只是当一个好听众来表示理解和关怀就行了，这一举动，足以让对方远离孤独，让你们彼此形成亲密的人际关系。

三、真诚赞扬

某大学曾经进行过一项实验，所有学生被分成三组，第一组学生经常受到鼓励和赞扬，第二组学生任其自由发展，第三组学生除了受批评之外无其他态度。结果任由发展的一组进步最小，受批评的一组有一点进步，受赞扬的一组表现最为突出。可见，赞扬的力量有多大。

赞扬作为对别人付出的一种报偿，在职场的交往中更是不可缺少，它既是一个人豁达容人的表现，也是对他人的一种尊重，具有感化和激励他人的作用，有助于形成和谐的职场人际关系和融洽的工作氛围。一般来说，我们更喜欢那些赞扬我们、赞同我们意见的人，而不喜欢批评我们和反对我们意见的人。每一个赞扬我们和赞同我们意见的人实际上都让我们获得了自尊，确认了价值。相反，每一个批评和反对我们的人对我们的自尊和价值都是一种潜在的威胁。简言之，当你赞扬一个人、赞同一个人的意见时，你就是在帮助他更喜欢他自己。

不过，要使称赞真正成为职场交往中良好关系的粘合剂还必须遵循倡实立诚原则。首先，称赞的内容应该真实可信，符合基本事实。也就是说，你应该照合适的"点"来称赞别人，而不是牵强附会。唯如此，才能引发并增强人的自尊，才能感化和激励对方，反之，虚假的赞美和言不由衷的吹捧，是把称赞当作取悦于人的手段，无法让人感觉良好，反倒让人怀疑其能力和动机。因为真正优秀的人不需要巴结别人上位和争取利益。其次，称赞必须发自内心。严格说来，任何一种言语活动都应该"立诚"，对于称赞来说，就更应该如此。古人云："诚于中而形于外"，内心真诚，同时又表现在语言中，自然会感动人、感染人,使双方产生心理认同和情感共鸣,进而促进人际交往活动顺利开展。

四、道歉有艺术

道歉是一种美德,也是一门艺术,它可以帮助人们消除误会、争取谅解、化敌为友,建立良好的同事关系、客户关系。认识到自己有错时,就应该勇敢地承认错误并道歉。真诚的道歉既不会伤害道歉者,也不会伤害接受道歉的人。当肯尼迪先生竞选美国参议员的时候,他的竞争对手揭了他不光彩的老底:学生时代曾因欺骗而被哈佛大学勒令退学。对此,肯尼迪先生是如何反应的呢?他没有解释更没有抵赖,而是爽快地承认自己曾经犯下一项很严重的错误。继而以适当的措辞清楚地表达了自己真诚的忏悔,他说:"我对于自己曾经做过的事情感到很抱歉。我是错的,我没有什么可辩驳的。"

结果怎样呢?肯尼迪先生不但没有因为他有退学的经历而受到伤害,反而因为诚实地承认自己的错误和真诚的忏悔而赢得了人们的同情和谅解,谁又在学校里没有犯过错呢?

2006年10月的一天,赵本山为举办"赵本山兰州演笑会"而飞赴兰州。傍晚,一家房地产公司宴请他。在赶往酒店的路上,遇到了很多人围观和几十名追随采访的摄影记者。到了酒店门前,拥挤更加严重,场面非常危险。目睹此情的保安马上伸开双臂左遮右挡,结果不慎将一名记者的摄像机碰落地上,此举引起了众记者的不满,他们大声抗议。赵本山立即拱手向大家抱歉。进酒店后,赵本山让人将记者请进来,首先来到记者席,满脸微笑对众记者说:"我是来替保安向大家赔礼道歉的,他虽然不是故意的,但显得粗暴了些,使大家觉得不痛快。这都是因为我引起的,因此我替他道歉。"赵本山替保安赔不是的举动,赢得了人们的尊敬。

　　人非圣贤,孰能无过。作为职场中人,与领导同事客户打交道是工作常态,这之中失误或者错误在所难免。发生失误或犯错误可以理解,但犯了错误后文过饰非则难以被谅解。因为犯错误通常都是由智力或判断能力不足所致。发生失误或犯了错误,只要诚实承认、主动道歉和改过,不仅能够迅速从错误中挣脱出来,还能争取谅解,化解很多矛盾。注意,道歉最重要的是真诚,即诚实地承认错误,真正地改过。而面对对方的道歉,接受道歉者则不应该小肚鸡肠,耿耿于怀。

　　那么,如何把握道歉的艺术呢?

　　1. 树立道歉的正确观念。即认识到向对方道歉并非丢脸,并非是见不得人的事,相反,是标志一个人的诚意和进取之举。这一点正如里奥·罗斯金所说:"弱者才会残忍,强者才会温柔。"当你向对方诚恳道歉时,有时不但可以获得对方的同情和谅解,还会赢得其协作和支持。

　　2. 确保道歉的真心诚意。中国有一句古话:"要鞠躬,就鞠到底"基督教也要求"还清最后一文钱"。欲求道歉起到和解作用,道歉必须诚心诚意,道歉的声音必须发自内心,即属于真正的悔悟,而且要让对方感受到这一点,同时,在歉声中还要体现你的文明、礼貌、道德修养和高尚的情操。

　　当然,运用道歉这一交往方式时,须注意保持一种尊严,即表露出不卑不亢的精神和自重自爱的态度,使双方在"对不起"、"没关系"的融洽、和谐气氛中完成彼此的交往,使彼此的关系真正得到改善和增进。

　　3. 抓住道歉的最佳时机。要善于对道歉时机进行分析,对理应道歉的(即便没有造成后果,即便不是有意,却伤害了他人),要当机立断道歉,犹豫、拖延会使道歉变得艰难。当语言不当伤害了对方,当意识到自己做错了事时,都应该马上道歉,以免使对方的不良心理沟痕加深,及时道歉,对改善双方关系,进一步和对方沟通极为有利。

4. 道歉形式多样化。除了直接的道歉外,有时我们还可以采取间接的道歉方式,如一个甜美的微笑、一个友好的眼神、一次主动的握手、递上一杯热茶、送上一束鲜花等,这些发自内心的无声语言同样能够传递道歉的信息,在一定程度上起到和解的作用。

对于一个群体来说,当道歉成为一种习惯,一种美德时,相信这个群体会更和谐,更温馨,人与人之间的关系也会更真诚,更包容。

五、以自责消除隔阂

如果我们意识到自己做错事、说错话并一定会遭到责备时,我们首先应该自己责备自己,这样要比让别人责备要好得多,听自己的批评,不比听别人的批评要好受得多吗?如果你把对方正想要批评你的话在他说出以前说出来,他多半会采取宽厚、原谅的态度。

一般人都会极力为自己的过错或失误辩护。而一个能勇于承认自己错误的人,会给人一种高尚的感受。

在事业受挫时,富有一定领导责任的人倘若能够引咎自责,反而能产生振奋人心,鼓舞士气的作用。

1946 年,华东人民解放军某部进攻某县失利,伤亡很大,军队一时士气低落。作为指挥官的陈毅对大家说:"三个月来没有打胜仗,不是部队不好,不是师团不力,不是野战军参谋处不行,主要是我这个统帅应承担一切责任,我向指战员承认错误。"结果全军上下被他博大的气度深深感动,心中怨气一扫而光,不久就连续打了几个胜仗。

金无足赤,人无完人。任何人在工作上都难免有不周详之处,对此,应该坦率地承认并主动、诚恳地检讨,如此,才能赢得领导和同事的谅解,并愿意给予必要的指点。

六、保全他人面子

林语堂先生在《中国人》一书中谈到,面子是中国人心目中的一位女神,中国人正是为她而奋斗的。可见,保全别人面子有多么重要。在实际工作中,由于这样或那样的原因会使人陷入尴尬境地。当别人陷入这种情境时,为了表达你的善意,要善于给人台阶下,为人留下逃跑的门,为他保全面子。

1953 年,周恩来率中国政府代表团慰问驻旅大的苏军。在我方举行的招待会上,周总理发表了讲话,而苏军翻译在翻译周总理的讲话时译错了一个地方,而我方的翻译当场作了纠正。这一举动使总理感到很意外,也使在场苏联驻军司令感到很恼火,他马上走到翻译面前,怒气冲天地要撕下翻译的肩章和领章。

宴会厅里的气氛顿时紧张起来。这时,周总理巧妙地为对方提供了一个台阶。他温和地说:"两国语言要做到恰到好处的翻译是很不容易的,也可能是我讲得不够完善。"并慢慢陈述了被译错的那段话,让翻译再仔细听一听,并准确地翻译出来,从而缓解了紧张气氛。

进餐中同苏联的同志们干杯时,还特地同那位翻译单独干了一下,那位翻译被感动得举着酒杯久久不放。

在职场中,每个人都会格外注意自己的职场形象,都会表现出或多或少的自尊心和虚荣心。在这种心态支配下,他会因为你让他下不了台而对你产生强烈的反感,甚至对你心生怨恨。当然,也会因为你为他提供了台阶,使他保住了面子和尊严,而对你产生强烈的好感,进而加深相互之间的友谊和合作。

七、巧妙拒绝

人的时间、精力和能力都是有限的,有时候你必须对他人的某些请求说'不'。但是,当你对他人说'不'的时候,如果不讲究方式方法,很容易引起对方的不快,甚至得罪对方。因此,如何毫无愧疚地拒绝别人,同时又不让人感到不快,是需要一定技巧的,而一旦掌握了这一技巧,就不会产生任何问题了。

桑德拉女士想请自己的一位好朋友担任一个社区委员会的主席,于是她打电话给这位朋友,询问她能否担当此任。那个朋友听她说了好久,然后说:"桑德拉,这件事确实很值得去做,我十分感谢你邀请我加入,我真的感到很荣幸,不过因为一些个人原因,我没有办法参加,可我想让你知道,我真的感谢你能够举荐我。"

桑德拉没有想到会是这样一个结果,那个朋友拒绝了自己,但并没有让自己感到不快。

说"不"方式有很多,但是原则只有一个,那就是,既要说出"不",同时又使人觉得可以理解,尽可能减少因被拒绝而引起的不快。为此,你可以尝试着这样做:

1. 及早拒绝,以免耽误对方。拒绝不可模棱两可、犹豫不决,要据实向对方表明你的态度,好让对方有所准备,想其他的办法解决问题。

2. 拒绝的态度要诚恳、明确。拒绝时要尽可能说明理由,使对方觉得你的确是无能为力了,同时态度要坚决,对方就不好意思再强迫你了。如:"感谢想着我,但现在实在是不方便"或"对不起,这个忙我实在是帮不上"。

3. 用建议代替拒绝,用提建议的方式来拒绝,既表示自己的态度,又使拒绝具有建设性。

4. 区分拒绝与排斥。要让对方明白,你是拒绝请求,而不是排斥他这个人。拒绝是针对事情的,与感情无关。

5. 态度平和庄重,措辞委婉地拒绝。如用推脱表示"不";用沉默表示"不";用拖延表示"不";用客气表示"不";用回避表示"不";用反诘表示"不";用外交辞令表示"不",等等。总之,要顾及对方的自尊心,如此才可能避免因拒绝引起的关系紧张。

八、争论讲方法

在不同意见的交锋中,好胜是大多数人的弱点,没有人愿意自认失败。但是,请记住,此时,你的目标不应该是赢得争辩,你可以实现你的主张,你可以左右别人的计划,但不是用争辩的方法来获取,因为你是赢不了争辩的。若是在争辩中输了,那你理所当然是输了;若是在争辩中赢了,从最终结果来看你还是输了。为什么会如此呢? 因为倘若在争辩中你把对方驳得哑口无言,批得体无完肤,你好像是胜利了,但此时对方一定会因你让他颜面扫地而怨恨你,这种胜利还能叫胜利吗? 所以,对争辩的双方来说,你不是要赢得争辩,而是要让对方改变他的观点,并从你的立场上看问题。

一位经理人教练讲过发生在自己身上的一个故事:

那时候,我还是一个小学生,和班上的一个男孩发生了激烈的争吵。我已经记不得争吵的原因和内容了,但我永远不会忘记因为那次争吵而被老师上的生动而有益的一课。

那天,我确信我是正确的,对方是完全错误的;对方则更加坚定地认为他是对的,我是错的。我们的老师并没有当场评判我们的对错,而是决定在教室里给我们讲授一堂重要的课。她让我们两个来到教授的前面,让男孩站在讲台的里侧,让我站在讲台的外侧。在讲台的中央,是一个很大的球形物体。老师问男孩球形物体是什么颜色? "白色! 男孩毫不犹豫地回答。

真是难以置信,如此醒目的黑色,竟然被他说成了白色。我俩立刻展开了新一轮的争吵。男孩固执、坚定地态度,让我气愤至极,我觉得他简直不可理喻。

当我俩争论不休时，老师让我俩交换一下位置，现在，我站在了讲台的里侧，男孩站在了我刚才站的位置。老师问我道："告诉我，这个球形的物体是什么颜色？"我看了又看，最后不得不回答道："白色！"原来，这是一个两面涂有不同颜色的球体。"那么，你们两个究竟谁对谁错呢？"

我和男孩同时地低下了头。

这个故事告诉我们，很多人都把争辩的标准设定为我是不是正确，是不是有理，而没有把争辩的标准定为，这场争论有没有必要，有没有价值。这是其一。其二，在争辩的时候，要站在对方的立场，用对方的眼光看待问题，为对方考虑一下。

当你的观点与别人的观点、做法相左时，下面六条规则可以帮助你改变对方的观点和做法：

1. 让他充分表达他的情况和理由。你要让他把话从肚子里统统倒出来，这样便会大大减轻他的敌对情绪，如果你让他把他的牢骚、不满重述两遍乃至三遍，就有望排尽他的怨气和不满。

2. 在回答问题之前略作停顿。在回答问题之前稍微停顿一下，说明你对对方所提的问题足够重视，也进行了思考和琢磨，但是请记住不能停顿时间太长，否则会给人留下迟钝或傲慢的印象。

3. 不要坚持赢得百分之百胜利。如果你同意对方的某些观点和做法，当你提出更大的问题时，对方也会投桃报李，愿意做出让步。试图证明自己百分之百正确，对方百分之百错误不仅是非理性的，也是愚蠢的。

4. 平静而准确地陈述你的情况和理由。科学实验表明：平静地陈述出来的事实，对于使别人改变他们的观点，比恐吓和逼迫更有效。

5. 通过第三者讲话。较之于自证，来自于第三者的观点或说法会显得更为客观、公正。因为第三者作为无偏见的一方进行阐述会更有说服力。

6. 保全对方面子。聪明的争辩者知道怎样让对方体面地从他以前的立场上撤退，他们留下让对方能撤退的门，而又不让他丢面子。这就是说，如果对方错了，那就为他的错误找出某些借口来。如："碰到这种情况，很多人都会这么想，最初，我也是这样感受的，可是后来我偶然获得了这个信息，整个局面就发生了变化。"

记住，如果您想说服一个人，不仅要使他相信，而且必须知道如何把他从自我矛盾中拯救出来。

九、把握开玩笑分寸

开玩笑的目的在于创造一个轻松愉快的气氛，因而要掌握分寸。具体要求是：

1. 内容要高雅。

2. 态度要友好。

3. 行为要适度。

4. 要区分对象（对甲可以开的玩笑对乙不能开）。

5　要分清场合。

第四节　良好沟通之实现

一、良好沟通实现的前提

职场中良性沟通的实现，需要各方面的共同努力。

首先领导与下属之间的沟通要有信任与了解。领导虽然具有权力性影响力，可以向下属发号施令，下属也应该服从命令听指挥。但是领导应该本着既关心工作，也关心信任下属的原则，了解哪些是下属的强项，哪些是他所不擅长的，哪些目标和任务是他力所能及的。在充分了解下属的情况后，及时沟通、推心置腹地进行交流，进而适当授权。如此，工作会好开展得多，上下级的关系也会和谐得多。而作为下属，也要了解并理解领导，信任领导，有的人总把领导置于与自己敌对的位置，错误地认为领导总爱和自己过不去，其实，大家拥有一个共同的目标，那就是把工作做好。而把工作做好的前提之一就是你必须了解你的领导，包括其工作风格、态度、习惯以及领导本身的优缺点，这些都将直接地影响着你的工作方式甚至是工作进展，有助于你看到上司的锋芒而从容避开，进而实现顺畅沟通，建立和谐的上下级关系。

其次，员工相互之间交流要相互尊重，相互欣赏，多建议少质疑。沟通的目的是达成意见或行为的共识，肯定对方的一切可以肯定之处，提出中肯建议。要知道，建议不会有任何强加的意思，仅仅是比较两种或多种行为所带来的结果，哪个更加完善而优良，供对方自由选择。如此，沟通就会顺畅得多，彼此之间的关系也容易亲近和谐。

二、如何与难以相处的人沟通

工作中有的人会对事情吹毛求疵，充满抱怨，有的人则对任何事情都持悲观主义态度，还有的人属于拖延症患者，这样的人确实难以相处，不易沟通，但是基于工作需要，又必须与之沟通，对此，应选择适宜的沟通方法。

1. 如何与抱怨者沟通[①]

（1）专心致志地倾听对方的抱怨，即使感到不耐烦也要强迫自

① 罗伯特·M.希拉姆斯：《怎样与难以相处的人打交道》，北京：新华出版社 1990.72.

己听。

（2）依照自己的理解把对方的话解释一遍，并与对方核实自己的理解是否正确。

（3）避免指责——辩解——反指责的模式。

（4）不加任何评论地陈述事实，承认事实。

（5）向对方说明具体的过程或事情的全貌。

2. 与悲观者沟通[1]

（1）注意防止自己或组织的其他人，因受悲观主义者影响而陷入绝望。

（2）对于过去解决类似问题的成功案例做出乐观但又切合实际的表述。

（3）不要试图说服否定论者放弃其悲观主义观点。

（4）在问题没有得到充分讨论之前不要自己提出解决问题的各种方案。

（5）在对某一可供选择的解决方案进行认真研究时，主动提出如果实施这一方案，可能会导致何种不利结局。

（6）表明自己已经考虑到了悲观者所预言的不利结局，并做好了预防的准备。

3. 与拖延者沟通[2]

（1）听对方说话时，注意留心对方有无说话拐弯抹角、犹豫不定、欲言又止的现象，这种现象可为发现问题在哪里提供一些线索。

（2）当你把问题提到桌面上以后，帮助拖延者作出决定以求解决问题。

---

[1] 参见罗伯特·M.《希拉姆斯：怎样与难以相处的人打交道》，北京：新华出版社1990.122.

[2] 参见罗伯特·M.《希拉姆斯：怎样与难以相处的人打交道》，北京：新华出版社1990.178.

（3）如果拖延者持保留意见是针对你的，对此，你应该大方地承认过去存在的问题，不加辩解地陈述有关情况，然后提出计划并请求对方帮助；如果问题的根源不在你，帮助拖延者研究如何实施，并利用实施计划将可供选择的各种方案按照优先顺序加以排列。

4. 与无反应者沟通[①]

（1）用非限定性的问题提问。

（2）尽量心平气和等待对方作出答复，利用启发性的问题来帮助那些一言不发者。

（3）冷场的时候不要自己唱独角戏维持场面。

（4）如果对方不予回答，可对这一件事发表你的看法，但要以非限定性的问题结束你的话。

（5）尽量等待，根据事态的发展发表自己的看法，然后继续等待，以实际的态度对待"现在我可以走了吗？""我不知道"这类回答，以求对双方的相互交往加以控制。

（6）当无反应者开口说话时，注意倾听并克制自己想要说个不停的冲动。不要叫对方说些离题的话，这些话也许会引出有关的重要问题。否则，说明自己的希望，使谈话能够回归正题。

（7）如果对方依旧一言不发，避免客客气气地结束谈话，而是要约好下一次谈话的时间，并且要告知对方，由于谈话没有成功，你必须采取和将要采取的措施。

5. 与恐吓者的沟通[②]

（1）仔细重温所有有关资料，并核对其准确性。

---

① 参见罗伯特·M.希拉姆斯：《怎样与难以相处的人打交道》，北京：新华出版社1990.91.

② 参见罗伯特·M.希拉姆斯：《怎样与难以相处的人打交道》，北京：新华出版社1990.144.

（2）注意倾听恐吓者的建议，将其要点按照自己的理解复述给对方，以避免对方不厌其烦地一再解释。

（3）避免使用武断的说法。

（4）在表示不同意见时，用商量的口气，但不要含糊其辞，要用提问的方式提出问题。

（5）问对方延伸性问题，以有利于对计划进行再一次的复查。

6. 与腹中空者的沟通[①]

（1）表述正确的事实和其他不同意见，但要把这些作为自己对现实情况的认识提出，并且尽量使用描述的方式。

（2）给对方一个不丢面子的台阶下。

（3）随时准备在谈话出现冷场时主动找话说。

（4）如果可能，单独与腹中空者进行沟通。

第五节　正式场合的沟通

一、演讲

演讲是沟通交流中最重要的一项，也是任何一个要取得职场成功的人必须具备的基本的自我展示技能。心理学家和社会学家的研究发现：大凡杰出的领导人都能够清晰地表达自己对理想、道德、未来等观念的看法和观点。领导者首先是追随者的代言人，出色的演讲口才是他们获得和激励追随者的重要条件。只有通过自己杰出的口才，表达出追随者的价值观，才能感召人，赢得追随者及其拥戴。马丁·路德金通过演讲《我有一个梦》使自己闻名天下；肯尼迪的《不要问国家

---

① 参见罗伯特·M.希拉姆斯：《怎样与难以相处的人打交道》，北京：新华出版社 1990.152.

能为你做什么,而是问你能为国家做什么》的演讲大大凝聚了人心;罗斯福在经济大萧条的年代里凭借他在广播中发表的"炉边谈话"使美国人增强了自信,从而度过了难关;丘吉尔在第二次世界大战中通过广播激动人心的讲话激励英国人英勇反抗法西斯。

演讲的作用往往被人忽视。在实际工作中,我们不难发现,很多有良好工作表现的人因为不善演说而不为人重视,而一些优异的工作设想也常常因为说话人的吞吞吐吐、口齿不清或预期不坚定而遭人拒绝。所以钢铁大王施瓦布说:他愿意付给有演说和表达能力的人较多的报酬。

一位在美国工作的中国人对演讲的作用颇有感触。他说:"我花了五年的时间才领悟到:不引人注目,就不能成功。开会演讲才是引人注目、树立自己形象的最好的时候。你平日所做的工作,在开会时才最有成效。以前开会时,尽管我做了许多工作,由于考虑到自己的英语可能不完美,而且不愿让别人太多地注意我,我都要让母语是英语的同事在会上演讲。没想到我的工作成绩就归到了他身上,他先被提了级。如梦初醒的我自费参加沟通、演讲的培训班,后来,无论是在大会上还是小会上,我不但主动演讲,而且还积极对别人的演讲提问。结果在短时间内就受到了同事和上司的重视,我的才能好像突然之间被他们发现了。"

1. 演讲的组成部分

第一部分:开场白

开场白对于演讲来说很重要,它影响着听众的情绪,关乎听众对整个演讲的总体评价。戴尔·卡内基说过:从出场和下台的情形来看,就可以知道一个演员是不是好演员,演讲亦然,开头和结尾非常重要,需要特别推敲。

为了使开场白达到先声夺人的效果,可以尝试以下方法:

（1）力求形式新颖别致，以立即引起注意。钱锺书先生 1980 年 11 月 28 日在日本早稻田大学文学教授恳谈会上发言，他的开场白是这样的。我先讲个意大利笑话。有个穷乡僻壤的土包子，一天正走在路上，突然天空下起了小雨，他凑巧拿了一根木棍和一块方布，他急中生智，用木棍顶住方布，遮住头顶，回到家后居然没有被淋成落汤鸡。高兴之余，觉得应该把自己的伟大发明公之于众。他听说城里有个"发明专利局"，于是兴冲冲地拿着木棍和方布，赶到城里，到发明专利局去表演和申请自己伟大的发明创造。专利局的工作人员听他说明来意，哈哈大笑，拿出一把雨伞，让他看个仔细。钱锺书说，自己今天来日本讲学，就仿佛那个上专利局申请专利的乡巴佬，孤陋寡闻，没见过雨伞。在找不到躲雨的地方时，只能用木棍撑着块布，来自力应急了。

如此开场白，不仅让人忍俊不禁，更衬托了大师的谦逊。

一次，婚姻专家陈一筠到南昌和大龄青年座谈，她的开场白是这样的：

大象和蚂蚁刚结婚两天就闹离婚。蚂蚁说："能不离吗？接个吻得爬 20 分钟。""大象生气地说："离！离！接个吻还得拿放大镜找半天，还不敢喘气！"结果引起掌声笑声一片。

如此开场白不止于笑而已，还让大龄青年明白了一个道理，双方不能距离悬殊，要般配，否则，婚姻是没有办法维持长久的。

（2）以事件、事例、故事展开演讲。

（3）制造悬念。

（4）陈述一件惊人的事实。

（5）要求听众举手作答。

（6）答应听众要告诉他们如何获得他想要的。

（7）使用展示物。

（8）以某位著名人物提出的问题作为开场白。

（9）用看起来很自然的开场白。什么叫自然，打个比方说。有的人能很好地模仿翠鸟的鸣叫声，声音惟妙惟肖，几可乱真，但这种声音无法令你感动，但是如果换成是树上的翠鸟的鸣叫声，你立刻会觉得美妙无比。为什么？因为前者是自然的，后者是不自然的。倘若你能调动自己的情绪，使话语自然流露出来，那么你的演讲，就会变得动听甚至动人。

第二部分：论证

（1）以故事、图解论证主要观点。

（2）以专家证言证明主要论点。

（3）以类比、展示、统计数字来说明主要观点。

（4）选择 3—4 个要点进行论证，不能要点太多。

第三部分：结尾

结尾包含了演讲的总论和总纲，是画龙点睛之处。在演讲即将结束的时候，仍会有听众对前面讲的东西模糊不清，甚至干脆就是狗熊扳棒子。因此，有必要在结尾处重申一下你所说的要点部分，这是最好的总结法。另外，在什么地方结束演讲也是一个颇为重要的问题。记住不要太急于把一切说得太明了。结尾虽然是总结性的，但最好还是带一些意犹未尽的神秘感和深刻感，使之成为一个含蓄的、意味深长的省略号，而不是句号。为此，可以尝试一下做法：

（1）总结你的观点，以进一步揭示主题。

（2）焕发听众激情，促进其采取行动。

（3）简洁而真诚的赞扬。

（4）幽默的结尾。

（5）以一首名人诗句作结束。

（6）达到演讲的高潮。

（7）采用启发性语言，由招聘官思考后得出结论。

2. 发表演讲的适当态度

（1）演讲前认真准备。俗话说，磨刀不误砍柴工，演讲前的认真准备至少能够让你的演讲不出纰漏或少出纰漏。

（2）恰当运用身体语言和手势。人们希望看见的是生龙活虎的你或是风趣幽默的你，而不是一根会讲话的木头。你的体语水平会极大地影响你的亲和力和演讲的影响力。

（3）目光环视整场。在演讲时，目光应该照顾到所有的人员，这样做对于与他们建立感情，寻求支持是非常必要的。

（4）讲你熟悉的事。演讲的内容最好是你熟悉的、你在行的、你经历的、你的经验与教训等，不要谈你不了解或者正在学习的东西。

（5）打破腼腆羞怯。要做到这一点没有什么秘诀，唯有不断地练习，如，在工作中使用有效的说话方法和技巧，利用一切可能的机会当众讲话。不要怕丢丑，今天的丢丑就是为了明天的露脸。

（6）力求与众不同。世界上没有两片完全相同的树叶，也没有两个完全相同的人。演讲是展示自己，获得他人认同的大好时机。为此，应该在演讲中显示出自己独特的个性，想方设法使自己与众不同，凸显出自己的价值，而不是模仿他人。

（7）全身心投入。在演讲中，如果你能够全身心地投入，你就会变得自然、热烈、真诚，而唯有自然、真诚、热烈的演讲才能吸引人、感染人和打动人。

（8）用铿锵有力的声音说话。深厚、宽音域的声音不仅能够强化你的力量，塑造你的良好形象，而且还会保持人们对你的积极的注意力。

（9）通过不断练习使演讲自然。自然朴实的演讲最容易赢得听众，为了使你的演讲显得自然，可以依照以下方法进行训练：一是强调重要的,不重要的干脆跳过去;二是改变声调,使演讲富有感染力;三是变换速度,使演讲抑扬顿挫,不要有气无力地说话,要对自己所讲的话题充满激情,平淡、乏味的语调会如同催眠曲;四是注意音量,太大的声音会让人头痛,让人感到咄咄逼人而惹恼听众,太小的音量不但让人听起来费劲还显得没有影响力;五是在要点前后停顿,以引起听者的注意。

(10)使用普通话。为了避免听众的误解,在演讲中应尽量使用普通话,避免地方口音。

(11)使用准确精练的语言。避免口头语、口头禅以及发音错误。

3. 演讲前的准备

(1)内容具体化,即使用生动具体的例子。

(2)限制题材,即划定出演讲的范围。

(3)发展预备力,平时注意收集和发掘相关材料以确保演讲内容的翔实可信。

(4)旁征博引,欲使演讲更具有说服力,应该列举各种例证。

(5)语言大众化,即使用具体、耳熟能详的语句或字眼。

4. 进行演讲

(1)演讲内容的时间安排。一般来说,听觉比视觉容易分散,大多数人在听的最初时间领会能力强,之后效果便不断下降。因此可以考虑将演讲的时间分为三段:第一阶段时间介绍 60% 的内容,第二阶段时间介绍 30% 的内容,第三阶段时间介绍 10% 的内容。

(2)使用提示性语言。为了使演讲的内容清晰明朗,不妨使用提示性语言。如:关于这个问题,我讲了三点;这一点与前面的所说的形成了鲜明的对比。

(3)突出要点、重要事例作提纲。提纲是演讲的骨架,最好能够记在卡片上以备忘,但不宜记得太多太繁琐,否则反受其乱。

二、即席发言

即席发言是一种广义的演讲,具有临时性、广泛性和不确定性的特点。

即席发言是真正的"即时即兴",它应表达出发言者对听众和当时情境发自内心的所想所感,使之与情境气氛协调融洽。从某种意义上讲,即席发言最能反映一个人的素质和能力,也最能体现一个人口语表达水平。成功的即席演讲展示了一个人机敏的思维能力和快捷的应变能力。

如何做好即席发言,下列几点需要注意:

1. 事先小做准备。估计可能被要求发言,可以事先在脑子里过一遍,该讲些什么内容? 为避免自己话题被别人抢先讲出,可多准备几个话题。

2. 话题就地取材。既然是即席发言,那么话题就不宜太大,重点是从"即席"中找话题,就地取材。如,可以从场合中找话题;可以从人们关注的事情上找话题;也可以从他人的发言中找话题。

3. 注意话题的深浅与范围,切忌长篇大论。

4. 亦庄亦谐,庄谐结合,力求造就轻松愉快的气氛。

第五章　以谦虚为信条

谦虚是一种美德。无论我们身处何种行业,身居何种职位,担当何种职责,都必须记住:一定要以谦虚之心对待工作,对待同事,对待客户、对待竞争对手,不断向优秀者学习。唯如此,才能得到大家的信任、支持与合作,而来自大家的信任、支持与有效合作是一个人在职场有所发展的前提条件。

第一节　谦虚是美德

一、谦虚释义

谦虚,简单地说就是虚心,不夸大自己的能力或价值;没有虚夸或自负;不鲁莽或不一意孤行。谦虚的本质是不自满。谦虚一词语出《诗·小雅·角弓》的"莫肯下遗"。汉郑玄笺:"今王不以善政启小人之心,则无肯谦虚以礼相卑下,先人后己,用此居处,敛其骄慢之过者。"[1]进一步引申,还有不自满,肯接受批评,并虚心向人请教,谦虚低调,对人对事怀有敬畏心之意。程颐说:"以崇高之德而处卑之下,谦

---

[1]《诗·小雅·角弓》.

之义也。"①

谦虚包括两部分内容：一是对待自己的态度，二是对待他人的态度，把二者结合起来，就是卑己和尊人——是低己高人、以人为师。

谦虚并非要"埋没"自己。孔子说："求为可知也。"②意思是说，应该主动使自己的才能为别人所了解。谦虚也不是自轻自贱，而是一种境界。孔子见齐景公面不改色，为什么？因为在孔子看来，大家都是平常人而已。心中没有神。见贤思齐，而不是惧贤，时刻保持自己的人格尊严。

有人认为，谦虚不过是虚伪的代名词而已。其实谦虚与虚伪有着本质的区别，谦虚意味着虚心，意味着永不自满，并肯于接受别人的批评，谦虚还是谦让、平等的表现，谦虚是建立在利他主义之上的一种美德，是虚心和谦让相结合的一种行为。而虚伪则是故意隐瞒事情的真相，为达到某种自私目的而采取的一种欺骗手段，即使是最微不足道的虚伪，与真正的谦虚也截然不同。

二、谦虚是传统美德

"谦虚"是中国人的传统美德。谦虚是做人的一个基本要求，一个人如果没有内在的谦虚品质，就无法具有外在的真诚恭谨的表现。

自古以来，在中国社会的人际交往中，人们极为重视"谦虚"，可以这样说，谦虚既是一种高尚的品德，也是一种尊重他人的做事原则。表现在待人接物中，就是要尊重别人，对人恭敬有礼。《易经》中说："谦谦君子，卑以自牧。"③意思是说，谦虚有道德的人，总是以谦逊的态度，自守其德，修养其身。在《易经》六十卦里，再吉的卦也有不吉的

---

① 《周易程氏传》.
② 《论语·里仁》.
③ 《易经》.

爻,唯有"谦"卦六爻皆吉。这是为什么呢?《易传·谦·象》对此有一个绝妙的阐释:"谦,尊而光,卑而不可逾"。把"卑而不可逾"译成白话,就是:谦虚是不可战胜的。

谦虚作为一种美德,是一种不以自己的功、德、才、能、位而自满、自夸、自傲,不自以为是,肯于向他人学习的品德。它是建立在正确对待、估价自己并尊重他人的基础上的,是基于善无止境、功无止境的认识而采取的一种正确态度。[①] 在我国伦理道德思想史上,谦虚占有十分重要的地位。古人云:"满招损,谦受益,时乃天道。"[②]意为谦虚使人受益,自满则招来损失,这是自然的法则。又说:"谦,亨。君子有终"。[③] 其意思是说,谦虚使人亨通,谦虚能帮助人们顺利地办好事情,君子以此行动必然会有好的结果。

孔子十分看重谦虚这一传统美德,并将其提高到十分重要的地位。孔子提出"谦,德之柄"[④],意思是说,谦虚是一个人保持道德品质的关键所在。之后又进一步强调:"三人行,必有我师焉。择其善者而从之,其不善者而改之。"[⑤]意思是说:别人的言行举止,必定有值得我学习的地方。选择别人好的学习,看到别人缺点,反省自身有没有同样的缺点,如果有,就加以改正。老子曾以江海处下而为百谷王的事实,告诫人们不要"自矜"、"自伐"、"自是"。

英国哲学家丁尼生曾经说过:"真正的谦虚是最崇高的美德,是一切美德之母。"一个人拥有谦虚的德性,就能包容别人、善待别人,学习和吸取别人有益的经验和知识,从而提高自己,避免浅薄无知。骄傲的人,总以为自己有学识、有能力,然而骄傲的真正原因是无知。古希

---

① 张锡勤:《中国传统道德举要》,哈尔滨:黑龙江教育出版社 1996.216.
② 《尚书大禹谟》.
③ 《周易谦卦》.
④ 《周易系辞传》.
⑤ 《论语·述而》.

腊被誉为"智者之尊"的苏格拉底曾经说过一句极为精辟的话,他说:"我之所以有智慧,不是因为我更看中自己的长处,而是能够意识到自己的不足。"智慧与成功总是与谦虚如影相随,而无知总是与骄傲为伍相伴。

第二节　谦虚是职场交往的黄金法则

一、谦虚是职场交往之必须

如果说自信方能成事,谦虚则是成熟的表现,这种成熟体现在注重现实、尊重他人上。一个人无论在工作中多么能干,都应该以谦虚为信条,保持谦虚,表现在与人交往上,就是保持低调,放低姿态。多学习别人的长处,多从别人身上找自己的短处。通过不断学习别人的长处来充实自己、完善自己,进而提升自己。人的潜意识中都有争强好胜的一面,有素质、能力高强的人大家自然佩服,但如果表现得过分,时时"以自我为中心",处处"自以为是",动辄在别人面前展现自己的优越感,则会伤及别人的自尊,引发众人的不快和不满,甚至成为众矢之的。在现实中,骄傲、自负的人在团队中永远没有市场,即使与人合作也不会被认可。自负者必自恋,自恋必然导致封闭自我,杜绝与外界的交流,在这种情况下,要么因没有人缘,获得不了助力而难以成事,又或者一旦有所作为,就做出违背德性之事。

谦虚是一个人赢得尊重的前提,谦虚谨慎是成功人士必备的品格,具有这种品格的人,对人温和有礼、平易近人、尊重他人,善于倾听他人的意见和建议,能虚心求教,取长补短。对己有自知之明,在成绩面前不居功自傲;在缺点和错误面前不文过饰非,能主动采取措施进行改正。可以想象,一个人如果能够虚心地听取别人的意见,明白"山外有山，天外有天"的道理，就一定不会被别人贬损；同样道理，一个人如果取得了令人瞩目的成就，却不居功自傲，而是谦虚谨慎，虚怀若谷，于人于事保持谦逊的态度，则必定会赢得别人的尊崇。

谦虚是一个人建功立业的前提和基础。谦虚使人信赖，骄傲使人反感。不论你从事何种职业，担任什么职务，只有谦虚谨慎，才能保持不断进取的精神，才能增长更多的知识和才干。因为谦虚谨慎的品格能够帮助你看到自己的差距，让你冷静地倾听他人的意见和批评，谨慎从事。如此，不仅能使一个人免于四面树敌，还会广结人脉，获得多方助力，促进事业成功，反之，骄傲自大，一味表现自己的强势、优势、听不得别人的意见和批评，这种做法不仅非常愚蠢，还会四处树敌，让别人厌恶，结果导致职场之路越走越窄。

谦虚是获得团队信任和支持的必要条件。"谦受益，满招损"。低调、谦虚、不骄不躁的人在团队中永远受欢迎，也只有这样的人才会得到大家的信任和支持，而大家的信任和支持是一个人在团队中有所发展并对组织有所贡献的前提。应当承认，有些人在某个方面确实有专长或无可替代的优势，但这不应该成为骄傲自大和孤芳自赏的理由，因为组织中的任何一位成员，都可能是某个领域的专家或存在某种优势，正确的做法应该是将自己的注意力放在他人的强项上，而不是在自我和外部世界之间筑起一道"自以为是"的藩篱，只有这样，你才能看到自己的不足和短板，保持不骄不躁、谦虚谨慎的态度，正确对待自己和他人，求得自身的不断完善，获得团队的信任和支持。

无论我们身处何种行业，担当何种职责，都必须记住，一定要以谦虚之心对待工作，对待同事，以优秀的员工为榜样，不断向他们学习，尤其是要以身边的优秀人士为榜样，虚心向他们学习。马云说过：我跟所有人一样，开始的榜样是比尔·盖茨、李嘉诚，后来发现他们不是我的榜样，没法学习，他们太大、太强。真正的榜样一定在你身边，你做小饭馆,榜样就是你斜对面的小饭馆。

二、谦虚精神在职场交往中的体现

首先,虚心向领导学习。对上级谦逊,是一种本分。一个人之所以能升迁到领导的位置,一般都有一定的过人之处。易言之,总有一些比组织成员优秀的地方。对此,作为组织成员应该保持谦虚之心,虚心向领导学习,汲取领导身上优点,用心观察、体悟领导的处事方式,处理问题的方法。即使领导有缺点或错误,也要抱着坦诚的态度,用适当的方式表达,不应让领导难堪。在职场中,不乏一些自高自大的人,他们看不起领导,认为领导的决策不高明,工作方法不适当,总是把眼睛盯在领导的不足上,可是如果真把他放在领导位置上,需要他拍板和开展工作的时候,他又无从下手,不知道如何有效完成工作,如此高傲自大、眼高手低是要不得的。

其次,虚心向同事学习。对同事谦逊,是一种和善。在工作中,每个人分属不同岗位,担负着不同的职责,他们的岗位职责决定了他们的立场不同、思考问题的方式不同,解决问题的方法不同。对此,应该多看他们优于自己的地方,注意从他们身上汲取营养,学习他们的长处为自己所用。如此,不仅能获得积极向上的动力,也会赢得同事的尊重,形成融洽和亲近的同事关系。在现实中,有些人不是这样的,他们嫉妒有才华有能力的同事,对人家取得的成绩十二万分看不起,看到人家取得成绩或得到晋升则百般嫉妒千般诋毁,这样的人最终会被大家识破,落得个身败名裂的下场。

第三,虚心向下属学习。对下级谦逊,是一种高贵。如果你是组织中的领导人物和管理者,就更要懂得和学会向下属学习。在当下这种竞争日趋激烈的形势下,领导者和管理者必须学会"集众智",发挥下属的聪明才智。因为个人的智慧和力量总是有限的,只有集中大家的智慧和力量,群策群力,工作才能高质高效地完成。而要实现"集众志"就必须向下属学习,谦虚待人。比如,善于听取下属的意见和建议;善于发现下属优点,能够看到下属的不凡之处,并及时给予鼓励与表扬。在实际工作中,不乏这样的领导,他们高高在上,自以为是,盛气凌人,"看不见"或根本不愿意看见下属的优点,当下属比自己强的时候,反倒觉得没面子,特别是当下属提出了特别有价值的意见之后,自己就觉得心里不舒服,实际上这不过是嫉妒心作怪罢了;一旦下属做错事情,根本不考虑自己的教导培养之责,一味地横加指责。这样的领导无论在什么性质的单位,都是没有市场的,更毋庸说得到下属的拥戴了。

第三节　谦虚是职场大智慧

随着职场竞争的日趋激烈,很多人急于出列,极尽张扬之能事,已经不知谦虚和低调为何物。殊不知骄兵必败。而谦虚不单单是职场人士应该拥有的美德,也是引导其走向职业成功的大智慧。

1. 谦虚赢得机会

谦虚是做人的准则,也是职场交往之必须。一个人初入职场,所见皆为前辈、上司,在他们面前自然要谦虚,尊重他们,拜他们为师,向他们学习;过了几年,自己也成了熟手前辈,面对的都是同仁,尊重他们,与他们友好相处,大家方可同心协力,做好工作;待到开创了自己的事业,更要谦虚待人,容忍别人的过失,唯如此凝聚一批有能力有水平的人共谋未来。

用谦虚代替自傲,往往能使人得到意想不到的机会。

罗纳先生原本是维也纳的一位著名律师,在第二次世界大战时被迫逃到了瑞典。为了能够在瑞典生存下去,他亟需为自己找一份工作。找什么工作呢？经过分析，他认为自己的优势是精通几个国家的语言，文字表达能力也不错，做进出口公司里的秘书工作比较适合。于是，他向几个进出口公司发出了求职信。

没想到，大部分公司都回信婉言谢绝了他，理由大同小异，无外乎强调现在兵荒马乱，公司效益不好，暂时不需要秘书。不过，他们会将他的材料保存在档案里，待日后有机会时一定会考虑他。

唯独有一家公司不留情面，给罗纳德的回信言语极其刻薄，信中称："你对我公司的业务了解太少，并且有许多误解，何况现在我公司根本不需要秘书。即使将来需要，也不会聘请你，因为你的求职信中竟然有不少语法错误……"这封信的署名是该公司的总经理。

罗纳德收到这封信后，感到自己受到了极大的侮辱。一怒之下，用同样刻薄的语言写了一封回信，准备寄给该公司的总经理。

但当他写完这封信后，情绪平静了下来。他对自己说："这位总经理的回信尽管很刻薄，但是从积极的角度来看，也许不无道理，我虽钻研过瑞典文，可是毕竟不是我的母语。求职信很可能犯了不少自己没有察觉的错误。如果我想找到一份秘书工作，就必须更加努力地学习。这封信让我有了自知之明和努力的方向。与其写封同样刻薄的信泄愤，到不如发自内心地感谢他一番。"

于是，罗纳德撕掉了原先那封信，重新写了一封热情洋溢的感谢信。信中说："我之所以给您写求职信，是因为您是这一行业的领军人物，没想到，您竟然在百忙中抽出时间亲自给我回信。您的信写得实在太好了，可谓苦口良药，忠言逆耳，对我非常有益。我对贵公司的业务有误解之处，请原谅海涵。至于信中的语法错误，我感到很惭愧，也很难过。我现在决心更加努力学习瑞典文，以尽快改正我的错误。我真诚地感谢您，因为正是您的信使我走上了改进提高之路……"

罗纳德没有想到，几天后他又收到了那位总经理的回信。信中对他闻过则喜、严于律己的精神大为赞赏,并请他一定到公司面谈一下。

面谈进行得非常愉快和成功,总经理不仅让罗纳德担任了公司的秘书,而且还破格让他负责整个公司的秘书工作。

谦虚给罗纳德带来了机会,让他有了一份意想不到的收获。

2. 谦虚获得尊重

人人都在寻求自尊和被尊重,而谦虚会使人得到尊重,因为真正高素养的人都是谦谦君子。

1950 年,时任解放军第十九兵团副司令的耿飚,接到中央的一纸命令,远赴瑞典,成为驻瑞典大使。

在瑞典王国的欢迎宴会上,席间有位瑞典皇家海军司令跟耿飚说起了部队生活,两人相谈甚欢。这位司令说:"我从一个普通的士兵经过努力成为了司令。"耿飚笑了一下,说:"我跟你的经历很相似,泥腿子出身,经过南征北战,成为了一名合格的军人。"随后,对方问:"你当初带了多少部队?"耿飚算了算参加的大小战役,说:"有几十万吧!"

让他意外的是,瑞典皇家海军司令立即从凳子上站了起来,向耿飚"啪"的一个敬礼,说道:"太伟大了,我与你相比,相形见绌,我带领的部队不及你的十分之一。"耿飚急忙起身回了一个敬礼。这时,旁边的几位贵宾,也纷纷过来与耿飚碰杯,竖起大拇指,称赞他为:"伟大的大使,了不起的将军",对他刮目相看。

面对溢美之词,耿飚谦虚地说:"比起我们伟大的祖国,我只不过是一个兵,一个战士。我愿意做一架两国发展友谊的桥梁。"顿时,全场响起了热烈的掌声。耿飚的谦虚,赢得了瑞典人的尊重。

著名双料(华表奖、金鸡奖)影后于慧非常谦虚低调,她曾在电影《喜莲》中扮演女主角喜莲。一天,她路过北京长安街某剧院,看见门前挂着一条横幅:"喜莲学习李双双,于慧挑战张瑞芳。"于慧一愣,这怎么行?我还很幼稚,有很多东西需要学习,老一辈艺术家张瑞芳永远都是我学习的榜样,怎么能挑战张瑞芳呢? 于是要求将横幅摘下来。门卫出来干预:"你这人怎么这么狂啊?"于慧急了,径直找到办公室,说:"我就是于慧,请把横幅摘下来。"经理仍不答应。于慧急中生智,对经理说:"经理,您看这样行吗? 改成'喜莲挑战李双双,于慧学习张瑞芳'。"经理听后一想,说:"行,你真厉害呀!"

巧改横幅,不仅映射出于慧虚怀若谷的胸襟和谦虚低调的品格,更赢得了大家的普遍尊重。

3. 谦虚达成自我提升

谦虚是一个人对人生的自省,通过这种自省,使自己保持一种开放、平和的心态,进而从外部世界学到更多东西,达成自我提升。一个人越是知识渊博、才华出众、成就非凡,他的眼界往往越高,对世界无限、人生有限的认识越深刻,他想做的事与能做的事之间的冲突越尖锐,也越能感到自己做的那点事微不足道。

职场是众人的职场,每个人都有自己的优势领域,无视他人的优势而骄傲自大,自以为是,对人满不在乎甚至与人争执不休,这样的人在职场中必然不受欢迎,在团队合作中也难以被大家认可。而低调、谦虚、不骄不躁的人才是团队中真正受欢迎的人,才是众人期许的工作伙伴。因此,一个人要想在工作中不断进步,就必须保持足够的谦虚,它会让你认识到自己的短项和别人的优势,通过不断学习别人的长处,吸纳他们的智慧和经验来充实自己、完善自己,进而提升自己。

著名画家齐白石,有一次看到他的弟子的一张画画得不错,便向其弟子借过来临摹,他的弟子惊讶无比,齐白石说:"我虽然是你的老师,但你不一定就比我差。"他的弟子听后,对老师这种谦虚的态度肃然起敬。

齐白石并没有因为自己是著名画家而感到高弟子一等,反而临摹其弟子的画,可见齐白石对画的热爱及其谦虚的学习态度,正是这种精神使得他的画技不断提高,日臻完善,进而流传百世。

著名作家威廉·逊经常靠从不同行业的人士那里积累新知识,以此作为自己写作的素材。在一次晚宴上,他和古生物学家古斯先生偶遇,并开始交谈起来。古斯先生所谈的非洲玛拉山区野狗的情况感染了他,让他对玛拉山区的野狗的生活产生了很大的兴趣。一整个晚上,他都在向古斯先生请教野狗的生活习性、生理知识、活动范围等。而接下来的几天,他更是亲自登门向古斯先生虚心求教。

一年之后,威廉·逊所著的以玛拉山区野狗为背景的小说《野狗天堂》荣获年度小说特等奖。

4. 谦虚促进自我完善

谦虚使人正视自己的问题与过错,看到自己的不足,进而促进自我完善。虚怀若谷带给人们的不仅是人缘,还是不断进步的契机。

梁启超曾在《东方杂志》上读到梁漱溟研究佛学的文章《究元决疑论》,非常赞赏,进而开始关注作者。梁启超从欧洲归来,又见到梁漱溟的新著《印度哲学概论》,读之更是非常喜欢。不久便携蒋百里、林宰平、梁思成,来到梁漱溟寓所屈尊请教。自此,开启了二梁之间的交往:梁漱溟不时造访梁启超家,尊梁启超为"先生",梁启超则器重梁漱溟的"好学深思",与之通信,每称其为"宗兄"。

著名剧作家曹禺先生被誉为"中国的莎士比亚"。1983年的一天,曹禺收到了著名画家黄永玉的一封信。信上说:"你是我极尊重的前辈,所以我对你要严!我不喜欢你解放后的戏,一个都不喜欢,你心不在戏里,你失去了伟大的通灵宝玉,你为势位所误!命题不巩固,不缜密,演绎分析也不够透彻,过去数不尽的精妙休止符、节拍、冷热快慢的安排,那一箩一筐的隽语都消失了……"这封对曹禺的批评信,用字不多却相当激烈。身为北京人艺院长的曹禺读完信后,非但没有生气反而非常郑重地把这封信裱在一个精美的册子里,经常翻阅,鞭策自己努力进取。此后果真写出了《胆剑篇》、《王昭君》等脍炙人口的戏剧作品。后来美国剧作家阿瑟·米勒前来访问,曹禺话语谦逊并且还一字不漏地把这封批评信念给他听。看到众人吃惊的样子,曹禺平静地说:"虚心接受别人的批评,也是对自己的一种促进。"

像梁启超、曹禺这样的长者和大家,他们热情主动地和有才学的年轻人交往,表现出的谦谦君子风度,值得现代职场人学习。

第四节　工作中如何习得谦虚精神

孟买佛学院是印度最著名的佛学院之一,这所佛学院之所以著名,除了它建院历史的悠久,它辉煌的建筑和它培养出了许多著名的学者以外,还有一个重要之处是其他佛学院所没有的。这是一个极其微小的细节,那就是孟买佛学院在它的正门一侧又开了一个小门,这个小门只有一米五高,四十厘米宽。可以想象,要从这样一个小门通过必须弯腰侧身,否则就会碰壁。

这是一个很微小的细节,但是,凡是来过这里的人,当他走出去的时候,几乎无一例外地承认,正是这个细节使他们顿悟,正是这个细节让他们受益无穷。

据说,孟买佛学院给它的学生们上的第一课便是领他们到这个小门,让他们进出一次。很显然,所有的人都是弯腰侧身进出的,尽管这样做有失礼仪和风度,但是却寓意深刻,让学生们懂得了人生哲理。老师说,大门当然出入方便,而且能够让一个人很体面很有风度地出入。但是,有很多时候,我们要出入的地方并不都是有着壮观的大门,或者,即使有大门也不是随便可以出入的。这个时候,只有学会了弯腰和侧身,暂时放下尊贵和体面,才能够出入,否则你就只能被挡在院墙之外。

佛学院老师告诉他们的学生,佛家的哲学就在这个小门里。其实,人生哲学又何尝不也在这个小门里。人生之路,尤其是通向成功的职场之路,几乎是没有宽阔的大门的,所有的门都是需要弯腰侧身、需要谦虚才可以进去的。

谦虚是一种优良品质,是一种职业交往美德,一个人要想营造和谐的职场人际关系,首先要谦虚地看待自己,而要做到这一点,其前提是要习得谦虚精神。

一、了解自己的局限性

受自身各种因素的限制,人们往往看不到自己的缺点或不足,就像人们不照镜子便看不清自己脸上是否有斑斑点点一样。只有谦虚地听取别人的意见,才知道自己的不足和存在的局限性。为此,你可以找一张纸写下自己不足和局限——自己做不到但是别人能做到的事情,这样做会让你更真实地认识自己并接纳自己——既不自夸也不过分自卑。

二、放低姿态

放低姿态就是从心里认为自己不算什么;就是实事求是,不显山,不露水,脚踏实地地干实事。放低姿态不仅仅是一种姿态(姿态是外在的,人们都能看到),更是一种心态(心态是内在的,只能意会)。放低姿态不代表不优秀,相反,它会带给你一些更加从容的态度。

著名企业家冯仑曾谈到生意场中做人的姿态。他说,我发现,凡是生意做得不错的人,都善于把自己的姿态放得很低,在中国文化里这叫给人面子,就是你得尊重别人。冯仑有句名言:"蹲着"永远是最好的姿势。老实说,蹲着,既不是一种舒服的姿势,更不是一种稳定的姿势,但它会让你保持谦卑并处在一种时刻准备出发的状态,可能性无限。这正是低姿态的智慧。

在职场中，无论你多么能干，与人交往时都应该放低姿态，保持低调，不张扬，不喧闹，不矫揉造作，这样才能赢得好的人缘，进而在事业发展中获得更多助力。

1984 年 9 月，农村学生方敏扛着一只大布袋来北京大学报到。布袋里装着全部的行李，他扛着有些吃力。正当他一筹莫展时，有位穿着朴素的老者朝这边走来。方敏连忙上前，请求老者帮忙照看行李。老者爽快地答应了，方敏扔下行李，就赶着去办入学手续了。等到他把所有的手续都办完，已经过了正午。这时，方敏才想起了行李，连忙跑去查看。没想到，老者还站在原处，头顶着烈日，手捧一本书，旁边正是他的大布袋。方敏连忙道谢，之后扛起布袋直奔宿舍。

第二天的开学典礼上，方敏突然发现昨天帮忙看行李的老者竟然坐在主席台上。他连忙向同学打听，原来老者就是大名鼎鼎的北大副校长季羡林。方敏不由得大吃一惊，忍不住向同学讲起了自己干的蠢事，有同学听完，顿时明白了什么："怪不得昨天季教授大汗淋漓站在太阳下，怎么劝都不走，他说自己在帮人看行李，如果换了地方换了人看，取行李的人就该着急了。原来季教授在替你看行李啊，你真厉害！"

方敏愧疚不已，找到季羡林认错。季羡林笑着说："你有什么错，我这么做是应该的，你从农村来这里读书，布袋里装着全部家当，你能把它托付给我，就是对我最大的信任，我又怎能不认真对待呢？"方敏感动不已。

优衣库是世界三大休闲服品牌之一，其创始人柳井正先生曾数度成为日本首富。柳井正先生写过一本描述自己创业与成长经历的书，书名叫《一胜九败》，书中没有讲自己的智慧与辉煌历史，而是大谈自己十次挑战九次失败的"寒碜事"。与我国一些企业家的传奇故事书相比，简直就是自揭伤疤。但这本书却成为许多海内外企业家想认真研读的教科书，因为它真实而不张扬自己，是实实在在传递创业的教训。

当然，职场中也不乏这样的人，他们做人十分高调，一旦取得了一点成绩便念念不忘，四处宣扬，对别人的优势和贡献却视而不见，甚至有意贬损；在工作上则表现得趾高气扬，唯我独尊，常常与人争执不休，冲突不断。

下面的这则故事告诉我们为人高傲、藐视别人的代价有多大。

在美国一对老夫妇，女的穿着一套褪色的条纹棉布衣服，男的穿着布制的便宜西装，也没有事先约好，就直接去拜访哈佛大学校长。

校长秘书在片刻间就断定这两个乡下土老帽根本不可能与哈佛大学有业务来往。

先生轻声对秘书说："我们要见校长。"秘书很礼貌地说："他整天都很忙！"

女士回答说："没关系，我们可以等。"

过了几个钟头，秘书一直不理他们，希望他们知难而退，自己走开。他们却一直等在那里。

秘书很无奈，只好通知校长："也许他们跟您讲几句话就会走开。"

校长不耐烦地同意了。

校长很有尊严而且心不甘情不愿地面对这对夫妇。

女士告诉他："我们有一个儿子曾经在哈佛读过一年书，他很喜欢哈佛，他在哈佛的生活很快乐。但是去年，他出了意外而死亡。我丈夫和我想在校园里为他留一个纪念物。"

校长并没有被感动，反而觉得很可笑，粗声地说："夫人，我们不能为每一位曾读过哈佛大学而后死亡的人建立雕像。如果我们这样做，我们的校园看起来会像墓园一样。"

女士说:"不是,我们不是要竖立一座雕像,我们想要捐一栋大楼给哈佛。"

校长仔细地看了一下条纹棉布衣服及粗布便宜西装,然后吐一口气说:"你们知不知道建一栋大楼要花多少钱? 我们学校的建筑物超过 750 万美元。"

这位女士听后沉默不语。校长很高兴,总算可以把他们打发了。

没料到这位女士转向她丈夫说:"只要 750 万就可以建一座大楼?那我们为什么不建一座大学来纪念我们的儿子?"

就这样,这对姓斯坦福的夫妇离开了哈佛。到了加州,成立了斯坦福大学来纪念他们的儿子。这就是斯坦福大学的由来。

作为职场中人,千万记得保持低调。要知道,成绩只能说明过去,并不代表现在和未来。成绩也罢,经验也好,有时候会成为一个陷阱,过分依赖过去的成绩和经验,反而会失去探索和尝试的勇气。和没有经验的或尚未取得成绩的人相比,成绩和经验是你的武器,也会成为你发展的桎梏。因此,活在当下,保持谦虚,尊重职场中的每一个人,这样的低姿态才是长久发展之道。

三、不断向周围的人学习

无论身居何种显赫的职位,在团队中扮演何种重要的角色,都应该懂得从别人身上吸取长处来充实自己,尤其是应该向优秀的同仁看齐,学习他们的能力和品格。特别是当遇到技术难题或有不明白的地方时,要谦虚向同事请教,这一点对于新进入团队的员工来说更为重要。作为新人,许多工作事宜必须得到资深同仁的教导或指点。对此,应该抱着认真学习的态度,采取积极热情的行动。不仅如此,新员工本身的工作态度和工作表现,也会影响到资深同仁对他的印象,如果新进人员能够自爱,经常以积极、谦虚的态度来请教资深同仁,大家也会热心相助。新员工除了学习资深同仁的工作方法汲取他们的智慧和工作经验之外，还要学习如何与同仁和谐共事，以体会团体精神的精髓所在。

梅兰芳先生是著名京剧大师，他不仅在京剧艺术上有极深的造诣，而且还是丹青高手。他拜著名画家齐白石先生为师，虚心求教，总是执弟子之礼，经常为白石老人磨墨铺纸，丝毫不因为自己是名角而自傲。

梅兰芳不仅拜画家为师，他也拜普通人为师。他有一次在演出京剧《杀惜》时，在众多喝彩叫好声中，他听到有个老年观众说"不好"。梅兰芳来不及卸装更衣就用专车把这位老人接到家中。恭恭敬敬地对老人说："说我不好的人，是我的老师。先生说我不好，必有高见，定请赐教，学生决心亡羊补牢。"老人指出："阎惜姣上楼和下楼的台步，按梨园规定，应是上七下八，博士为何八上八下？"梅兰芳恍然大悟，连声称谢。以后梅兰芳经常请这位老先生观看他演戏，请老先生指正，称老先生"老师"。

这大概就是梅兰芳何以成为大师的原因。

四、赞扬优秀的人

人的优势和劣势各有不同，有些工作自己做得比别人好，有些则比别人差，这是不可抹杀的事实。可是有不少人对自己的优势沾沾自喜，对别人的长处却视而不见，更毋庸说赞扬别人的长处了。其实，他们不是不知道别人的长处，而是选择"看不见"或者"忽略不计"别人的长处，结果导致极度自恋，在工作中趾高气扬，对别人满不在乎，甚至与人争执不休，摩擦不断，这样的人在职场中是没有市场的，不可能得到同事和上司的好感与信任，也不会有很好的职业发展前景。一个人要想在职场交往中获得同事和上司的信赖与支持，就应该长一双善于发现别人优势、优点的眼睛,当别人做得比你好的时候,应该学会肯定和赞扬。不仅如此,赞扬的话还要具体,即指向具体成绩、具体成果或充分说明理由,如,"你拿了我们有史以来的第一个冠军啊!"而非泛泛而谈或仅用形容词,如,"你很棒!"

五、停止"比较心态"

所谓比较心态指的是你总是在和别人比,不仅工作要比,穿着要比,连娱乐休闲也要比,这使得你不愿意在别人面前承认自己的软弱,于是你就会变得不谦虚。但是,事实上你不可能事事都比别人强,你必须抛弃比较心态。当自己不自觉地和别人比,看到别人的优秀就不高兴的时候,要提醒和告诫自己,你没有必要也不可能事事都比别人强。

六、培养自己的好奇心

事实上,没有一个人能够无所不知,无所不能,如果你觉得自己什么都懂,你多半是一个自傲且无知的人。任何一个人,即使他在某一方面造诣很深,也不能够说他已经彻底精通,任何一个领域都是无穷无尽的海洋,都是无边无际的天空,倘若以为自己已经达到了最高境界,因而趾高气扬而停步不前的话,一定会被别人赶超。实际上,越是知识渊博、能力非凡的人越是谦虚,越是对未知充满敬畏,越有强烈的好奇心。

爱因斯坦是 20 世纪世界上最伟大的科学家之一。然而直至晚年,他还在不断地在学习、研究。

当有位年轻人问他:"您的学识已经如此渊博,何必还要孜孜不倦地学习呢?"爱因斯坦没有立即回答他这个问题,而是找来一支笔、一张纸,在纸上画上一个大圆和一个小圆,对那位年轻人说:"在目前情况下,在物理学这个领域里可能是我比你懂得略多一些,正如你所知的是这个小圆,我所知的是这个大圆。然而整个物理学知识是无边无际的。对于小圆,它的周长小,即与未知领域的接触面小,他感受到自己的未知少;而大圆与外界接触的这一周长,所以更感到自己未知的东西多,会更加努力地去探索。"

一席话,令人回味无穷。

在职场交往中,一个人若能明晓自己知之甚少,能力有限,并努力培养好奇心,便拥有了谦虚的美德。

第六章　以诚信为基石

诚信是一种具有普遍意义的伦理道德规范,它不仅是人们行为的基本规范,也是修身的基本途径和为人的基本品格。诚信不仅是做人之根本,也是做事之根本。在职场中,要实现人际交往的健康发展,维系人与人之间的友好关系,达成职场和谐与合作,最为重要的不是技巧,而是诚信。

第一节　诚信与诚信交往

一、诚信

诚信,从本质上说是一个道德范畴。"诚,信也,信,诚也"。[①] 进而言之,"诚",就是要真实,要实事求是,一就是一,二就是二,不扩大,不缩小。在中国传统伦理中,"诚"与"信"最初是两个分立的德目。诚首先是一种个人美德,古人云"修辞立其诚,所以居业也"[②],即是说君子要以诚立业。孟子曰:"诚者,天之道也;思诚者,人之道也。至诚而不

---

① 《说文解字》.
② 《周易·乾·文言》.

动者,未之有也,不诚,未有能动者也。"①意思是说诚是自然的规律,追求诚是做人的规律。极端真诚而不能使别人感动,这是未曾有过的;不真诚,是不能感动别人的。再后来,"正心、诚意"更是被视为儒家伦理的核心理念系统"八条目"中的两个关节和德目,可见诚之重要。"信",就是要说到做到,恪守信义。信亦是重要的儒家伦理规范,孔子曰:"民无信不立"②,并把信放在五德之列,称为"恭宽信敏惠"。孟子有言:"朋友有信"③,将"信"作为"五伦"之一。到了荀子和管子那里,"诚"与"信"则被当作一个社会伦理美德的整体,荀子坚信:"诚信生神,夸诞生惑。"④意思是说,诚实守信才有力量,虚假浮夸则会导致人心不定,社会混乱。管子更进一步把诚信看作是天下伦理秩序的基础。其曰:"先王贵诚信。诚信者,天下之结也。"⑤意思是说君王贵在诚信,诚信方能凝聚民心、团结天下。董仲舒则将诚信作为五常之一:仁义礼智信,可见诚信的重要。

就诚与信关系而言,诚是信的内容,信是诚的形式,即"诚于中而信于外"。"诚则信矣,信则诚矣"⑥,诚与信互为基础,人若能够待己以"诚",便能够待人以"信",就会信守承诺。此时,"信"是以"诚"为基础的,是"诚"的外化,即诚乃信之体,信乃诚之用;反之,"信"又生成和强化着"诚",当人们在社会交往需求的压力下,意识到应对他人讲信用的时候,他就会"诚心诚意"地对待自己的诺言,并立身于诚。这时,"信"又表现为"诚"的基础,是"诚"赖以生成的前提和赖以强化的

---

① 《孟子·离娄上》.
② 《论语·颜渊》.
③ 《孟子·滕文公上》.
④ 《荀子·不苟》.
⑤ 《管子·枢言》.
⑥ 程颢、程颐:《河南程氏遗书》(25卷),北京:中华书局1981.

动力。①

诚信的本义就是要诚实、诚恳、恪守信义(并不只是指信守口头或书面作出的承诺,还包括许多并未言明的隐含承诺),反过来说,就是反对隐瞒欺诈、反对弄虚作假。"诚信是一种可预期的责任承诺,和基于此一责任承诺所建立起来的人际和社会的信任或信赖。"②"诚信也是人的言行一致的真实本性。他要求人的言论与反映对象的统一,言与行的统一,以及前后言行之间的统一。"③表现在待人接物和为人处事上就是要真诚、可靠、讲究信誉,言必信、行必果。

在中国的传统文化中,诚信是中国人公认的价值标准和基本的立身处世之本,伦理大义。真诚不伪,诚信不欺,真实不妄,精诚不懈,是一切道德原则和道德行为的根本。没有诚信便无以立足于世。我国古代有"人无信而不立"之说。孔子更是把"诚信"看作是人与人之间交往的根本之道:"人而无信,不知其可也。大车无輗,小车无軏,其何以行之哉?"④意思是说,人要是失去了信用或不讲信用,不知道他还可以做什么,(就像)大车小车上没有车轴,它靠什么行走呢? 又曰:"言忠信,行笃敬,虽蛮貊之邦行矣;言不忠信,行不笃敬,虽州里行乎哉?"⑤意思是说,说话做事诚实守信,就可以行万里而无困难;说话做事不诚信守诺,就会寸步难行。

在其他文化传统中,也都是将诚信与真诚、信任直接联系起来,甚至相互同质。如在当代义务论著名代表罗尔斯所列的六种"显见义务"中,诚信被作为"第一要务",要求人们无条件加以遵守。倘若一个

---

① 参见张康之:"诚信生活中的公务员行为选择",《河北学刊》2006.01.

② 万俊人:"论诚信——社会转型期的社会伦理建设研究之一",《苏州大学学报》2012.02.

③ 蒋璟萍:"诚信的道德本质",《光明日报》2004.09.21.

④ 《论语·为政》.

⑤ 杨伯峻:《论语释注·卫灵公篇》,北京:中华书局1980.

人言而无信,承诺而不实现,就会被视为缺乏责任、不堪交往和合作之人。

由此可见,诚信是人之为人的基本品质。内心真诚,言而有信,是做人的基本品质。人也只有讲诚信、拥有诚信的德性和按照诚信的原则做事,才是完整意义上的人。不仅如此,一个人要想立足于世,必须拥有诚信的品质,如此才能得到他人和社会的认可,才能体现自己存在的价值。否则,就会因失信而无法立足,进而失去他作为社会人的意义。

二、诚信交往

诚信交往就是与人诚实交往,相互信赖,恪守信用,践约无欺。诚信交往的本质是求真。"真"即获得真理、达到真理的一种境界。人类把求"真"、守"真"作为自己的实践活动的基本原则,体现在人际交往中,就是追求真的境界,即要求人与人之间的一切联系活动遵循实事求是、互不相欺的原则。人与人的交往只有讲诚守信,才能接近事物发展的真理,把握真理和运用真理为组织及其每个人的生存和发展服务。

诚信交往是亘古以来人际交往的公认美德。我国传统人伦美德十分注重人际往来的真诚自然。古人云:"夫以利合者,迫穷祸患害相弃也,以天属者,迫穷祸患害相收也……君子之交淡若水,小人之交甘若醴,君子淡以亲,小人甘以绝。"[1]中国人向来强调人和人的关系应出自真诚真心,把诚信当作人际交往中的重要原则,认为只有建立在诚信基础上的关系才会稳固长久。

从实践层面上来看,诚信交往就是平等地对待所有的人,诚信地

---

① 《庄子·山木》.

对待所有的人；就是说到做到，信守承诺，履行约定；就是不欺骗、不使诈和不冒犯；就是以诚立身，正派做人，诚实做事。

人际交往中，什么人最可靠，最值得信任，是讲诚信的人。英国作家塞缪尔·约翰逊说过，没有诚实就谈不上信任。交往对象对你的信任，首先来自你的诚实，你的可信赖。一个人惟有诚实可信才会赢得交往对象的信任、支持和合作，而这种信任会使对方在关键时候听取你的建议和意见。如果一个人在与他人的交往中口是心非，当面一套，背后一套，甚至欺骗、欺诈和背信弃义，那么就算他能力高强、待人殷勤，仍然无法有效获得别人的信任与合作，因为诚实品行的缺乏会让其所有努力都打上折扣。

第二节　诚信是职场交往的底线伦理

对于职场人士而言，人与人之间乃至单位与单位之间互动、互助、互惠关系的确立必须以诚信为前提，彼此诚信才能达成相互依赖，相互理解、相互接纳，进而有效合作；无诚信则必然导致相互猜疑与防范，最后陷入尔虞我诈的泥潭之中，健康良好的人际关系便无从谈起，更毋庸说有效合作了。

一、诚信是职场交往的基本要求

诚信作为一种社会价值观和道德观，作为一项普遍适用的道德规范和行为准则，既是从职者应有的职业道德，也是对从职者进行职场交往的基本要求。在职场中，绝大多数职业活动都具有相对的确定性和恒定性。由此产生的人的交往也是持续和重复发生的，而在一切持续的、重复发生的交往活动中，诚信是做人的资本。人是以诚信取信于交往对象的，也只有诚信可以使他从交往对象那里获得稳定的回报。可以这样说,只有当人拥有了诚信这一德性的时候,才拥有与他人交往的充分资格。

　　诚信作为一种道德行为准则,是职场交往过程中人与人之间乃至组织与组织之间互信、互利的良性互动关系的道德杠杆。把诚信原则规定为工作交往的基本道德准则,就形成了调节工作关系的道德规范。

　　诚信的要求对于职场人士来说,不仅意味着热爱自己本职工作,在工作中认真负责,还要求其与同事互相信任,诚意合作,以真诚的态度对消费者负责、对社会负责。如果一个人在职场交往中能够坚持诚实守信,就会取信于职场,这样的人无论在什么情况下,人们都愿意相信你,都愿意与你交往与合作,进而加深沟通和融洽的程度,促进更为深厚关系的产生;相反,如果一个人在职场交往中言而无信,满嘴跑火车,谁又敢相信他? 一个人承诺而不兑现,谁又敢把他的话当真、把重要的工作交给他干? 一个人肩负责任而不努力完成,哪个领导会器重他? 一个人对客户缺乏诚信和信用,谁还愿意与他合作……总之,谁在职场中缺少了诚信,谁就会在职场中被抛弃。这样的人不要说得到大家的信任,就连最起码的尊重也得不到,更不要说与他人建立良好而持久的职场关系了。可以这样说,"没有至少一定程度的诚信,个人就站立不起来。说出话来没人信你,连你自己也会感到怀疑、感到绝望。你自己成了前后不一、言行不符的断片。而不是一个完整的人,更不要说谎言和不守诺将对社会带来的危害以及他在道德上属于恶这样一种基本性质了"。①

　　在充满竞争的职场,一个人的真才实学、实力水平固然是重要的竞争筹码,然而,要真正实现自己的社会价值,仅仅靠实力是不够的,

---

　　① 何怀宏:《良心论——传统良知的社会转化》,上海:上海三联书店 1998.38.

还必须具有诚实守信的价值观和情操。著名伦理学家万俊人说过："人格的真诚和人际交往的诚信不仅直接决定了一个人的人格尊严的高低，而且也从根本上决定了一个人在社会中可能的发展潜力和限度。言而无信或行而失信的人必不堪被用，最终使自己归于无能无用。社会交往和友谊是一个人获得成功、养成美德的人际资源，人若无信或失信，则不可能有朋友和友谊，也不可能有正常的社会交际，因此也就谈不上人生的事业成就。俗话'失信于人、断绝己路'说的正是这个道理。"①职场就是一个小社会，在这个小社会中，没有诚实就无法获得信任，不讲诚信就得不到支持与合作。言而无信或行而失信的人必不堪被用，最终使自己归于无能无用。

二、诚信是经济交往的充分必要条件

诚信是调节职场经济利益关系的一种行为规范。"诚实信用"既是市场经济中重要的经济伦理原则，也是调节职场经济利益关系的一种行为规范。表现在工作交往中，言必行，行必果。能帮则帮，不轻易许诺。言而有信，做人先取信，做事先做人。表现在经济交往中，"诚实"，就是诚心待客，货真价实；"信用"，就是恪守信义，履行合同。诚实守信是一种无形资产，"诚招天下客，誉从信中来"。经济交往中坚持诚信，不仅会缩短交往对象之间的心理距离，形成相互忠诚，而且有益于树立市场信誉，赢得市场。

诚信是职场经济交往的必要前提。从历史来看，诚信是交往的产物，没有交往就不需要诚信。从现实来看，诚信不仅是市场经济条件下职场经济交往的需要，而且是其必要前提，也就是说，职场经济交往必须以诚实守信为前提。因为对于各交往主体来说，他们都有某种利

① 万俊人："论诚信——社会转型期的社会伦理建设研究之一"，《苏州大学学报》2012.02.

益诉求,为了实现各自利益,他们需要借助契约的形式来明确和规范交往各方的权利和义务,并以信守承诺为前提。离开诚信精神和诚信原则对人们的交往行为的规范与约束,交往各方的权利与义务就无法得到保障,人们之间正常的经济交往关系也就无法形成,更毋庸说实现各方的利益了。

世界拉链大王吉田忠雄在创业初期曾经做过一家小电器商行的推销员。开始的时候很不顺利,很长时间业务并没有什么起色,转机的出现源于一件小事。有一次,他推销出去一种剃须刀,半个月内同二十几位顾客做成了生意,但是后来发现,他推销的剃须刀比别家店里的同类型产品价格高,对此他深感不安。为此他决定向这二十家客户说明情况,并主动要求向各家客户退还价款上的差额。他的这种以诚待人的做法深深打动了客户,他们不但没收价款差额,反而进一步向吉田忠雄订货,并在原有的基础上增添了许多新品种。这使吉田忠雄的业务数额急剧上升,由此得到了公司的奖励。之后,他秉持诚信交易的信条对待每一个客户,逐渐建立了自己客户群,为自己日后创办公司打下坚实的基础。

三、诚信是职场合作的前提

诚信是职场合作的前提。诚信不仅是一种高尚的品质和情操,更是职场合作互动机制的基础。对于在职场打拼的每一个人来说,诚信不仅是建立良好关系的基础,更是赢得信任、支持与合作的前提。

2000年,中国刚刚创立的一家网络公司迎来了一个非常难得的大客户。经理亲自接待这个重量级的客户。对方拿出考究的策划书,问那位刚刚创业的经理:"请问做这个项目在贵公司需要多长时间?"

经理回答道:"六个月。"

客户脸上露出了为难的表情,继而问道:"四个月行吗?我们给你提高 50％的报酬。"

经理不假思索地摇头拒绝:"对不起,我们做不到。"

按照公司当时的技术水平,四个月确实难以圆满完成这一项目,所以尽管利益诱人,这位经理还是决定忍痛舍弃这一项目。

没想到,客户听了却开怀大笑,并且马上在合同书上签了字。他对经理说:"对您诚实地拒绝,我们感到非常满意,这表明您是一个诚实稳重的人,我们相信,在您的领导下,产品的质量一定是有保障的。"

两年后,这家小网络公司的经理一跃成为"中国十大创业新锐",一年后又荣膺首届"IT 十大风云人物"称号,他就是李彦宏。而他的公司在以后短短的三年里,也从一个小网络公司成为全球最大的中文搜索引擎公司,这家公司就是大名鼎鼎的百度。

第三节　职场交往中的诚实守信

一、诚实正直

诚信与诚实、正直直接关联。中国传统文化要求人对己以诚实正直立身,对他人以诚实正直处世。把诚实正直作为做人的基础。在职场的交往中,诚实正直的人之所以受到人们的青睐,是因为人们认为诚实正直的人更为可靠,让他们有安全感。一个人正直正派、敢于做自己、不虚伪、不使诈,这才是工作环境中令人愉悦的伙伴。人格魅力的基本点是诚实正直。如果你是一个诚实正直的人,人们就会理解你,相信你。当然,有人可能会说,正直有时会挫伤别人的信心,让人没有面子,甚至下不来台。但是,日久见人心,只要你坚持开诚布公,以诚待人,终将会获得人们的尊重和信任。与诚实正直相对,不诚实正直之人之所以受到人们的排斥,是因为谁也不愿与一个不诚实的人共事。比如,对那些不诚实的员工,老板也许因一时之需不得不依仗他的才能,可是一旦失去利用价值,纵然他才华横溢,也会逐他出门。因为不诚实的人始终是一个潜在的危险,老板岂敢长期重用。

关于诚实,美国心理学家安德森曾专门做过研究,他们列出555个描述人的品质的词汇,然后让大学生说出他们喜欢哪些品质,并说明喜欢的程度。结果发现,评价最高的是诚实,评价最低的是虚伪。我国社会心理学家也做了一些关于个性品质同人际吸引关系的研究。结果发现中国学生在选择朋友时,首先考虑的是品德的好坏,诚实与否;其次才是在不同情况下的不同要求,比如成立学习小组时,希望能和水平高、能力强的人在一起等等;选择朋友时,希望能和诚实、热情的人交往。

1998年10月,香港廉政公署执行处面向本处所有工作人员公开选拔一名调查主任,经过严格的资格审查和民主推荐,最后有40多人进入笔试,43岁的蔡双雄也位列其中。蔡双雄25岁进入廉政公署工作,在近20年的时间里承办过多起大案要案,具有相当高的专业水平。

笔试进行得很顺利,考题大多是专业性的,这对于蔡双雄来说可谓得心应手。可是,最后一道分值高达20分的大题却把蔡双雄难住了。该题的题目是这样的:请简述唐太宗李世民为了保护环境采取了哪些措施,并详细论述其合理性。蔡双雄知识面宽泛,且很崇拜李世民,平时也读过不少关于李世民施政与谋略的书籍,但就是不知道李世民在环保方面有何施政措施。

交卷的时间快到了,因为实在想不出来答案,蔡双雄在试卷上写了这样一句话:我实在想不起李世民在环保方面曾有过什么举措,对不起,这道题我不会答。一道20分的题没有答出来,过关是肯定没有什么希望了,蔡双雄暗自分析。

两个星期后,考试成绩出来了,令人意外的是,最后一道题,蔡双雄居然得了满分,而且是全部考生中唯一的满分。因为笔试成绩远远高出竞争者,蔡双雄成为进入面试环节的唯一人选。

选拔委员会是这样解释的:唐太宗时,还没有环境保护这种说法。纵观唐太宗李世民的一生,没有为保护环境采取过任何措施。这道题根本就没有答案,或者说,最标准的答案就是"不知道"。

其实,这道题是从联合国教科文组织的试题库中抽出来的。目的就是测试应试者的诚信度。"知之为知之,不知为不知。"这才是做人应有的态度。遗憾的是,竟然有那么多的应试者妙笔生花地列出了李世民的多项环保措施,并洋洋洒洒用了数百字论述其科学性与合理性。

面试进行得很顺利,蔡双雄很快就走马上任了。

表面上看蔡双雄很幸运,其实幸运源自他的德性和德行! 源于他做人做事的诚实不欺态度。选人德为先,真诚不欺这一品性之于廉政公署高级官员这样的岗位来说可谓第一要求。

那么,一个人在职场交往过程中怎样的表现才称得上诚实正直呢?

首先,知之为知之,不知为不知,对自己不懂的事情坦白地说不知道,而不是不懂装懂。

其次,背后不论人短。表现诚实正直品格的最好方法就是避免背后说长道短。对不在场的人依然保持尊重之心,是诚恳正直的表现,在场的人也会尊重你。当你维护不在场的人的时候,在场的人也会对你报以信任。反之,背后揭短和攻击别人的人,只会引起别人的戒备而不能赢得别人的信任。

第三,不掩饰自己的缺点或不足,对于自己在工作上的某些不足,坦率地加以承认,并表达自己发乎至诚的歉意或以对方期待以上的态度道歉,然后以实际行动改过。要知道,出于敷衍和发自内心的道歉是不同的,后者需要强大的人格力量,只有那些诚心诚意的人才能得到谅解,修复遭到破坏的人际关系。

第四,不矫饰、不欺骗,做到表里如一。一就是一,二就是二,事情做得不到位甚至失败要坦率承认。失败是一回事,而掩盖真相和欺骗就是另一回事了。做得不好或失败是可以原谅的,因为这一后果通常是由智力或判断能力不足导致的,但是矫饰、欺骗则是绝对不能原谅的。

二、真诚不欺

只有真诚不欺才能帮助建立信任,职场交往也不例外,尽管做到这一点不容易,但却非常重要!当彼此真诚不欺时,相互之间就会产生比较高的信任度,工作也会很愉快。相反的,彼此猜忌、防范、围堵、监督,不但降低工作效率,工作也会被动而不愉快。

战国时期,秦国积贫积弱,内忧外患,土地沦丧,百姓苦不堪言。公元前 361 年,秦孝公继位后,命上大夫甘龙起草了《求贤令》,招纳天下士子入秦,会朝时,甘龙当众宣读了《求贤令》。秦孝公听后,认为毫无诚意。于是亲自起草,全文如下:"秦自穆公称霸,国势有成,大业有望,然其后诸君不贤,历公、躁公、简公、出子,四世昏政,内乱频出,外患交破,河西尽失,涵关易手,秦始由大国而癖处一隅,其后献公继位欲图振兴,连年苦战,饮恨身亡。当此之时,国弱民穷,列国卑秦,不与会盟,且欲分秦灭秦而后快,国耻族恨,莫大于此,本公继位,常思国耻,悲痛于心,今瀛渠梁明告天下,但有能处长策、奇计,而使秦国恢复穆公霸业者,居高官、领国政,与本公共治秦国,分享秦国。"

短短两百字的求贤令句句发自肺腑,坦诚承认贫穷落后,可谓至诚至信,抒发宏图大愿,可谓志存高远,如此真诚之至的帝王,果然引得天下士子纷纷入秦。从此,秦国开启了划时代的变法,最后一统天下。

三、信守承诺

诚信包括诚实,不欺骗和不使诈,但又远不止于此,它还包括说到做到,信守承诺,履行约定,不仅忠实于自己,也要忠实于工作。

信守承诺,是一切美德的基石,为人处世的基本原则。什么人最可靠,最值得交往,是信守承诺的人。在职场中,人们习惯于将希望建立在承诺的基础上,特别是那些与他们的工作和利益息息相关的承诺。倘若一个人信守承诺,且很好地履行承诺,就会被视为可靠之人,而可靠之人意味着靠得住,靠得住自然受欢迎,进而为持续交往奠定良好基础。

反之,倘若一个人言而无信,承诺而不履行,人们就会觉得你心口不一,就会视你为缺乏责任的不可靠之人,而不可靠意味着靠不住,不堪信任,没有了信任的基础自然难以继续交往与合作。特别是多次承诺都未得履行的情况下,那么承诺就会转化成欺诈,而欺诈对于人际关系的破坏是难以想象的。所以安东尼·罗宾说:"守信是一大笔收入,背信则是庞大开支,代价往往超出其它任何过失。一次严重的失信使人信誉扫地,再难建立起良好的人际关系。"[1]

某单位新来了一个年轻人,报到时,大家开玩笑说:"新人报到,请客吃饭"。这个实诚的孩子,马上着手张罗。事后,大家告诉他这不过是个玩笑。但是这个年轻人却博得了大家的好感,每当他需要帮助时,大家都很热心,他实实在在得到了诚实的好处。

有人问李嘉诚成功的要诀是什么,李嘉诚回答:让你的敌人都相信你。要做到这一点,第一是诚信。我答应的事,明知吃亏都会去做,这样一来,人家会说,在商业交往上,李嘉诚答应的事,比签合同还有

---

① 安东尼·罗宾:《潜能成功学》,北京:经济日报出版社 1997.449.

用。李嘉诚有一个对手，人家问他，李嘉诚可靠吗？他说："李嘉诚讲过的话，就算对自己不利，他还是会遵守诺言去做。"让敌人都相信你，你就成功了。

李嘉诚举了一个例子。有一次，我们将和一家拥有大量土地的公司进行合作，他们公司有个董事跟其他的同业是好朋友，有利益关系，就问为什么和长江公司合作，不考虑其他公司。他们的董事长回答："跟李嘉诚合作，合约签好以后你就高枕无忧了，麻烦就没有了；跟其他人合作，合约签好后，麻烦才开始。"

这次合作，长江集团赚了很多钱，对方也赚了很多钱。

这个故事告诉人们，在当今这个崇尚诚信的职场，如果你想成功，你就必须信守承诺。

对于职场人士来说，如何在工作交往中信守承诺呢？

作为领导，在工作上应当谨言慎行，轻承诺，重实现，不能失信于下属，否则很难建立起相互信任以及和谐上下级关系。当然，作为下属也不可失信于领导，一两次没有达成目标也许领导能谅解你，但总是如此就会让领导失望，认为不值得信任，不堪大用，上下级也难以和谐相处。

作为工作中的合作伙伴，在与同事的交往中要坚持互信。在职场中，需要天天面对同事，因此同事间的互信非常重要。在工作上，一定要说到做到，信守承诺，即使是玩笑间的约定，也不可忽略，不可失信，否则给同事留下的坏印象是难以消除的，很容易造成同事关系的疏离。

作为营销人员，与客户交往须奉行诚信为上的原则。客户是组织的外部公众对象，较之于内部公众对象——领导和同事等，客户对诚信的要求更高，哪怕是一次失信都可能造成合作的终止，关系的难以维系。因此，对于交货时间、交货地点、价格浮动、合约履行等，都要严格按照约定，一一做好，不仅要让承诺实现，甚至要超越客户期望地实现。

第七章　秉持合作精神

随着职场竞争的日趋激烈,独行侠的时代早已过去,团队合作精神越来越被组织和个人所重视,团队合作成为组织文化价值之一。因为在当今这个知识和技术密集的时代,一个人的能力和技术都是有限的,其智慧必须经过各成员之间的合作来体现,其能力也必须通过团队的合作来展示。组织中的成员能力有大有小,而只有大小能力相互弥补、配合,才能形成一股强大的合力,无往而不胜。

第一节　论合作

一、合作

合作,按照《新华汉语词典》的解释,是指"二人或多人共同完成某一任务"。而《现代汉语词典》则解释为"互相配合做某事或共同完成某项任务"。合作是人类的基本存在方式之一。"在很大程度上,人的个性以及人与人之间的差异,恰恰是合作的前提。"[①]社会本身是一个合作体系,而人们在性别、年龄、知识、体力、特长等方面的差异以及任

---

① 张康之:"论合作",《南京大学学报》2007.05.

何人都无法靠自己个人的力量求得生存条件这一事实也决定了每个人都必须置身于这个合作体系之内,以彼此的差异相互补充,彼此获益。

合作作为一种科学的交往,它能让每个人的动力、清晰性和吸引力都达到巅峰状态,在合作中,个人间的见解与想象力可以相互激发,彼此间可以分工协作为了共同的目标而尽力。[①]

合作是人的一种特性,是人际交往的一种形式。"人际交往的目的是为了满足自己的需要,满足需要的过程就是一种创造价值的过程,而创造价值的过程又是一个合作过程。人在这一过程中不能孤军奋战,必须认识到要与他人相互依靠、密切合作。当人在与他人合作时,人就是在道德上认同、接纳他人,与他人形成了一个道德共同体,成为'道德同乡人'。所以,合作具有整合人际关系、创造道德价值的伦理意义,是人际伦理的重要内容。"[②]

合作在心理上有三种意义,"第一是相互帮助。即参与合作的所有成员的行为是可以相互替代的。如果一个成员已经从事达到目标的某种行为,其他成员就不必重复这一行为;如果一个成员无法完成某种行为,从而阻碍其特定目标的实现时,则其他成员可以替代完成,表现为互相帮助。第二是相互鼓励。成员彼此为完成任务而激发出肯定的情绪。若成员的行为能促进本团队更加接近目标时,则成员的行为能为其他参加者所接纳,并受到他们的喜欢和鼓励。第三是相互支持。互信产生相互支持的功能,这种情形下团队成员会激发出一种平时没有的能量,在面对各种困境的时候也能以更大的信心投入到团

---

① 张康之:"有关信任话题的几点新思考",《学术研究》2006.01.
② 龚天平、何为芳:"生态文明的伦理意蕴——一种形式伦理探讨",《湖北大学学报》2012.04.

队努力中去"。①

中国历代思想家都非常重视弘扬"重整体"合作的人学思想,人和是仁学思想的发展,"和"为贵是中国文化的实质,它要求在社会交往中,必须实现"仁",依照"和",在传播自己和确立自己时,一定得照顾别人,尊重别人,然后才能得到对方的接受、认同和理解。孔子的礼之用,和为贵的思想就是对此最深刻的揭示。孟子强调:天时不如地利,地利不如人和。荀子认为:一书中指出,"人,力不如牛,走不如马,而牛马为之用,何也?曰,人能群,彼不能群也。"②儒家"中庸"的原则即"和而不流","中立而不倚",即善于与人协调,又决不无原则地迁就别人;调和于"两端"之间,不偏不倚,成为一种内坚与外柔完美地糅合于一体的"强"。这些都指出了合作精神的要义。

二、竞争与合作

有人说,市场经济就是竞争经济,唯竞争才能求得生存发展,因而奉行"丛林哲学"的价值观(弱肉强食,优胜劣汰),为了达到目的,可以不择手段。对于身处激烈职场竞争的人们来说,竞争确实会使自己更加积极努力,进而争取更好的发展。但是竞争是以共同提高为原则的,竞争不排斥合作,良好的合作是为了更好的竞争,更快的发展。今天,越来越多的人们发现他们需要相互依赖,而不是单枪匹马,自己的需要和目标都需要通过和其他人合作才能实现。"因为竞争与合作的不同在于竞争是在利益总量不变的前提下而对利益进行分配的方式,一种不同于自上而下的层级分配体系运作的分配方式。而合作所考虑的不是如何更好地分配既有的利益,而是致力于提高利益的增量。

---

① 参见白羽:《改变心力——团体心理训练与潜能激发》,北京:浙江文艺出版社2006.147—148.

② 《淮南子》.

虽然竞争在实现了既有利益和理性分配的同时也证明自己是促进利益增量的有效途径,但是,合作机制的运行更加直接地把利益增量作为目标指向。在这一点上,已经完全超越了竞争机制的价值。"①

应该承认,职场中利益交织,竞争是必然的,但是面对竞争,必须要有适时合作的意识。因为在组织内部,合作是第一位的,竞争的目的是为了更好地合作。如果大家能够彼此信任,适时合作,把时间精力放在共同开辟外部利益上,就会获得更大的收获(利益肯定比内部争斗大得多)。有时,竞争对手甚至敌人是我们最好的老师。你向 A 学习管理经验;向 B 学习品牌销售;向 C 学习产品研发……要和他们竞争,就要和他们很好地相处,要与他们合作,进而成为他们,就好像战胜世界冠军的唯一良策,就是取代他获得金牌。如果不明晓这一道理,以不合作作为交往的出发点,一味竞争,甚至恶性竞争,就很容易造成人际关系的不和谐,产生不信任感,甚至互相攻击,互相出卖。在这样的情况下,即使你打败了竞争对手,对你来说也是一个悲惨的胜利。

"一朵鲜花开不出美丽的春天。"孤单的竞争是无力的,竞争呼唤合作。联合国国际 21 世纪教育委员会将"学会合作"作为教育的四大支柱之一来指导人才的培养问题,可见合作的重要性。

第二节　合作即求善

一、合作是求善的理性选择

合作,本质上就是求善,是求善的理性选择。对于每一个职场人

---

① 张康之:"论作为合作的'真正交往'",《宁波党校学报》2007.06.

士来说,合作是一种积极乐观的职业态度,它以团体利益为重,在合作中协调与他人的利益关系。它能创造一种和谐和信任的感觉,彼此的见解与想象力可以相互激发,工作上相互依赖、相互支持,从共同的利益出发,为了一个共同的目标去完成工作,获得彼此的工作成果。在深入的工作接洽中,进一步建立和谐的职场人际关系,共同推动工作进展。

与人合作在任何时候都是一种美德,都是社会和组织之必须。被誉为"中国航天之父""中国导弹之父""中国自动化控制之父"和"火箭之王"的钱学森在谈到他的成就时曾这样说:"那些众人认为的'举世瞩目的成就'绝不是单个人所能取得的,他所干的不过是千分之一,万分之一而已。原子弹、氢弹、导弹、卫星的研究、设计、制造和实验,是几千名科学技术专家通力合作的结果,不是哪一个科学家独立创造出来的产物。"

2006 年,百事公司 CEO 卸任后,时任首席财务官因德拉·努伊与几位候选人竞争 CEO 职位。当时呼声最高的是副董事长迈克尔·怀特,因为他资历最深,和努伊一样,也当过百事公司的首席财务官。但努伊凭着出色的表现最终胜出,成为公司历史上首位女掌门。

怀特落选后,无心留在公司,就去科德角度假。努伊顾不上庆祝自己的荣升,匆忙坐飞机赶去找怀特。二人见面后,沿着海滩漫步,闲聊了好久。回到怀特的别墅后,努伊看到房间里有架钢琴,便提出想唱歌,请怀特伴奏。

一曲唱罢,努伊真诚地对怀特说:"你看我们是不是配合得很默契吗?留下来好吗,你提任何条件,我都会考虑。"怀特迟疑了一下说:"让我考虑考虑吧。"

努伊没有放弃。接着,她让公司已经卸任的 CEO 去做说客,但怀特还是没有松口。随后,她给怀特涨了薪水,享受和自己同样的待遇。

努伊还在公司会议上说:"怀特是公司最出色的经营人才,也是我最亲密的伙伴,有他的帮助,我才能干得更出色。"怀特终于被感动了,决定留下来。他对努伊说:"以后我弹琴,你唱歌,我们就这样一直合作下去。"

在努伊看来,能成为对手的人,必然有他的过人之处。与其把他推到对立面,不如和他合作共赢未来。

二、合作就是能力

国际 21 世纪教育委员会在呈给联合国科教文组织报告中说:"由于竞争成为日常生活中各个领域中一种无处不在的现象,团结互助就显得尤为重要了。"诚然,竞争会使个人更加积极努力,进而争取更好的发展。但是合作有利于共同发展,竞争的目的是为了更好的合作。今天,人们越来越清楚地意识到了"零和博弈"现象的本质,合作近乎工作的必然选择。性格不同,需要合作,利益不均,需要合作,能力不同,需要合作,有时甚至目标不同,都需要合作。人各有所长,各有所需,合作即取长补短,各取所需。

美国哈佛大学的学者曾经做过一个实验:把六只猴子关在三间空房子里,每个房间两只,每个房间分别放着一定数量的食物,但放的高度不尽相同。第一个房间的食物直接放在地上,第二个房间的食物分别从易到难悬挂在不同高度的适当位置,第三个房间的食物则悬挂在屋顶。数日后,研究人员发现:第一个房间的猴子一死一伤,伤的缺了一只耳朵、断了腿,奄奄一息。第三个房间的猴子全死了。只有第二个房间的猴子活的好好的。究其原因,第一个房间的两只猴子一进房间就看到了地面的食物,于是,为了争夺食物而大动干戈,结果伤的伤,死的死。第三个房间里的猴子虽然尽力了,但因食物太高,难度过大,它们够不着,结果活活饿死了。只有第二个房间里的两只猴子,它们先凭着自己的本事蹦跳取食,随着食物悬挂高度的增加,它们获取食物的难度增加,两只猴子发现,只有合作才能取得食物。于是,一只猴子托起另一只猴子取食。如此一来,它们每天都能取到食物,因而很好地活了下来。这个猴子取食的试验,在一定程度上说明了合作的重要性。

去过寺庙的人都知道,一进庙门,首先看到的是弥勒佛,而在他的北面,则是黑口黑脸的韦陀。相传在很久以前,弥勒佛与韦陀并不在同一个寺庙,而是分别掌管不同的寺庙。在弥勒佛掌管的寺庙里,因为弥勒佛笑口常开,热情快乐,所以来的人非常多,但他什么都不在乎,丢三落四,寺庙的账务一团糟,导致入不敷出。而韦陀恰恰是管账的一把好手,但韦陀太过严肃,成天阴着个脸,搞得人越来越少,最后香火断绝。佛祖在查香火的时候发现了这个问题,就将他们俩放在同一个庙里,由弥勒佛负责公关,笑迎八方客,而让铁面无私、锱铢必较的韦陀负责财务,严格把关。在两人的分工合作中,寺庙香火大旺,一派欣欣向荣景象。

现实中的无数事实也表明,个体永远存在缺陷,团队才能创造完美。团结就是力量,合作就是能力。在任何一个组织中,个人强并不代表组织强,个人优秀并不代表组织优秀,如果只是个人优秀,但各自朝向交错的目标"努力",劲没往一处使,许多人的力量就会被抵消、浪费,整体运作只能呈现分散的功能,造成混乱,如此不要说组织做大做强,连起码的生存都会有危机。易言之,如果职场中的每一个人都只考虑自己的利益,只想着自己的发展,而不顾及整个团队的利益和团队整体发展,那么这个团队就一定会成为一盘散沙。而团队没有发展,个人的发展自然也就无从谈起。反之,如果组织的每个成员都有团队合作精神,彼此之间能够取长补短,整体搭配,就能最大限度发挥合力,就具备了实现共同目标的能力。

沈善炯院士是我国著名的生物学家,早年就读于加州理工学院。有一次接受媒体采访时他回忆说:加州理工教会我怎么做科学。在那里,竞争与合作是紧密联系在一起的,大家都在为真理而奋斗。我举个例子,众所周知的德尔布吕克在当时是反对比德尔"一个基因一个酶"学说的,可比德尔接替摩尔根担任加州理工学院生物系主任后,马上把他请了过来。比德尔还接纳了许多别的思想活跃的学者到他的实验室来工作,他们大致分为三类,分别对比德尔的学说持支持、怀疑、反对态度。三种人在一起合作、辩论、竞争,其结果是丰富、改进了他的学说,产生了"一个基因一个多肽"。

科学史上还有一个与之相反的经典故事。上世纪 50 年代,两个机构都在进行 DNA 结构的研究,一个是剑桥大学卡文迪实验室的沃森和克里克,另一个是加州理工的鲍林。沃森和克里克两人合作,发现了 DNA 结构,这一研究成果被称为 20 世纪一个最伟大的发现,两人同时荣获诺贝尔奖。鲍林教授是著名的化学家和晶体学家,曾两次荣获诺贝尔奖,他在专业知识和对问题的理解上,比沃森和克里克更高明,但因为 DNA 双螺旋关键的衍生实验数据是由伦敦另外一个科学家弗兰克林研究的(没有跟别人合作),因此错失了 DNA 结构这个 20 世纪最伟大的发现。

第 16 届世界杯足球赛决赛在东道主法国队和上界冠军巴西队之间展开。按球王贝利的说法"法国队著名的球星只有齐达内一个,而巴西队人人都称得上是球星。"然而,比赛结果却大大出乎赛前预料,巴西队以 0:3 的悬殊比分惨败给法国队。原因何在?原来法国队非常重视整体的攻防配合,而巴西队只凭借球星个人的技术作战。结果,巴西球星单枪匹马轮番冲击,在法国队的整体攻防前毫无优势可言。

从一定意义上说,合作就是能力。2004 年,《华尔街日报》和哈里斯互动公司进行了一项联合调查,结果显示,美国公司在招聘企业管理的毕业生时,最重视的特质是团队合作的能力和处理人际关系的能力。其实,注重合作能力的岂止是美国公司,我国公司亦越来越重视管理者的合作能力。

某著名企业招聘一名高管,复试前,该企业组织了爬山等活动。

活动归来,考题是《谈谈对其他人的印象》。剑拔弩张的气氛立刻呈现出来,应试者顿时醒悟,真正的角逐已经开始。若要成功,办法只有一个,彰显自身优势,暗示他人弱点。于是,前面的几个人答案如出一辙。考官面无表情。终于,出现了与众不同的答案。这个应聘者说,爬山时他发现李有组织能力,而王任劳任怨,主动帮助大家拿东西,他还说,智力比拼时发现赵反应敏锐,张思维缜密。

考官问道:"那你的优点呢?"他略微羞涩地笑了:"我的长处是看见了他们的优点,而且我和他们相处得很好。"考官笑了,又问:"那你是否清楚你们是在竞争同一个职位?""当然清楚。"他答道。

"你认可了别人,难道不担心自己吗?"

他迟疑了一下,坚定地说:"我当然希望自己应聘成功,但是我看到别人的优点也是事实,我必须面对这个事实。"

考官如释重负,终于找到了一个他们想要的人选——合作、相融、诚实、大度。

第三节　合作精神及其养成

一、合作精神

所谓合作精神,简而言之就是大局意识、协作精神和服务精神。合作精神的基础是尊重个人的兴趣和特长,核心是协同合作,最高境界是全体成员的向心力、凝聚力。合作精神并非要求个人牺牲自我，相反，挥洒个性、表现特长才能保证共同完成任务，达成目标。

马克思说过："既然人天生就是社会的生物，那他就只有在社会中才能发展自己的真正的天性，而对于他的天性的力量的判断，也不应当以单个个人的力量为准绳，而应当以整个社会的力量为准绳"。① 明乎于此，以合作作为职场人际关系的出发点就成为明智之举。但是，无论何种形式的合作，其执行者都是人，人只有具备了合作意识，并通过其行为方式体现出来，才能形成做人的基本合作品质和相应的合作精神。

今天，合作已经成为职场交往的一种基本形式，而合作精神则是成就组织进步与发展的宝贵财富。实际上，一个人无论从事何种职业，做什么工作，拥有合作精神、坚持合作共享都是非常必要的。专业本领只是利用一个人自身的能量，只能提供一种机会，而合作精神、合作共享将会给一个人带来无限外在的能量，给予他更多的可能。

二、合作精神的养成

1. 奉行理解原则

在职场交往中，要实现合作，首先必须了解对方的个性，尝试理解他的思想、观点、诉求和做法，尊重对方与自己的不同之处，而不能一味要求他按照你的意见和要求行事。著名管理学家史蒂芬·柯维说过："与人合作最重要的是，重视不同个体的不同心理、情绪和智能，以及个人眼中所见到的不同世界。假如两个人意见相同，其中一人必属多余，与所见略同的人沟通，毫无益处，要有分歧才有收获。"② 张康之

---

① 《马克思恩格斯全集》（第2卷），北京：人民出版社1957.167.
② 史蒂芬·柯维：《高效能人士的七个习惯》，北京：中国青年出版社2007.255.

教授也认为:"合作的交往不一定建立在高度认同的基础上,虽然能够在共同体中达到高度认同的境界是共同体凝聚力增强的基本途径,但在很多情况下,认同可能不是合作的基础,反而使合作产生变异,所以合作的确立并不刻意遵从认同原则。中国人'和而不同'就是对合作原则和认同关系的准确定位。对于合作关系的确立来说,比认同原则更加重要的是合作主体的相互理解和相互尊重。因为,只有建立在理解原则上的合作才是充分理性的合作。理解原则高于认同原则。"[①]因此,当我们在合作过程中遇到问题时,要从三个方面去考虑,首先要站在对方的立场上,然后是事情本身,最后才是你自己。如果你能站在对方立场上考虑问题,通过真诚交流来获得更多信息,了解他们的处境和需要,然后据此给予帮助和支持,合作就会变得容易得多。

《列子》中记载了管仲的一段话:吾少穷困时,尝与鲍叔贾,分财多自与,鲍叔不以我为贪,知我贫也。吾尝为鲍叔谋事而大穷困,鲍叔不以我为愚,知时不利也。吾尝三仕三见退于君,鲍叔不以我为不肖,知我不遭时也。吾尝三战三北,鲍叔不以我为怯,知我有老母也。吾幽囚受辱,鲍叔不以我为耻,知我不羞小节而耻名不显于天下也。生我者父母,知我者鲍叔也。

管仲的这段话讲的是他与鲍叔牙的交往,表现在五件事上:第一件事,他年轻穷困之时,曾经与鲍叔牙合伙做生意,赚了钱,他分给自己的多,分给鲍叔牙的少,对此鲍叔牙没有认为他贪财,而是认为他家里贫穷。第二件事,他曾经为鲍叔牙出主意办事,结果事情办得十分糟糕;可是,鲍叔牙并不因此就认为他是个笨蛋,而是觉得是受客观条件所限。第三件事,他曾经三次当官,二次被罢免;鲍叔牙不觉得是他没出息,反倒认为他是没有遇到好的机缘。第四件事,他曾经三次作

---

① 张康之:"论作为合作的'真正交往'",《宁波党校学报》2007.06.

战,三次败北;鲍叔牙不认为他是胆小鬼,而是觉得他是因为顾虑老母亲。第五件事,他原来曾为公子纠争当齐国国君谋划出力,对后来当了齐国国君的公子小白,即齐桓公有过"一箭之仇",公子小白当了国君后,管仲被"幽禁",且"受辱";鲍叔牙不认为他忍受侮辱是无耻,知道他"不羞小节",只是耻于不能显名天下。鲍叔牙还在齐桓公面前为管仲说好话,并推荐他当齐国的相国,自己甘心做管仲的副手。所以,管仲感触很深地说:"生我的是父母,了解我的是鲍叔牙。"

在历史上,许多人都把管仲和鲍叔牙的友谊视为朋友关系的典范。通过上面的五件事可以看出,他们之所以能够成为知己,其关键在于理解。鲍叔牙的难得之处在于他能理解一般人所不能理解的事情。我们在职场与人相处的时候,时常会由于不善于正确理解他人的动机、心意以及难处,而影响了人际关系的健康发展,这是非常遗憾的。

国外有一项针对消费者所做的调查,调查题目是:为什么你们最不喜欢推销员。大部分人的回答是:推销员好像并不了解我真正的问题。是的,推销员通常都不太用心,他们不去了解客户、理解客户,而是一味相信,他们的产品就是客户需要的。然而,对于推销员来说,了解消费者需要,有针对性地满足消费者需要,才是维持客户关系的根本所在。事实上,岂止是推销员与消费者的关系,世界上任何一种良好人际关系的维系,都是建立在理解对方基础上的。没有相互理解,就没有良好的人际关系,也就谈不上有效合作。

2. 秉持互利共赢理念

互利共赢理念是一种基于互敬、寻求互惠的思考框架与心态。秉持互利共赢理念,就是在思考问题时,本着让大家都能得到利益的原则,鼓励人们解决问题,并协助人们找到互惠的解决办法。

德国莱比锡马克斯·普朗克研究所在乌干达进行了一项关于黑

猩猩合作的心理博弈实验。试验场地有两个相邻的笼子,两个笼子之间有一道门用木栓插着。第一个笼子关着一只强壮的黑猩猩,第二个笼子关着一只相对弱小的黑猩猩。

在每个笼子前约两米的地方,放置一块长木板,木板中央和两端共有三个盘子用于放置食物。木板上还均匀安插了四根小木棍,用于绕绳子。由于绳子绕过木棍可自由滑动,只要拉住一端绳子就会被抽出,要想把木板拖到笼子前,必须同时拉绳子的两端。

试验第一步,把食物放在任意一个盘子,把绳子绕过中间两个木棍,然后把绳子两端放进笼子,由于绳子两端的距离足够近,黑猩猩双手各拉绳子一端便把木板拖到笼子跟前,从盘中取出食物吃了起来。

实验第二部,把食物放进两端的两个盘子,把绳子绕过两端的木棍,绳子两端之间的距离加大,黑猩猩无法同时抓绳子两端,便起身打开隔壁笼子的门,叫来伙伴帮忙。两只黑猩猩各拉绳子一端,协力把木板拖到了笼子跟前,各取出眼前盘子的食物吃了起来。

实验第三步,把食物放进中央的盘子,其他和第二步一样,两只黑猩猩仍能合作各拉绳子一端,把木板拖到笼子跟前,但强势的黑猩猩抢走了盘子里的所有食物,弱势黑猩猩在一边怏怏不乐地看着伙伴独享美食。

实验第四步重复第三步,当强势黑猩猩打开隔壁的门叫伙伴帮忙时,弱势黑猩猩不予理睬,并未进入第一个笼子进行合作,因为此时它已经知道,这种合作只让伙伴得到食物,它是得不到食物的。强势黑猩猩自己试着拉绳子的一端,结果绳子从木板上脱落了,无法得到食物。

通常情况下,人的心理博弈与黑猩猩没什么两样。合作,必须互利共赢,如果合作成果不能被公平分享,迟早会使合作破裂。当然,这里的"公平"并非平均,而是让合作者能够获得与自己的付出相称的一份报酬。

由以上实验可以看出,合作交往应该充分考虑人的心理博弈,应该以互利共赢为基础。

在职场中,"互利共赢"是最好的选择与结果。而实现互利共赢的最好方法就是合作。因为每个人都有自己的长项和短板,只有通过与人合作,用他人之长补自己之短,养成良好的合作习惯,才会更好地完善自己,发展自己。

第二次世界大战结束后,各国经济极度萧条,企业由于受到战争的破坏,资金匮乏。而此时各国银行大多停止了接济困难企业。然而,此时的花旗银行却积极办理各项贷款业务,尽力挽救各国企业,幸运的是,企业因为受到援助,迅速发展,促进了经济的复苏,并按时归还了花旗银行的贷款。花旗银行的这一友好举措,不但没有使自己蒙受经济损失,反而给自己带来了极高的信誉。在此后的发展中,花旗银行凭借良好的信誉,使自己成为世界知名银行之一。

有人说,职场犹如竞技场,竞争不可避免。但怎样竞争?竞争应秉持什么理念和心态呢?时下有人有一种你赢我输、你盈我亏,或者是我盛你衰的竞争心态,总之,一方受益以其他人受损为代价。他们只看到竞争双方相互矛盾对立的一面,完全看不到双方还有相互依存合作的一面。其实,职场给了人们足够的成长发展空间,他人之得并非自己之失。历史上有一个"智者分马"的故事很能说明问题。一老人临终前为三个儿子留下 17 匹马,遗嘱大儿子可得二分之一,二儿子可得三分之一,小儿子可得九分之一。老人去世后,三个儿子为此犯起了难,大儿要分二分之一,怎么分呢?总不能把马杀掉一匹吧。于是请出村中一智者,智者回家牵来自己的一匹马一起参与分配。大儿子分得 9 匹马,二儿子分得 6 匹马,小儿子分得 2 匹马。三人共分了 17 匹马,智者的马仍被牵回了家。智者通过协商妥协,找到一个最佳的结合点,确保了分马成功。故事中透出的"互利共赢"的智慧,值得我们学习领悟。

互利共赢理念,不仅是一种市场经营准则,也是一种职场交往准则。职场中的交往与合作需要以互利为基础。"合作是一种互惠互利的形态,由于有了互惠互利的合作利益,人们之间的信任得到增强,反过来又会进一步增加和促进人们之间的合作。"[1]职场中每个人的成长与发展都要使用和占据一定的资源,无疑要与人竞争;但每个人的成长与发展同样也需要无数人的帮助和支持,事业上的每项成就都需要与人合作。与人方便,才能与己方便。因此,应该懂得利人利己,以善良和诚心对待领导、同事、客户等。当然,合作并不直接等于互利,而是要求在互利的前提下,尊重他人,并以建设性的态度积极与他人沟通协调,分工协作,团结一致,共同完成既定任务,同时共享荣誉与成果。

3. 互信为上

既然合作是求善的理性选择,而善的实现必须以真为前提,因此诚信是合作的良好道德基础,是合作的前提,是求善的最优选择。当然,这种诚信是相互的,即互信。

职场中人与人之间的交往是一个互动、互助、互惠的过程,若要实现合作,首先必须人人讲诚信。古人云:"以诚感人者,人亦诚而应"。众所周知,信任是合作的必要前提,但是没有诚信正直就谈不上信任。只有当组织以及人们之间有着信任关系时,才会引起自愿合作的行为。换言之,信任导致合作,合作又进一步增强信任。反之,如果组织以及人们之间存在着不信任,就不会选择合作行为。《组织中的信任》一书的作者克雷默和泰勒认为"从理性的角度来看,信任是对未来合

---

① 张康之:"论作为合作的'真正交往'",《宁波党校学报》2007.06.

作可能性的预测。当信任下降时,人们越来越不愿意承担风险,实施更多的保护行为以应付可能遭到的背叛,而且更趋于坚持用高成本的制裁机制来保护自己的利益。"①我国学者张康之则强调:"在一切交往关系中,信任的在场与缺场都决定着交往的质量。信任的在场,可以使交往关系成为相互理解、相互尊重的关系,并能生成共同行动的合作行为。反之,信任的缺场则会使交往关系成为相互猜忌的关系,并会在共同行动中增加行为成本。

可以想象,如果每一个人都以诚信为准则,都能够向他的同事、客户证明他(她)是一个诚信之人,是一个可以信任的人,合作就会变得容易得多。当然,信任是相互的、循环的。我信任我,你信任我。季羡林说过:与人相处,假如对别人信任的基础太薄弱,你们彼此间的壁垒定然逐渐增厚,这于个人、于事业都是不利的。

互信有助于合作中的目标一致。对一个团队而言,如果团队成员之间相互信任,他们就会集中注意力和精力于目标,凝聚一切力量朝着共同目标努力。反之,如果团队成员之间缺乏相互信任,人们的注意力就会从团队目标转移到人事方面,如怎样平息个人之间的矛盾,怎样做事不得罪人……

互信有助于合作中各方的相互支持。在团队成员互信的情况下,会激发出平时所不具有的能量,特别是面对各种困境时能以更大的信心和热情投入到团队工作中,朝着既定目标进发。

可见,唯有相互信任,才可以为有效合作打下良好而坚实的道德基础,才能够提升合作的品质。

---

① 罗德里克·M.克雷默、汤姆·R.泰勒:《组织中的信任》,北京:中国城市出版社2003.4.

4. 融入团队

当今的时代是一个团队提前、自我退后的时代。因为专业的细分让谁也无法精通一切,而互联网又进一步推动了组织内外信息交流的速度,让合作的成本变得越来越低。在这样的时代,个人要想在职场上获得成功,必须融入团队,这就像一滴水要想不干涸,就必须融入河流海洋一样。如果一个人只想着自己的发展,而不想着团队的整体发展,只考虑自己的利益,而不顾及整个团队的利益,那么这个团队就是一盘散沙。而团队没有发展,个人的发展自然也就无从谈起。所以,只有将自己真正融入团队,才能实现最好的自我。然而,在职场中,总是不乏一些自负之人,他们自我感觉过分良好,以为离开了自己,团队就无法运转,其实事实远非如此。《纽约客》撰稿人马尔科姆·格拉德威尔曾经说过:"没有一个人,不管是摇滚明星,不管是职业运动员,不管是亿万富翁,甚至不管是天才人物——是自己单枪匹马取得成功的"。在社会越来越崇尚团结合作的今天,各行各业以及行业内部既存在竞争又存在合作,单打独斗的独行侠越来越没有市场,合作正在逐渐取代竞争,或者说竞争的目的是为了更好地合作。没有哪一个团队喜欢一个天马行空、独往独来的独行侠。从某种意义上来说,我们的一切努力都是为了扩大和增进"与人合作"的广度和深度。

美国社会学家哈里特·朱克曼对 1901—1972 年的 286 位诺贝尔奖获得者的统计发现,与别人合作进行研究的有 185 位。在诺贝尔奖设立的第一个 25 年,合作的比例是 41%,在第二个 25 年,合作的比例上升到 65%。在第三个 25 年,合作的比例上升到 70%。这些数字说明,"独行侠"已不合时宜,合作已成为科学研究的一种趋势。其实,何止于科学研究,在各行各业,各个领域,合作作战正在取代单打独斗。

现如今越来越多的组织都在以团队的形式来开展工作。当你的团队确定某种工作目标并且全力以赴的时候,就要努力工作,积极与大家配合。如有可能尽可能多做一点点,并且最好能够超越大家的预期,比大家期望的做得更好。当然,不排除这样的情况,你对工作目标不认同甚至反对,但即便如此,也要做好分内的工作,这样才能融入团队,为团队所接纳,真正成为团队的一分子。

在职场中,时常会遇到这样的人,他们自视甚高,认为一般人无法达到自己的高度,因而不断指责别人的做法,埋怨别人的过错,结果形成了恶劣的人际关系,与团队格格不入。实际上,他们没有意识到真正的问题不是来自于周围,而是来自于他们自己。像这样的人,必须试着认清自己,试着认真而深刻地反省自己。要明白一个道理,在职场中,有效合作的机会取决于和谐的人际关系。只有拥有良好的人际关系,才能在自己周围创造出一个和谐的工作环境,有了良好的工作氛围,才有利于工作上的沟通与交流,进而通过团队的力量进行有效合作,促进事业的发展;如果一个人在工作中一直扮演的是一个上司不欣赏、同事不接纳、客户不喜欢的角色,就要好好检讨自己的行为做派了。

调查显示,以下三类人非常不受组织欢迎:

第一类:难以与人合作。这类人恃才傲物,孤芳自赏,鄙薄他人的热情,不善于集体协作,也不愿与他人合作。

第二类:以自我为中心,傲慢自负。这种人刚愎自用,听不进别人意见,以自我为中心,目中无人,强迫别人服从自己的意志。

第三类:人际关系紧张。这些人不善于社会交往,对于集体活动通常采用拒绝态度,感情淡薄,不懂得关心和体谅别人。

5. 富有亲和力

亲和力对于达成职场合作相当重要,这也是为什么有些人在各方面并不出色,却拥有众多支持者的一个重要原因。亲和力要求对人尊重、友善,让人感觉亲切友好。在职场交往中,一个人只有让别人感受到你的宽厚与和善,别人才愿意和你共处,进而达成合作。一个没有亲和力的人,是很难与他人合作的,有时甚至会让人避之唯恐不及。在职场中,我们有时会遇到这样一些人,他们是完美主义者,不仅对自己的工作要求苛刻,对待团队中的其他人的工作也不例外,一旦自己或同事在工作中不甚完美或有所差池,便大发雷霆。结果导致与其共事的人难以接受,感觉太累太紧张,自由受到侵犯,于是避而远之,造成职场人际关系的紧张。因此,我们在工作交往当中一定要注意自己的处事方法,不管身处何位,担当何责,对人友善、对人体谅、尊重别人的工作方式都是必须的,不要把自己的工作模式往别人身上套。同时还要允许自己和别人犯错误,毕竟有时候犯错误也是一种学习和成长的方式。动辄训斥贬低别人的人会慢慢体会到这种态度带来的恶果,没有人愿意和这样的人交往,也不会有人愿意配合这种人的工作。

6. 设身处地为对方着想

设身处地为对方着想无疑是建立合作关系的利器,但这并不容易,需要人们不断地探索和发现。一旦做到了这一点,合作就会变得易如反掌。

坐落在瑞典哥德堡的沃尔沃集团总部,占地几十公顷,里面除了正常的办公场所外,还有运动场所、娱乐场所,整体绿化非常好,随处可见树木、花草,一片鸟语花香,十分人性化。最令人称奇的是,里面还有一个可供 2000 人停车的大型停车场,停车位沿着大门左右侧一字排开。理论上说,这么大的停车场,堵车的情况应经常发生。但是在这里,这种情况一次也没有发生过。

一位住在附近的汽车爱好者为了一探究竟,决定监视一下沃尔沃的员工到底是怎么停车的。他住在 10 楼,因此特地在书房的窗口上,放了一台摄像机。他发现,虽然是早上 8 点上班,但是从清晨 7 点开始,就陆续有员工到公司上班,早到的员工都会很自觉地将车停在远离办公楼的地方,最远的泊位离办公楼的距离超过 1 公里,即使小跑过去,也需要 10 多分钟。于是上班之前的这段时间里,进入总部的小车都是很有序地由远到近停泊。先来的员工自觉将车停到远的泊位,后面来的员工将车停到近的泊位,天天如此,周而复始。而下班的高峰期,员工的车总是从近的泊位开始驶离总部。

难道是公司有明文规定员工要这么停车吗?为了进一步证实,他以一个记者的身份进入了沃尔沃总部对员工进行随机调查。他随机采访了 20 位不同岗位的员工,问:"你们的泊位是固定的吗?"得到的回答惊人的一致,他们说:"我们到得比较早,有时间多走点路,晚到的同事或许会迟到,需要把车停在离办公楼近的地方。"而且调查中发现,沃尔沃的领导没有专属的泊位,泊位也不固定,来得早的也会将车停在较远的对方,要是来得晚的话,远的泊位满了,只能在离办公楼近的停车位停靠。

谜底揭开,这不是公司的规定,只是为其他同事考虑。这么简单的想法,其实蕴含着深刻的道理:"多为别人着想,你的路才能走得更远。①

俞敏洪说他上北大的时候,因为来自农村,各方面都不如其他同学,但他坚持做了一件事情:打了 4 年的开水,做了 5 年的宿舍清洁工作。多年后,他说王强、徐小平愿意从美国回来与他一起共创事业的很大一个原因,是基于他那 5 年的自觉自愿打开水和清洁宿舍。他们说:"俞敏洪,我们回去是冲着你过去为我们打了 4 年的水。我们知道,你有这样一种精神——你有饭吃肯定不会给我们粥喝,所以我们一起回中国,和你一起干新东方。"

7. 杜绝斤斤计较

世上没有绝对的公平,只有不计个人得失大家齐心合力,才能干

---

① 资料来源:《科学大观园》2014.03.

出一番成绩。小到一个团队,大到组织乃至一个国家无不如此。西天取经的团队中,悟空神通广大,有降妖除魔的特殊本领,属于团队中的顶梁柱,其作用不可替代;八戒有点小本事,但好吃懒做,受不了苦,还爱打小报告,喜欢拈花惹草;沙和尚虽然老实,但是太过被动,不拨不转,只会干些牵马挑担的粗活,又好盲从,人云亦云,容易被煽动;唐僧除了会念经和取经信念坚定外什么都不会。如果斤斤计较,西天取经大业根本无法完成。

戴维是一家公司的职员,他是个实干家,为公司出了不少力,开始,公司领导从来没有多给他一些奖励,为此他常愤愤不平,回家和父亲聊起此事,父亲告诉他:"我也是这样一个领导。"原来,戴维的父亲史蒂夫是一位猎人,他有两只狗,罗斯和汤姆。每次狩猎回来史蒂夫都奖励它们——罗斯和汤姆平分两只兔子或两只野鸡,多年来一直如此。对此,戴维很不理解,难道两只狗没有一只更强,有一只稍微弱一点?有竞争才会有进步,何不让它们竞争一下,看谁捕猎更多,谁得到的奖励也就多。

戴维认真研究了两只狗的习性,发现罗斯在捕猎的时候喜欢一个劲地狂吠,但不敢向前冲,而汤姆则一声不吭,只管往前冲。这不明摆着么,汤姆是一个实干家,而罗斯不过是个夸夸其谈的家伙,戴维决定对父亲的工作进行改革,他带着两只狗出猎,将汤姆带到东边山头上捕猎,而将罗斯放在西边山头上捕猎,这样两只狗谁贡献大不就一目了然了吗?一个小时过去了,两只狗都一无所获,两个小时过去了,两只狗依然什么也没有捕捉到,戴维只好带着两只狗悻悻地打道回府。

父亲史蒂夫闻讯对戴维说:"孩子,其实我很清楚罗斯是只会叫的狗,而汤姆则是一只会捕捉猎物的狗,在两只狗的合作中,汤姆可能多出了些力气,可它们一旦分开,就会一事无成。因为在捕猎时一般只需要一只狗叫唤,当猎物吓得失去方向不知所措时,另一只狗则不动声色地绕到猎物的身后将其捕获,两者缺一不可。世上没有绝对的公平,只有不计个人得失大家齐心合力,才能干出一番成绩。"

1969年,美国在人宇宙飞船登月成功,消息轰动全球。当宇航员阿姆斯特朗在迈上月球时,因一句"我个人迈出了一小步,人类却迈出了一大步"而家喻户晓。但一同登月的还有一位叫奥尔德林的宇航员,几乎被人们忽略。

在登月成功的庆功会上,有一位记者突然向奥尔德林提出了一很尖锐的问题:"作为同行者,阿姆斯特朗成为登月成功第一人,你是否感觉有点遗憾?"在众人有点尴尬的注目下,奥尔德林很风趣地回答:"各位,千万不要忘了,回到地球时,我可是最先迈出太空舱的!所以我是从别的星球来到地球的第一人。"大家在笑声中,给予了他最特别的掌声。

几十年过去了,人们也许已经忘记了人类登月的轰动,却永远不会忘记奥尔德林面对荣誉谦让不争的美德。

8. 增长知识和见识

拓宽自己的知识面,不断增长见识是推动合作,实现合作交往的重要条件。这其中的道理很简单,一个知识面广、见识多的智多星式的人物,对于团队顺利开展工作是必不可少的,特别是当遭遇疑难问题和重大挑战时,这样的人物会对团队多有帮助,产生重大价值,因而一定会促进合作。从另一方面讲,人在职场,总要接触各色各样的人,这些人来自不同的领域,学识有高有低,能力水平各有不同,如果我们要争取和他们每个人相处得来,达成必要的合作,就必须保证让自己在每个领域都多少懂得一点。一个人的知识储备得越多,见识越广,视野越开阔,和他人能够找到的共同语言就越多,也就越"相似",而"相似"是可以增进吸引的,这种吸引无论是对和谐关系还是对必要的合作都是大有裨益的。

第四节　合作交往中的冲突及化解

合作从来都是一个磨合的过程。任何一个团体中,都既存在竞争也存在合作。在错综复杂关系之下,出现一些误会、误解、摩擦或者冲突在所难免,加之在实际工作中,人与人之间因利益、观点、做法等问题难免产生这样那样的矛盾、冲突和争执。对此,很多时候人们是仅仅站在自己的立场上看问题的,为了证明自己正确他人错误,常常不自觉地为自己的行为辩护。在这种情况下,很难做到真正解决问题,化解冲突和矛盾。

在中国的处世哲学中,中庸之道被奉为经典之道,中庸之道的精华之处就是以和为贵。和为贵不仅仅是一种生存的需要,合作交往的需要,亦是化解冲突和矛盾应秉持的基本原则。

具体来说,面对误会、误解、摩擦或者冲突,该如何有效处理,以实现和睦相处、有效合作呢?

1. 正视差异

合作并不意味着必须达成双方乃至多方的相同甚至消除差异。古人云"君子和而不同",①就是强调大家要和谐,而不必观点做法完全相同。这就如同一首曼妙的乐曲,不能从头到尾都是高音,如果真是这样的话,曲调就会变得不和谐,有高音也有低音,错落有致才会美妙动听。人与人之间的彼此需要,是由于他们之间的不同,而非他们之间的相同,而组织的强大也是由于每一个人身上具有不同的优点,大家优势互补的结果。处理职场中的矛盾、冲突亦需秉持这一观点,认识到人与人之间的差异是有益的,进而正视差异,允许差异、包容

---

①《论语》.

不同。

2. 积极姿态

面对冲突，绝对不能采用鸵鸟政策，亦不能当做什么事也没有发生。正确的做法是采取积极主动姿态来化解冲突，解决争执。所谓积极主动姿态，就是抱着积极的态度，坦率主动地与对方沟通，时间越早越好，不要拖延，拖延只会使双方心理上的芥蒂进一步加深，为化解冲突、解决争执设置更多障碍。况且，在工作场所发生的冲突和争执，对其他同事和同事间的正常关系都会造成不良影响。因此，尽快化解冲突，解决争执是非常重要的，这之中的道理很多人都知道，但就是不愿意主动地迈出这一步。因为"凭什么要我主动"是很多人心中挥之不去的疑问。事实上，谁主动，谁受益最大。因为你的积极姿态会赢得周围同事的好评。

3. 有效而可靠的沟通

一旦发生矛盾与冲突，沉默是错误的，正确的态度是坦诚地进行沟通，把事情解释清楚。当然，此时的沟通要特别讲究技巧。

首先，在沟通内容上，坚持对事不对人原则。只针对具体事情进行讨论，使双方意识到，大家是各司其职，其出发点都是为了把工作做好，在这个共同前提下，任何事情都是可以讨论和协商解决的。若你觉得对方的观点和做法确实不可行，你应该采取的行动是，理性地指出其不妥之处，并提出你的看法。一般来说，人们对于有建设性的客观建议，还是能够接受的。如果有必要，还可以做出适当让步。如承认对方观点和做法中的某些合理之处，这样一来，对方就会觉得你是通情达理的，因而愿意倾听你的意见和解释。一般来说，在某些问题上表示同意对方的意见，或者说同意对方的某些做法，这样做可以缓和双方的紧张关系，博得对方的好感和喜欢。因为人们一般都喜欢与自己价值观、信念一致的人，同意对方就是表示与其有着一致的思想和看法,支持肯定他的意见和做法。美国心理学家约翰逊通过实验研究发现:被试者若以为别人跟他持有相同的态度和意见,就会表现出更多的合作倾向与行为。人们在大多数情况下都会认为自己的所作所为是正确的,无可指责的,都有为自己的行为、信念和感情进行辩护的动机。一个人做了一件事情,如果有可能,他会尽力使自己和其他人相信,这是一件最合乎逻辑、最合乎情理的事情。人们对待自己的态度也是如此,一旦拥有了某种态度或做了某件事情,就会觉得正确无比。可惜很多人忽略了这一点,总以为自己的观念是唯一合理的,对方的观点、意见毫无可取之处的;不论对方说什么都毫不留情地加以反对和批驳,这样只会把问题搞僵。要知道,批评和攻击别人的人是最不受欢迎的,美国形象设计师罗伯特先生曾讲过:破坏自己形象最有效的方法之一是对别人进行攻击和指责。无论你的用意是多么诚恳,当众指责、批评、纠正别人都会刺伤别人的自尊心,伤害别人的尊严。我们忘不了别人的赞扬,更忘不了别人的批评和指责。无论他有多么不可一世的成就,无论他的穿着多么优雅得体,如果他的眼睛只看到别人的不足,他就会成为人民公敌。一个人如果想化解冲突,赢得合作,就应该知道如何维护别人的自尊心,对对方正确的方面及时加以肯定,并作出必要的让步,如此不仅气氛会变得轻松起来,而且你的意见也容易被接受。即使没有可以附和的地方,也可以对对方的立场、处境表示同情,谅解,如此同样可以缓和和化解敌对情绪。

其次,选择合适的沟通方式。沟通既可以是比较正式的,也可以是非正式的,同时还要注意沟通的时间和场合。在时间上要注意避免在体内时间(身心俱疲的时间)沟通,在场合上最好选择一个舒适的且比较中立的地点,这样方能为沟通确定一个积极的基调——在一种理性及平和的情绪下交流思想和看法,把事情说开来,寻找共同点,求大同存小异。

第三,避免冲突升级。避免冲动升级是冲突沟通中的重要准则,冲突中怒发冲冠——言辞犀利、冷嘲热讽、口不择言地说狠话等,并不能显示你高人一等,胜人一筹,也无法解决任何问题,相反只会制造更多问题,会使结果变得一发而不可收拾,事后让人懊悔不已。反之,镇静一下、缓和一下,怒气就会消退,情绪就会平复,头脑就会清醒,对策也就呼之欲出了。

4. 理直气和

有一句成语叫"理直气壮",意思是说,理由正当充分,胆子就壮,说话就有气势。这在一般情境中当然没有错,但是当处于误会、误解、摩擦或者冲突之时就另当别论了。对于已经产生误会、误解、摩擦或者冲突的人们来说,如果一味理直气壮,据理力争,愤怒甚至发脾气,往往会加深误会、扩大摩擦和冲突,不利于冲突的化解,矛盾的解决。大量事实也证明,理直气壮、据理力争、愤怒甚至大发雷霆,绝非解决问题之道,更不是赢得他人合作的有效工具。所以,理直也不必气壮,不妨豁达一些,心平气和地说话、待人,做到理直气和。如此一来,既不伤人,又不失人情,最终使对方心服口服。明代思想家吕坤说过:"心平气和,而有刚毅不可夺之力。"可见气和是一种力量,是一种直抵心灵的力量,那种靠盛气凌人、粗暴打压产生的量,根本无法与之相比。理直气和,润物细无声,才是化解纷争与冲突的最高境界。

怎么做到理直气和呢?我们不妨学习一些下面这个故事中的服务小姐。

"小姐,你过来!你过来!一位顾客高喊,指着面前的杯子,满脸寒霜地说:"看看!你们的牛奶是坏的,把我一杯红茶都糟蹋了!"

"真对不起!"服务小姐小心地赔着不是:"我立刻给您换一杯。"

新红茶很快准备好了,旁边放着新鲜的牛奶和柠檬。小姐轻轻放这在顾客面前,又轻声地说:"我是不是能建议您,如果放柠檬,就不要放牛奶,因为有时候柠檬会让牛奶结块。"

那位顾客的脸一下子红了,匆匆喝完茶,走出去。

有人问服务小姐:"明明是他土。你为什么不直说呢？他那么粗鲁地叫你,你为什么不还以颜色？"

"正因为他粗鲁,所以要用委婉的方式对待;正因为道理一说就明白,所以用不着大声!"服务小姐说,"理不直的人,常用气壮来压人。理直的人要用气和来交朋友!"

5. 学会妥协

妥协即用让步的方法避免冲突或争执。妥协是一种艺术,对于冲突的双方来说,用针锋相对、吵闹、不欢而散的方式都不能很好地解决问题,只有懂得妥协、为对方提供选择,才能有效解决问题,实现共同前进,否则一定是对立的,就是单赢,单输。在分析领导与群众的冲突或争执时,有一位资深记者曾经说过,什么是好群众,能改变领导的群众才是好群众。这里的所谓改变领导就是妥协,就是为领导提供新选择。比如,针对解决问题的方法,提供新的选择,A 方案是 100 分的,B 方案是 80 分的,C 方案是 60 分的,90％的情况下他会在三个方案中选择一个,而无论他选择哪一个方案,都意味着进步,都意味着比争执不休要好得多,因为它达成了共同前进。

6. 着眼未来

矛盾、冲突化解之后,还应该就产生矛盾冲突的原因进行分析,到底是规章制度有问题,还是工作程序上出现了问题？……找到问题的症结,方能在未来有效规避问题,避免类似问题发生。

第八章　坚持互惠互利

　　职场上的每个人都有自利的要求,但这种自利必须建立在不损人利己的基础上;每个人都想追求自身经济效益和社会效益的最佳统一,但这种追求必须建立在彼此尊重、平等合作、互惠互利的基础上,而不是建立在欺骗他人、坑害他人的基础上。事实上,只有当你真诚地、平等地向对方提供某些利益时,自身才会获得相应的利益。

第一节　互惠互利是职场交往的基本道德法则

一、互惠互利

　　所谓互惠互利,是指在个人与个人、个人与组织的交往中,都应当获得某种应有的权益。"互利有三个层次,最低的层次是在利己时利他,高一个层次是通过利他来利己,最高的层次不仅通过利他来利己,还要对自己的职业行为负起社会责任。互利的层次越高越有利于职业成功,越有可能做出职业成就"。①

　　一讲到"互惠互利",很容易让人联想到功利性,其实,互惠互利并

---

　　① 钱昌照:"德性与职业成功",《赣南师范学院学报》2012.04.

不是仅仅表现为功和利方面,互惠互利的实现亦非仅仅是物质利益,它还应该包括对情感的尊重和情感的满足。对此,弗朗西斯·福山如此解释:"互惠利他更像是我们理解的社交中道义上的礼尚往来,因此,被赋予了与市场交换截然不同的情感内容"。[①] 在现实中,我们经常看到这样的现象,某人在工作上得到同事的支持和帮助后,请同事吃饭等等,实际上就是以某种方式表达感激的心情。显然,这也是一种形式的互惠互利。

互惠互利是市场经济规律下产生的不可违背的必然现象,否认这种功利性,无异于自欺欺人。任何一个人进入职场,追求个人利益是第一需要,但这一需要必须建立在手段正当的基础上,而不应该建立损人利己基础上。任何一个人都想通过自身工作追求事业发展,但这种追求,必须建立在与同事、客户彼此尊重、平等合作、互惠互利的基础上,而不是建立在欺骗同事、坑害客户的基础上。事实上,只有当一个人真诚地、平等地向对方提供某些利益时,自身才会获得相应的利益,实现个人的良好发展。

二、互惠互利的伦理学意义

互惠互利作为职场道德行为的基本动机,具有一种普遍的约束力,其伦理意蕴之一就是:"只有在相互有利的情况下,相互行为主体的道德行为才会付诸实践,从互利的动机到互利的行动。"[②]

互惠互利是市场经济的基本道德法则。亚当·斯密通过对"利己"与"利他"关系的论述揭示出市场经济中最基本的道德准则和伦理秩序就是互利,在亚当·斯密看来,在经济活动中,离开了"利他"的

---

① 弗朗西斯·福山:《大分裂——人类本性与社会秩序的重建》,北京:中国社会科学出版社 2002.79.

② 万俊人:"人为什么有道德"(上),《现代哲学》,2003.01.

"利己"是难以实现的。"利己"必须在形式上表现为"利他",只有这样,个人的经济期望和经济行为才可能被他人所接受。而只有当他人接受了个人的经济期望和经济行为,并采取了合作性的态度时,个人利己的目的才会真正实现。这就是说,市场交易这只"看不见的手",把人的自觉的"利己心"与不情愿的"利他心"连接到了一起。易言之,市场经济是一种互惠互利的经济,在市场经济条件下,唯有互惠互利才是可行之道,靠损害别人利益使自己得益,貌似成功,但从长远来看,是害人害己。

市场中的每一个人,首先是一个经济人,而"作为'经济人',不仅要'自爱',同时,作为'道德人'还要'爱他'。兼顾对方利益的实现,体现互利性,这才是道德的,其本身的价值才是善的"。① "自爱是一种从来不会在某种程度上或某一方面成为美德的节操,它一妨碍众人的利益,就成为一种罪恶。"在亚当·斯密看来,对自己幸福的关心,要求我们具有谨慎的美德,它约束我们以免受到伤害;对别人幸福的关心,要求我们具有正义和仁慈的美德,它敦促我们促进他人的幸福。市场经济不是"对抗性博弈",对功利的追求并不是毫无节制不择手段的,损人利己不能使交换成功或者不能永远成功。"谁要在市场上谋取更大的利益,就必须做出更大的努力,为他人实现自己的利益提供起码的保证;只想利己,却不愿利他人利公众,就会被拒绝交换,甚至被逐出市场,其利益难以实现,甚至可能被剥夺得一无所有"。②

有人可能会说,互惠互利是一种功利原则,它不够高尚,也不够圆满。是的,如果从道德高尚性的角度看,它可能不够圆满,但是我们不要忘记,道德的特殊本质是一种实践精神,亦即追求道德的原则能否

---

① 刘春友:"对'互惠互利'的道德非难预设",《四川教育学院学报》2004.09
② 乔洪武:"互惠——市场经济最基本的道德原则",《光明日报》1993.9.01.

实践。如果道德徒有高尚而不能被实践,倒不如道德虽不那么完满却具有实践意义更为重要。① 我们认为,在道德实践中,就应该像有的学者所强调的那样:"对社会成员提出的社会规范要求不是调子越高越好,而是越切合实际越好"。② 从实践角度看,互惠互利原则所追求的显然不是高尚与否,而是追求道德的原则能否实施。它"既肯定了每个主体对自己权利和利益的追求,又要求在利益追求中必须承认和维护其他主体的利益,在道德实践中具有很强的个体操作性"。③

三、职场交往与互惠互利

任何一个人进入职场,追求个人利益是第一需要,但如何追求和分配利益,即在什么原则指导下追求和分配利益,就成为职场人际交往需解决的核心问题之一。

市场经济使利益"升格为普遍原则","升格为人类的纽带"。④ 在现代社会,利益是经济社会结构的轴心,利益关系成为一切社会关系的内核和本质,在这一点上,职场交往关系也不例外,职场交往从本质上来讲也是以一定的利益关系为基础的,它无法回避且必须首先要回答的是利益问题。利益是职场交往双方乃至多方联系的纽带。职场交往过程实际上就是一个协调双方乃至多方利益的过程,它谋求的是个人与个人之间,个人与组织之间在基本利益上的协调。而道德最主要的目的之一就是调和人们之间的各种利益关系,使之协调发展。因此,在双方乃至多方利益的共同点上建立平等互惠的关系,致之以和就成为职场交往活动的基本内容之一,只有当交往双方都感到交往本

---

① 赵凯荣:《当代美国伦理学从道德原则到道德实践的转向》,上海社会科学院出版社 2011.370.
② 王正平、周中之:《现代伦理学》,北京:中国社会科学出版社 2001.99.
③ 刘春友:"对'互惠互利'的道德非难预设",《四川教育学院学报》2004.09.
④ 《马克思恩格斯选集》(第 1 卷),北京:人民出版社 1995.24.

身有益于双方时,他们的相互交往才可能延续下去。

现代(市场)社会是人们彼此相互服务的社会,现代职场也是人们彼此相互服务的职场,在一个组织中,一旦某个部门出现问题,其他部门往往也会深受其害。而且无论你在组织中充当什么角色,你的每一项工作与他人的工作都有一个接口,这就意味着你的工作需要得到他人的帮助。而要想得到别人的帮助,首先你必须去帮助别人,只有这样你才能构建起与他人的良好关系,才能在需要帮助的时候获得支持和扶助,进而实现自己的目标,在这一过程中,与你合作的人同时也可以实现他们自己的目标,这便是一种双赢的工作手段。因此,每一个人在处理和他人的利益关系时,都应坚持双方利益的相互结合、相互兼顾和相互制约的伦理原则和道德规范,奉行互惠互利原则。而互惠互利原则要求"一个人在维护自己的合法利益和追求更大利益时,必须充分考虑、尊重和维护他人的利益;在行为上,不能依靠损人而利己,要做到互利互惠,共谋发展,通过利他而利己;在客观效果上,要做'双赢'、'各有所获',使自我利益与他人利益都得到保护和发展。互利的行为,是一种既利己又利人的行为,也是一种有益于整个社会的行为"。[①] 试想一下,作为职场中人,如果你从别人那里得到了关照、支持乃至恩惠,总是想方设法给予报答(当然,这种报答不仅仅局限于物质,而是涵盖了所有能够表情达意的方式),那你一定会拥有和谐融洽的职场人际关系;如果能具有"为对方做些什么呢"这种关照对方的精神,积极主动地关照别人,那你的事业也一定会蒸蒸日上。反之,如果总是采取"同事就应该帮助我"、"前辈就应该提携我"、"上司就应该照顾我"、"下级就应该围着我转"的被动的姿态,一味地对别人提要求,永远也不会建立起良好的人际关系。

---

① 寇东亮、刘国荣:"利益、互利主义与德性养成",《延安大学学报》2008.08.

可见,相互关照是互惠互利的根本所在,也是建立良好人际关系的前提条件。

当然,职场的交往,除了奉行互惠互利原则,能够相互关照外,还必须坚持以工作为中心,因为就职场而言,交往只是手段,其目的在于更好地工作,实现工作的顺利进行,事业的迅速发展。可以这样说,没有互惠互利的职场交往关系是没有稳定基础的,它经不起风浪,而不以工作为中心的职场交往关系则不能将人际关系与工作绩效有效结合起来,会陷入拉关系、搞帮派的泥潭。

第二节　职场交往中互惠互利之实现

一、具备"他者意识"

人从其本质而言,都是自我为中心主义者,但任何人要生存都离不开他人的合作与协助,人如何从以自我为中心达到合作与互助,或者说自利的本性如何能够给他人带来利益而不是伤害。途径有两个:一是通过让别人利益受损而使自己得利,即用剥夺别人的方式为自己谋利益,二是通过让别人得利而使是自己获利,也就是通过利他而实现利己。通过利他而实现利己,即以利人之行,实现利己之心。而要采用后一个途径,从操作层面上讲,必须首先具备"他者意识"。所谓"他者意识,意味着把'他者'带入了'我'的道德视野之内,呈现的是'我'对'他者'的认同,这种认同表现为'团结互助'"。[①] 因为"一个有他者意识的人,在维护自己的利益时能够充分考虑、尊重和维护他人的利益,在行为上,不会依靠损人而利己,在人际交往中能够做到互惠

---

① 寇东亮:"'他者意识':社会主义和谐人际关系的伦理基础",《科学社会主义》2007.04.

互利,共谋发展,通过利他而利己。在客观效果上,做到'双赢'、'各有所获',使自我利益与他人利益都得到保护和发展。"①

北方的某个小城市里,一家海洋馆开张了,50元一张的门票,令那些想去参观的人望而却步。海洋馆开馆一年,生意清冷,门可罗雀。急于用钱的投资商在万般无奈之下以"跳楼价"把海洋馆脱手,黯然回了南方。新主人入主海洋馆后,在电视和报纸上打广告,征求能使海洋馆起死回生的金点子。一天,一个女教师来到海洋馆,她对经理说,她可以让海洋馆的生意好起来。海洋馆听从女教师的意见,打出了只有12个字的广告:"儿童到海洋馆参观一律免费"。一个月后,前来海洋馆参观的人数天天爆棚,不过在这些人当中只有三分之一是儿童,剩下的三分之二是带着孩子前来的父母。三个月后,亏本的海洋馆开始盈利了。

哪里有需要,哪里就有市场。满足客户需要是企业获得利润的唯一途径,只想着自己赚钱,而忽视客户核心诉求的商家,不可能赢得客户的货币信任票。反之,在满足自己利益时充分考虑客户利益,着力满足客户的核心诉求,不仅能够赢得客户的货币信任票,还能与客户建立起友好、融洽和稳定的关系。

二、坚持双赢原则

双赢思维是一种基于互敬,寻求互惠的思考框架与心意,是一种信息、力量、认可及报酬的分享。世界给了每个人足够的立足空间,他人之得并非自己之失。

史蒂芬·柯维概括了人际交往的六种模式:

利人利己(双赢)

---

① 薛妙勤:"培育和谐人际关系的伦理思考",《洛阳师范学院学报》2010.12.

　　损人利己（赢/输）

　　舍己为人（输/赢）

　　两败俱伤（输/输）

　　独善其身（赢）

　　好聚好散（无交易）

　　利人利己（双赢）模式会促使人不断地在所有的人际交往中寻求双边利益。双赢就是双方有福同享，皆大欢喜。双赢模式强调共同利益，相信一个人的成功并不需要以他人的失败为代价。利人利己者认为解决问题的办法不应该只有利于一方，应该寻求第三条道路，而且这第三条道路更高明、更好。

　　损人利己（赢/输）模式是一种与利人利己（双赢）模式相对的模式，强调的是我赢你输，在人际交往中，损人利己模式意味唯我独尊："我做主，你服从。"秉持这种信念的人惯于利用地位、权势、财力、特权或个性来达到目的。在竞争激烈和信任薄弱的环境中，确实需要赢/输模式。但是对于职场来说，人与人更多的是相互依赖，个人的需求和目标需要通过与他人合作才能实现，而赢/输模式是合作的最大障碍。

　　舍己为人（输/赢）意味着做老好人。秉持输/赢模式的人通常喜欢取悦他人，满足他人的希望，而没有勇气表达自己的感受和信念，总是服从别人的意志。输/赢模式压抑了人的太多情绪，而过度压抑情绪的人，找不到疏解的出口，会变得自卑，最后还会影响到与他人的关系。

　　两败俱伤（输/输）模式意味着双方都以自我为中心，固执己见，其结果是两败俱伤——毙敌一千，自伤八百。因为双方都不服输，都想报复，因而不计代价地打击对方，哪怕牺牲自己也在所不惜。

　　独善其身（赢）模式意味着只在意自己的利益，他人的输赢于己无关。

好聚好散（无交易）模式意味着如果实在无法达成共识，实现双赢，就好聚好散。

纵观以上六种人际交往模式，哪一种模式对于职场交往是最为有效的呢？是双赢模式，只有双赢模式才是唯一可行的。因为职场中的人是相互依赖的，在这个相互依赖的大环境中，只有精诚合作才能实现成果最大化，利益最大化，而要达成精诚合作，唯有秉持双赢模式进行交往。在人际交往的六种模式中，赢/输模式无疑是应该摈弃的。而在赢/输模式中，甲方赢了乙方，乙方对甲方的态度、情感以及二者的关系一定会受到影响。乙方对甲方不满，合作不再愉快甚至终止，结果甲方短暂的胜利换来的却是长久的失败。因此，从长远来看，赢/输模式的结果必定是两败俱伤。至于输/赢模式，甲方让步，乙方得偿所愿。但是，甲方与乙方共事的态度和对工作的推行将受到影响，甲方不再与乙方交好，不仅如此，还会将对乙方的不良看法和评价带到后续的工作中，其结果依然是两败俱伤。如果是赢模式，即一个人只想独善其身，对职场中的他人不予理会，那就无法与他人建立起合作互助的关系。如果是无交易模式，即是说如果双方不能利益共享，就商定放弃交易，今天好聚好散，也许会为未来的合作埋下很好的伏笔。

双赢的步骤：

（1）进行换位思考，站在对方的立场、观点上看问题，真正理解他人的想法、需要与顾虑，甚至比对方理解得更透彻。

（2）认清问题的关键所在以及彼此的顾虑（而非立场）。

（3）寻求彼此都能接受的结果。

（4）商讨达成上述结果的各种可能途径。

有位作家曾讲过这样一件事，他到日本访问期间，住在一家很豪华的饭店。该酒店明窗几净，干净得令人难以想象。对此，作家很好奇,最后终于按捺不住询问了饭店的老板。老板说,每个清洁员都随身带 7 块毛巾,分别用来擦桌子、地面、浴缸、马桶等,检察员则每天抽查,抽查时带上白手套,只要白手套上沾上灰,就必须重新擦拭。而这些清洁员,都是附近的居民。在日本,很多女性结婚后便在家相夫教子,等到孩子长大后,才出来工作,挣些外快以补贴家用,而此时她们已非身强力壮,又没有什么技能,加之与社会脱节太久,学东西很慢,而且工作对她们来说并非最重要的,所以很难服从管理,这样的人,企业大多不愿意聘用。可是,饭店为什么要聘用这些人呢?

对此疑问,老板是如此回答的:"我们这样的大型建筑在一个地区矗立着,一定会给附近的居民带来难以想象的麻烦,比如,交通拥挤、噪音扰民等,如果周围的邻居因为自己的利益受损,不高兴我们的存在,我们的顾客在附近问路都可能得不到热情的指引,这对我们很不利。所以,我们一定要尽可能做到使周围的居民因为这家饭店的存在而得到好处,他们认为饭店的存在有他们的利益,我们的生意就好做了"。

大多数人做生意,心心念念的是怎样赚到更多,怎样用最小的投入获得最大的产出,怎样用最少的钱雇到最好的人,可是这家饭店却毫不吝啬地把好处分给邻居一些,结果又怎样呢? 这些居民超级负责,让饭店的清洁工作无可挑剔。

让别人得到好处,貌似吃亏,实则得到了更大的好处。在职场中,作为领导,如果能大方地让下属得到好处,他们的工作热情就会格外地高涨,就会创造更多的价值,而这些,最后都会算在领导的功劳簿上;作为合作伙伴,如果你能少些斤斤计较,让合作者得到好处,你们的合作关系会更坚不可摧,而良好的合作关系,会让你的事业更上一层楼。

1985 年,苹果公司董事会剥夺了创始人乔布斯的经营大权,迫使他第二次创业。到了 1997 年,苹果公司亏损高达 10 亿多美元,濒临破产,于是请乔布斯回来重振苹果。此时资金匮乏成为摆在乔布斯面前的首要难题,乔布斯想到了比尔·盖茨。他在高层会议上指出,我们要摒弃此前"让苹果胜利,微软必须失败"的理念,与微软和谐相处。这话传到比尔·盖茨耳朵里,虽感吃惊,但还是决定与苹果合作。于是乔布斯立即找到比尔·盖茨,说:"苹果的处境您十分清楚,急需资金恢复元气。如果我提出借一亿美元,你一定不会拒绝吧?"比尔·盖茨答应了。有了比尔·盖茨的帮助,乔布斯在短短一年的时间里,通过大刀阔斧的改革和技术革新,确立了苹果品牌主打发烧友和粉丝的战略,绕过微软占据了小众市场,让快要死去的苹果重新焕发生机,当年便奇迹般盈利 3.09 亿美元。

著名的外交官沙祖康先生一生从事了 43 年的外交工作,他曾骄傲地说过:"工作中的他是常胜将军,一辈子没有输过。在一次演讲中,有人当面质疑沙祖康:"外交方面,有输就有赢,当你赢的时候,一定是对方输的时候,你一辈子没有输过,那么可见,与你碰见的对手都输了,你有没有考虑过他们的感受,他们以后还能和你做朋友吗?"

沙祖康是这样回答的:"所谓赢,可以是单方面的赢,但这种事情比较少,一般外交谈判都是双赢,而且这是主流,国家协定要求的是坦诚,必须要人人都能接受,你真心诚意地维护国家的利益,千方百计地维护国家的利益,你把心捧出来,真诚为国家,真诚待人,对方待你只能是尊重"。沙祖康还说过:"外交是国与国之间的关系,但是外交任务的执行,是人与人之间打交道,人心都是肉做的,你只要真诚待人,对方也会真诚待你,当然你不要期待对方真诚待你,应该用真诚的态度进行交往,才能赢得信任。"

三、使自己对别人有用

职场良好关系的建立和延续在于互帮互助,你只有帮助别人成功你才能成功。如果你对别人没有用,不能帮助别人成功,别人也就没有必要与你合作。从这一点出发,你必须增加自己能为别人利用的价值,即尽自己一切力量去帮助他人。你若能为他人(这里的他人包括上司、同事、客户等)做更多的事情,他人就愿意跟你建立良好的关系。这就要求你不断提升自己可为人服务、可被人"利用"的价值,为此,你要不断学习各种知识、技能、提高自己的专业水平。这样,你才能为他人做更多的事情,也才能获得别人更多的帮助。

巴拉·安法森在纽约一家银行工作,出于儿子健康的原因,她想移居到亚利桑那州的菲尼克斯城。为此,她给菲尼克斯的银行写了如下的求职信。

亲爱的先生们:

我已有十年的银行工作的经验,对此,像你们这样迅速发展的银行一定很感兴趣。因为具有纽约银行信托公司的管理方面的能力,我已被任命为分行经理,我掌握银行业务各个环节的技术,包括存款人关系、贷款、公债及行政管理。

我将于 5 月移居菲尼克斯。我肯定会对你们的发展和利益做出贡献。我将于 4 月 3 日去菲尼克斯一周,希望能有机会向你们说明我将如何帮助你们银行实现自己的目标。

巴巴拉·艾尔·安法森

这封巧妙的求职信,导致 12 家银行中有 11 家邀她面试,而她则可以选择其中任何一家银行应聘。为什么会有这样的效果?因为安法森女士并没在信中写她需要什么,而是写了她能帮助对方什么,强调的是对用人单位有用,而不是满足自己的需要。

另一则招聘故事则将对别人有用进行到底。

这是西安市举行的一场大型人才交流会,招聘会上人头攒动。上海某著名旅游集团的招聘摊位早已排成一条长龙,一名女大学生也排在其中,她虽然身材不高,相貌平平,但神情自若。她学的是酒店管理,成绩一直非常优异,此次特来应聘大堂经理的职位。该旅游集团此次共招聘大堂经理三名,但应聘者却超过了 300 名,竞争十分激烈。排在该女生前面的人高挑俏丽,职业装优雅得体。等了四十分钟后,排在该女生前面的人微笑着递交了个人简历,没料到招聘人员轻描淡写地说:"对不起,大堂经理这个职位我们已经招满了!"那人实在不甘心排了这么长时间的队就这样被打发了,于是恳求道:"请您再考虑考虑,我有酒店管理经验。"招聘人员毫不动心地说:"对不起,我们已经招满了。"那人悻悻地离开了。

轮到这位女大学生了,她没有递交简历,而是从口袋里掏出了一支荧光笔,彬彬有礼地问:"您好,我能帮您一个忙吗?""帮忙?"招聘人员愣住了,疑惑地问:"帮我什么忙?""请允许我把贵单位招聘简章上面"大堂经理"一职划掉,或者在后面注明'人已招满'几个字好吗?"她温和地说,"队伍中很多人都是奔此职位而来的,他们不明情况浪费掉许多宝贵的时间精力,也增加了你们的面试负担,影响招聘效率。您认为呢?"她娓娓道来,引起了一位中年男人的注意。对方接过她的笔,转身划掉了大堂经理的职位,然后递给她一张名片,并且说:"我是公司的人事经理,请你明天来面试吧。"意外之举,竟然获得了意外收获。经过两轮面试和笔试,她顺利地被这家星级大酒店录取。签协议的时候,人事经理对她说:"年轻人,好样的! 你不仅懂得知难而进,还懂得为他人着想,为公司着想,能关注别人忽略掉的细微之处,这正是大堂经理这个职位所需要的职业素质。我有理由相信,你能把服务质量提高到新的水平"。

三、尽量满足他人

《圣经》上说:你想要别人怎样对待你,你就要怎样对待别人。这句话的字面意思好像是说你对待别人的方式最终会被返还给你自己。其实,它的更为深刻的内涵却是,如果你希望别人了解你的实际需要,就应该首先了解他们每一个人的实际需要。然后据此尽量给予帮助、支持和满足。

有人说:世界上影响他人的唯一方法就是谈论他要的,并告诉他如何得到。在职场交往中,在分析自己的需要的同时,也要站在对方的立场,分析对方的需要,看能否满足他的需要。如果你能尽量满足对方的需要,再让对方按照你的要求去做事就会容易得多。君不见,那些以客户利益为中心,尽量满足客户需求的企业,最终不都与客户建立起了稳定而良好的合作关系,实现了自身利益最大化吗?

有一个人被带去参观天堂和地狱。他先被带到了地狱。地狱的美味佳肴让他吃了一惊。因为每个人都坐在酒桌旁,桌上摆满了鸡鸭鱼肉、水灵灵的水果、五花八门的蔬菜。可坐在酒桌旁的人个个骨瘦如柴,愁眉苦脸。原来每个人左臂上都捆着一把叉,右臂上都捆着一把刀,而刀和叉都有约四尺长的把手,他们挥动着刀叉,却吃不到任何东西。之后他被带到了天堂。没想到天堂和地狱一样,同样的食物,同样的刀叉。然而天堂的人们个个面色红润、喜笑颜开,他们高高兴兴地喂对面的人东西吃,因为互相喂食,结果个个尽享美味佳肴。

"天堂"和"地狱"有一样的食物,一样的工具,一样的环境,一样的人,可为什么结果却大相径庭呢?

原因就在于天堂的人学会了帮助别人,满足别人,他们在付出的同时,也得到了回报;而地狱的人只会以自己为中心画圆。

这个故事是告诉我们,帮人就是帮己,只有帮助别人获得他们所需要的,才能得到自己所需要的。职场的交往也不例外。

四、有"舍"才有"得"

佛教里讲"舍得"。其实,在职场交往中又何尝不是如此,无论什么时候,在什么地方,与什么人交往,做什么事情,肯"舍"才会有"得"!

西德尼·詹姆斯·温伯格接管高盛时,高盛还是一个不甚起眼的小公司,没有多少人知道这个公司,也没有多少人认识这个温伯格。温伯格掌管高盛之后做的首要工作就是开始拜访那些领导美国顶级企业的最高管理者,并主动为他们提供无私的服务,却很少向他们提"服务费"的问题,久而久之,温伯格与那些顶级的领导人建立了非常好的私人友谊。1956 年,他在为福特公司(当时美国最大的一家公司)提供了 9 年免费咨询服务之后,亨利·福特二世选择高盛作为福特公司公开发行股票的承销商,其市值高达 6.5 亿美元,这是有史以来金额最高的新股生意。单这一笔生意就使高盛一跃跻身于华尔街顶级投行之列。1958 年,零售巨头西尔斯·罗巴克找上门来,请高盛承担同样是有史以来美国金额最高的债券发行业务,又让高盛赚了个盆满钵满。从此,温伯格在华尔街金融之王的地位从未被撼动过。

有一个年轻人,大学毕业后进入出版社做编辑,这个年轻人的文笔很好,但更可贵的是他的工作态度。

当时出版社正在进行一套大书的编辑,每个人都很忙,于是编辑部的人在完成本职工作的同时还经常被老板派往发行部、业务部帮忙。但整个编辑部只有那个年轻人愉快地接受老板的指派,其他的人去上一两次就牢骚满腹了,有人甚至向老板提出了抗议。

别人问他为什么愿意毫无怨言地做这些分外的事。

他说:"吃亏就是占便宜嘛!"

可是人们实在看不出他占了什么便宜,相反,却看他忙得像个陀螺,累得像个苦力。

年轻人真的是随叫随到,无怨无悔地干着老板交给的所有工作,后来他去业务部,还参与了直销的工作,此外,连取稿、跑印刷厂、邮寄这样的工作,只要有人开口要求,他都乐意帮忙!

两年之后，这个小伙子成立了一家出版公司，业务蒸蒸日上。

原来他在吃亏的时候，已经对出版社的编辑、发行、直销等工作做到了如指掌，所有程序已经烂熟于心了。看来他真的是占了便宜呢！

李嘉诚认为做生意减即是加。他说：我的生意比别人做得大些，其实原理很简单，就是在做生意的过程中，本该赚 10 块，我只拿 9 块，给对方多留 1 块。因为大部分人只想多赚，于是，更多的人就愿意与我做生意，结果，时间长了，我反而赚得更多。让别人多赚，就是自己赚多的秘密。李嘉诚的儿子李泽楷说："父亲从没告诉我赚钱的方法，只教了我一些做人处事的道理。父亲叮嘱过，你和别人合作，假如你拿七分合理，八分也可以，那我们李家拿六分就可以了。"

细想一下，李嘉诚总是让别人多挣一两分，所以，每个人都知道和他合作会多获利，就有更多的人愿意与他合作。如此一来，虽然只拿 6 分，但生意却越来越多，赚钱自然越来越多。

五、立足长远

良好职场关系的建立需要互惠互利，亦需要立足长远，任何急功近利，只顾眼前的做法，都是职场交往近视症的表现，都难以建立牢固的合作关系，更不要说实现可持续发展了。

王石有一次卖一块地给一位朋友，成交第二天他们在一起吃饭的时候，朋友说心里总是有点不舒服。王石对他说，你今晚想一晚上，明天早上告诉我你舒服不舒服，如果你还是不舒服，我把钱退给你，这件事就结了。第二天早上吃早饭，朋友说还是不舒服，结果下午王石就把钱退给他了。王石讲，如果我让他不舒服，对我来说，对万科来说都是小事情，但对他来说是个大事情，没准以后再也不跟万科做生意了。所以我一定要让他舒服了。当时那块地的确是块很别扭的地，万科又在手里放了好几年，也没赚钱。

深圳有一位半文盲妇女,起初给人家做保姆,后来在拥挤的街头摆小摊卖胶卷。她在卖胶卷时特别认死理,坚持一个胶卷只赚一毛钱。市场上一个柯达胶卷卖 22 元时,她卖 15.1 元,不想后来批发量大得惊人,生意也越做越大。现在,她的摄影器材店,在深圳可谓无人不晓。

在深圳这个能人成堆的地方,一个半文盲的妇女坚持互惠互利,用她简单的"只赚一毛钱"打败了复杂的东西,成功脱颖而出。

六、勇挑重担

一个人只要做工作,就难免出现这样或那样的问题,此时,应该做到主动承担责任,不推诿、不找借口,同时懂得反思,避免同样的错误再次出现。当一个人对自己的职业和工作担负起责任时,不仅他的雇主、他的同事、他的客户能够从中获益,他自己也可以由此获得更多的信任和更好的工作氛围。

组织的每个部门和每个岗位都有自己的职责,但总有一些突发事件,无法明确地划分到哪个部门和哪个人,而这些事情往往还都是比较紧急和重要的。一个人要想成为一名优秀的员工,就应该从维护组织利益的角度出发,积极去处理这些事情。如果是一项艰巨任务,就更应该主动去承担。不论事情成败与否,这种迎难而上的精神,必定会让大家对他产生认同和好感。同时,承担艰巨的任务也是一个人锻炼能力、积攒经验的难得机会。

在职场交往中,责任感与发展的空间和机会往往是成正比的,一个人越敢于承担,就越有大的发展。任何一个老板,都会将机会给予勇于担当的下属;任何一个团队,都会将重担交给能够挑大梁的队友。而正是通过把握机会和勇挑重担,一个人才能获得更多的机会,实现更大的发展!君不见,在现实中,机会总是扮演成问题的样子,谁勇于解决问题,谁就拥有更多的机会。

有人对前韩国总统李明博20岁当理事,30岁当社长,40岁当会长十分不解,对此,李明博的回答是:"虽然我进入公司用12年的时间就提升为社长,但我这12年与普通人的12年不同,我从没有休过公休日,并且每天工作18个小时以上,相当于别人的两倍。这么计算的话,我等于24年后才被提升为社长的,所以,也不能说过快。大部分人从企业主或上级那里接到某项工作任务时,一般都会首先列出面临的困难,并说明目前的人力、资金、技术、信息条件有多么恶劣,预先为失败找好各种借口。如果事情成功了,会大声炫耀;若失败了,就会说:'你看,当初我说什么了。'但是,我提出的目标始终超过企业主的目标,并为实现该目标竭尽全力。每次我送到会长面前的方案总比会长的期望值高出很多。如果会长向我提出'最好不要再出现赤字了',我不仅不会让赤字出现,而且还会提出可以盈利的新目标,并努力实现。总之,我是像企业主一样去思考,一样查找问题,并去解决它,而且还要制定出比企业主要求更高的目标。会长每次遇到危机就要找我的理由是:'李明博像我一样,不,他比我更把公司当做自己的。'"[1]

---

① 参见韩秀景:《赢在谋划——大学生就业新突破》,南京:南京师范大学出版社2010.90.

第九章　奉行宽容之道

宽容不但是明智的处世原则，也是职场中人与人交往的"润滑剂"。对于职场人士来说，宽容是职场交往中应有的一种境界，一种美德，一种智慧，是仁义和善良的化身，它像冬天里的一把火，温暖了别人，也照亮了自己，为职场和谐和工作中的良好合作奠定了坚实的基础。

第一节　宽容

一、宽容释义

宽容即宽厚容忍，不计较或不追究。按照大不列颠百科全书的解释，宽容即允许别人自由行动或判断；耐心而毫无偏见地容忍与自己的观点或公认的观点不一致的意见。按照现代汉语词典的解释，是指宽大有气量，不计较或不追究。《易经·坤·象传》上说："地势坤，君子以厚德载物。"[1]讲的就是宽容。《庄子·天下》中说"常宽容于物，不削于人，可谓至极"[2]，讲的即宽厚能容忍之意。宽容是对他人的一种

---

[1]《易经》.

[2]《庄子·天下》.

尊重、一种接受、一种爱心,更是一种力量。《庄子·秋水篇》里记载:"天下之水莫大于海,万川纳之。海纳百川,有容乃大。"①以此比喻一个人的修养、气度、胸怀、成就。来自于对他人的宽容,来自于对不同知识的不断吸取。

宽容具体体现为:承认、尊重、包容他人的个性;允许他人提出不同意见;允许他人犯错误、给他人改正错误的机会;体谅他人的处境和困难,关心和帮助他人;信任他人;充分调动他人与我交往的积极性等等。具体地说,就是"对他人的言论和行为,特别是那些与自我的信念和判断相冲突的言论和行为的容忍、谅解和尊重。宽容的前提是:那些根据理性判断而具有合理性的原则不受破坏,即使暂时受到破坏也有望得到更大的补偿"。② 然而,宽容并不是毫无原则和没有底线的忍让,而是有限度的宽容,是"和而不同"。因此,孔子不赞成"以德报怨",而主张"以直报怨,以德报德"③,意思是说对待仇怨要坚持原则,该怎样对待就怎样对待,不能因为宽容而失去原则。

当然,"宽容仅仅取决于人的主观自觉,不对任何人的宽容提出'应当'或'必须'的要求也被视作宽容的表现。也就是说,任何人、任何理论,如果不是劝导而是要求某(些)人宽容的话,就立即会陷入宽容的悖论之中去"。④

由此可见,宽容不仅意味着宽厚和容忍,宽大而有气量,原谅和不计较,还意味着能够以谅解和包容的心态和行为对待他人与自己、甚至是别人的过错和冒犯,达到人与人的多样化的共处与合作。从这个意义上说,蔺相如三让廉颇是宽容,诸葛亮七纵孟获是宽容,鲍权牙不

---

① 《庄子·秋水篇》.

② 张康之:"宽容是社会治理者的责任和义务",《道德与文明》2003.1.

③ 《论语·宪问》.

④ 张康之:"宽容是社会治理者的责任和义务",《道德与文明》2003.01.

计前嫌举荐孙叔敖更是宽容。

二、宽容的行为表现

西方心理学研究发现,有些行为可以反映出宽容性水平高低(见下表)[①]。

表1　宽容的行为表现

经常出现的行为	宽容性
如果受了冤枉,一定找机会批评对方	低
别人一旦不赞同,就表现得非常紧张	低
见不得别人行为随便或不尊重他(她)	低
认为别人经常在背后讲自己的坏话	低
周围的人都比较能了解他(她)	高
对办事缺乏信心、没有把握的人也能很有耐心	高
对别人的特殊习惯,不觉得是给自己添了麻烦	高

什么是宽容的行为,用今天比较流行的话来说,就是有格局,所谓格局本意原指艺术或机械的图案或形态。引申到做人上,指的是一个人的眼界、胸怀、气度。说一个人有格局就是说一个人有眼界、有胸怀、有气度。

一个人有没有格局,职场交往中的表现大不一样。没有格局,做事只想到个人和本团体的利益,就会对别人的所作所为斤斤计较,甚至横挑鼻子竖挑眼,就会以邻为壑,觉得善待别人是委屈甚至损害了自己。有了格局,就会意识到自己对单位、对同事、对客户的责任,为人处世就会经常想一想:自己的所作所为是否对得起领导的嘱托、同

---

① 参见魏钧:《忠诚管理》,北京:北京大学出版社 2005.9.

事的支持、客户的信任，是否有违自己内心的良知。以上司对待下属的错误为例，要允许员工犯错误，宽容地对待员工所犯的错误（当然必须有原则）。员工犯错误有三种类型：一是因经验不足而犯错，二是因能力欠缺而犯错，三是因道德缺失而犯错。对待第一种错误，要给他成熟的机会，对待第二种错误，要给他调整工作，只有第三种错误，才会不客气地请他走人。

现实中，宽容的例子不胜枚举。

胡亚雷斯是墨西哥的民族英雄，曾四任国家总统。一次，胡亚雷斯到维拉克鲁斯州视察，被邀请住进了州长官邸。州长给胡亚雷斯安排了最好的房间，并添加了许多高端的生活设施。胡亚雷斯不想搞特殊，没有声张就与下属调换了房间。

次日清晨，胡亚雷斯去卫生间洗漱，发现没有水，就朝候在走廊里的女仆招了招手，见有人召唤，女仆轻声问："您有什么要求？"胡亚雷斯和善地说："麻烦你帮我打点水吧。"女仆一动没动，说："我是专门来为总统服务的，您先等一会吧！"过了一刻钟，胡亚雷斯又请女仆给他打水，女仆有些不耐烦地说："我得随时做好为总统服务的准备，你要实在等不及，就自己去打吧。"说完，她指了指楼下的盥洗室。胡亚雷斯无奈，只得自己去打水。

午饭时，胡亚雷斯进入餐厅，女仆眼见这个被自己冷落的家伙竟然走到了最尊贵的位置前，禁不住惊叫了一声，接着大哭了起来。州长示意身边的人把女仆支走，胡亚雷斯却走向她，指着昨晚和自己调换房间的下属，对他说："你并没有错，昨晚是我进错房间了，霸占了他的床，才害得你早上把我当成了他。"女仆破涕为笑。

在广东某著名的大酒店。一位外国人吃完最后一道菜后，顺手将精美的景泰蓝筷子悄悄放入自己的口袋里。

服务小姐见状，不露声色地迎了上去，只见她双手举着一只装景泰蓝筷子的绸面小盒,亲切地对这位外国人说:"我发现先生在用餐时,对我们的景泰蓝筷子爱不释手。非常感谢你对这种精细工艺品的赏识,为了表达我们的感激之情,我们餐厅主管决定将这双图案最为精美的景泰蓝筷子送给您,并按优惠价格记在您的账上,您看好吗?"

那位外国人自然明白这些话的弦外之音。在表示了谢意之后,称自己多喝了几杯白兰地,头有些发晕,误将筷子插入衣袋。借此下了"台阶"。

曹禺是我国著名的剧作家,有"中国的莎士比亚"之称。上世纪八十年代初出茅庐的青年作家张辛欣曾在《收获》杂志上撰文激烈批判曹禺先生。对张辛欣的做法,圈内人多有不满,纷纷指责其思想偏激,不知天高地厚。受此事影响,张辛欣大学毕业分配之时被很多用人单位拒绝。后来,著名作家巴金推荐张辛欣到北京人艺当导演。对此,张辛欣内心充满忐忑,人艺的院长曹禺先生可是自己写文章激烈批判过的呀,他能接受自己吗? 了解了张辛欣的处境后,曹禺非但没有为难她,反倒诚恳地对她说:"年轻人有自己的思想这很好,希望你放开手脚认真工作,不要有任何思想包袱!"

我们在感叹曹禺先生的人格魅力的同时,也深深地为其开阔的胸怀和博大的包容之心所叹服。

人非圣贤,孰能无过。人人都有犯错误或失误的时候,需要得到他人的宽容。能够宽容地对待他人的错误或失误是一种美德,是良好修养和高贵气质的体现。在职场交往中,宽容不仅能解人之难,扬人之长,谅人之过,而且能够使对方从错误或失误中吸取教训,重新审视自己的行为。

第二节　宽容是建立友善职场关系的前提

一、宽容是处理人际关系的基本准则

宽容是美德的重要内容,甚至"在一切时代中都是人的美德中最有价值的因素。因为,人是生活在社会之中的,人与人之间的差异是多方面的,人需要对他人的不同之处甚至无意中触犯了自己的行为做出宽厚容忍的应答"。①

宽容和诚信、谦虚等价值指标一样,是衡量一个人气质涵养、道德水准的尺度。宽容作为一种能容人的道德品质和待人态度,是一种道德精神的具体体现,折射出的是一个人的良好的品德和高尚的道德。著名学者张康之曾说过:"对于人的社会生活和群体活动来说,宽容自身就应当成为立身处世和从事各项活动的原则"。②

古代先哲们对宽容、宽厚之德十分重视,孔子仁学中一以贯之的忠恕之道,其基本内涵就是宽容、宽厚的精神品格。先秦以后的历代儒家都把宽恕、宽容作为个人修养的重要内容和处理人际关系的基本准则。朱熹说:"容只是宽平不狭。"③既要能宽容别人的过失和缺点,不求全责备,成己成物,己立立人,己达达人,成人之美,亦能容忍别人的优点和长处,不偏狭、不妒忌、不自私、多褒奖别人的成就。

二、宽容是和谐职场和谐交往的前提

宽容是职场和谐交往的条件,是文明交往的内在基础。职场交往

---

① 张康之:"宽容是社会治理者的责任和义务",《道德与文明》2003.01.
② 张康之:"宽容是社会治理者的责任和义务",《道德与文明》2003.01.
③《朱子语类》卷115.

不能没有宽容,工作中你会遇到各式各样的人,你不可能与每个人都合拍,唯宽可以容人,可以共处,唯厚德可以载物。

宽容作为处理人际关系的一种和平友善的态度,是对别人的释怀,也是对自己的善待。宽容不仅是为人的准则,也是人际交往的艺术。在职场交往中,宽容就是要求人们以平心容人,多替别人着想,多给别人机会。可以想象,一旦大家有了这种和平友善态度,会很容易形成能力互补、资源共享的良好职场氛围。

宽容是人和人之间必不可少的润滑剂。工作中误会、纠纷、不公平在所难免,对此,要给予对方必要的尊重和谦让,更多地替对方着想,多包容,面对不公平不公正,与其花费时间贬低、讨伐对手,倒不如营造更为和谐的人际关系和做好当下的每一项工作,如此,对手或许就会变成帮手或潜在的朋友,人与人之间的关系也会更加和谐。

宽容是每一个渴望事业有成的人应具有的美德。在职场交往过程中,能够不斤斤计较他人的过失甚至善待别人的过失乃至错误;多为他人考虑,设法帮助对方从尴尬的境地中解脱出来,给人下台阶;对待与自己有过节或者敌意的同事,能够谅解忍让宽待,主动握手言和等等,不仅能使对方感觉到你的善意,同时也为自己建立起了友善的职场人际关系,而这种友善的职场人际关系会为自己的职业发展提供许多助力,促进事业走向成功。

林肯总统对政敌素以宽容著称,有时难免引起一些议员的不满。对此,林肯微笑着回答:"当他们变成我的朋友时,难道不正是在消灭我的敌人吗?"可谓一语中的。

"建安七子"之一的陈琳,曾写过一篇著名的《为袁绍檄豫州文》。这篇声讨曹操的檄文,措辞极为凌厉,不仅把用得上的恶语、狠话全用上了,而且还把曹操的祖父、父亲捎带上一起骂。袁绍大败后,陈琳被曹操俘获。众人皆言陈琳罪该万死,可曹操爱怜陈琳的才华智慧,不仅赦免不咎,还任命其为司空军师祭酒,不久又升任丞相门下督,而陈琳也不负曹操所望,为曹操统一北方大业作出了卓越贡献。

更有甚者是唐太宗李世民。他手下的栋梁之才,有不少是来自以前敌对阵营的骨干。如魏征曾是太子李建成的心腹,魏征追随李建成期间,坚决主张杀死李世民。玄武门之变后,李世民的大臣们都主张处死魏征,而李世民深知魏征对自己安邦治国的价值,于是力排众议,任命魏征为谏议大夫,后来又升任左光禄大夫、宰相,也正是因为唐太宗的宽宏大度,才赢得了魏征的拼死效忠,辅佐唐太宗赢得了国泰民安的贞观之治。

第三节　职场交往中宽容之道

宽容既是一种美德,也是一种修养,作为组织中的一分子,一个人不论所处的职位如何,都要学会宽厚待人,掌握宽容之道。如此,才更易于使自己的行为得到领导、同事乃至客户的理解、赞同和支持。

一、包容差异

人与人之间的差异是客观存在的,正如世界上没有两片相同的树叶,也没有两个相同的人,每个人都有自己的性格和观点,不要苛求别人的观点与你相同,不要期望别人能完全理解你。人与人之间之所以彼此需要,就是因为他们的差异,而非他们之间的共同点。如果世界上所有的人都毫无差异的话,人类文明将无以为继。君不见,思想上有相同偏见的人,结合成一个团体后,竟然形成最具有杀伤力也最危险的力量。

职场中的人,来自不同的地方,价值观不同,受教育程度不同、信仰不同、工作态度不同、行事风格不同……差异和分歧是不可避免的。

在交往过程中,应该正确认识这些的差异和分歧,宽容地对待这些差异和分歧,允许别人和自己不同,不要让差异和分歧成为困扰和争执的原因,相反,应做到求同存异,实现"和而不同"。美国第 32 届总统罗斯福,为了复兴国家经济,秉持兼容并包的精神,让持有各种不同政见的人成为自己的同盟者(其中既有自由派民主党员,也有保守派民主党员,还有共和党员等),这样做的结果是,"新政"得以顺利实施,并获得了空前的成功。

宽容他人与自己的不同之处从根本上讲就是对于他人不同于自己的价值观和态度、观点和意见、性格和志趣、工作作风和工作方式给予理解,不把自己价值观、态度、观点、意见和做法强加于人,不企图改变他人;不以自己认定的道德标准要求别人;能够理解别人,能够欣赏与自己有巨大差异的处世风格,如此才能真正做到宽容。

在职场中,你会发现,工作态度不同、性格不同的人,处理问题的方式方法会有很大差别,有时很难说哪一种方式更正确。有可能都是对的。现实中的很多事情并非非此即彼,还存在着第三条道路。我们要学会在不同之中发现相同之处,如此,就容易与拥有不同工作态度、不同性格的人相处。比如,你若是一个性格温和的人,你给同事甲提意见,可能言辞不那么激烈,语气也比较委婉。如果你身旁有一位性格直率的同事,他给甲提意见,很可能会单刀直入,语言尖锐,甚至可能转而批评你,说你给别人提意见转弯抹角,是钝刀子割肉。此时,如果你只看到该同事处事的态度和方式跟你不一样,就会觉得他太鲁莽,太不讲情面,进而感到与他格格不入,难以相处。如果你除了看到你们两个提意见的方式不一样之外,还看到他也和你一样,也是出于一片好心,是真心帮助同事,可能就不会觉得他粗鲁无情了,甚至认为他有难得的古道热肠,同时也不会计较他对你的批评了。

二、容人之长

俗话说,尺有所短,寸有所长,人的长短项各有不同。在工作中,要想用人之长,必先学会容人之长,对他人之长不嫉妒、不压制,在此基础上取他人之长补自己之短,或者是以开阔的胸襟来学人之长,用自己的努力去超越对手。如此方能互相促进,事业才能发展。

俗话说:"看人长处,可以相处"。如果你能够看到别人的长处,你就不需要处处拘泥于容忍别人,相处就会变得容易多了。潜能学家安东尼·罗宾说过:"我从来没有碰到过一个我不喜欢的人!"他并没有刻意去容忍别人,因为他以宽容的态度待人,他只关注别人的长处和优点。刘邦曾说过:"运筹帷幄之中,决胜千里之外,吾不如子房(张良);镇国家,抚百姓,给馈饷,吾不如萧何;连百万之众,战必胜,攻必取,吾不如韩信。三人皆人杰,吾能用之,此吾所以取天下者也。"职场交往过程中,如果大家都能够容人之长,欣赏他人之功,对于上司、同事、下属甚至竞争对手取得的成绩和功劳,抱着欣赏的态度喝彩鼓掌。这样,大家不仅能够和睦相处,相互还会有所补益,有效合作。

北大教授叶功超作为新月派的代表人物,经常与鲁迅为代表的左翼作家联盟发生论战,两派可谓势不两立。鲁迅病逝后,叶功超却在天津《益世报》上发表了一篇文章,充分肯定了鲁迅在小说史研究、小说创作及文字能力三方面的成就。之后不久,叶功超又在《北平晨报》上发表了一篇更长的文章——《鲁迅》专论,对鲁迅作了全面公正的评价。叶功超认为:"五四之后,国内最受欢迎的作者无疑是鲁迅",并热烈称赞"鲁迅最成功的还是他的杂感文","他的情感的真挚、性情的倔强、智识的广博,都在他的杂感中表现的最明显……在这些杂感中,我们一面能看出他心境的苦闷与空虚,一面却不得不感觉到他的正面的热情。他的思想里时而闪烁着伟大的希望,时而凝固着韧性的反抗,在梦与怒之间是他文字最美满的境界。"

胡适看到此文后，很不满意，他责怪叶功超："鲁迅生前吐痰都不会吐到你头上，你为什么要写那么长的文章捧他?"叶功超一脸坦然地回答："人归人，文章归文章，不能因人而否定其文学成就。"

叶功超教授开阔的胸襟由此可见一斑。

在职场中，不乏这样的人，他们对他人之长充耳不闻，视而不见，更有甚者则充满嫉妒。这种嫉妒，就是当别人占据了比自己优越的地位，或是自己所宝贵的东西被别人夺取或将被夺取的时候所产生的情感。这种感情是一种极想排除别人的优越地位，或想破坏别人优越的状态，含有憎恨的一种激烈的情感。妒忌情绪高涨的人，不但破坏力强，而且很可能是与被害对象没有交过手，甚至没有来往的，仅仅是私下觉得别人拥有的是自己所无或比自己的好，就心中难过郁闷，继而忍不住想方设法去灭别人的威风，损害别人的利益。这种建立于纯粹个人主观上的爱恶，是最让人鄙夷的，它不仅令自己的风度与胸襟失控，还会严重破坏职场和谐，让自己陷入孤家寡人的地步。

三、容人之短

假设我们要从以下3个候选人中选择一位来造福人类，你会选哪一个呢? 先来做一个对比。

候选人A:笃信巫医和占卜术;有两个情妇，嗜好马提尼酒。

候选人B:曾经两次被赶出办公室;每天到中午才肯起床;读大学时曾经吸食过鸦片;每晚都要喝一夸脱(约一公升)的白兰地。

候选人C:曾是国家的战斗英雄;保持素食习惯;从不吸烟，只偶尔来点啤酒。

是不是你觉得这是一个极容易的选择，因为C看起来是不容置疑的最佳人选。

我们来揭晓答案,看看他们都是谁?

候选人 A 是富兰克林·罗斯福;

候选人 B 是温斯顿·丘吉尔;

候选人 C 是阿道夫·希特勒。

可见,好人并非完人,而坏人也未必一定是十足的混蛋,人人都有不足之处,都有短板。不能期望我们的上司、同事和客户都是十全十美的,他们是人不是神,自然会有缺点,有不足。表现在工作中,有独特的优势,也有难以补齐的短板,在交往过程中,我们要学会宽容他们的不足,在享用他们的长项的同时也要接受他们的短板。否则,就难以有效共事。

戴尔·卡内基在研究了大量人际关系后指出:"要相信世界上90％的人和事是好的,只有 10％的人才是使人烦恼的"。要想得到90％,就必须容忍和接受那 10％。以《西游记》中唐僧收的三个徒弟来看,这些人都是受到天庭惩罚的人,用今天的话说,都是有劣迹、有前科的人。唐僧并没有因此而对他们心生芥蒂,无论是面对顽劣不堪的孙悟空,还是好吃懒做、贪财好色的猪八戒,抑或愚钝木讷的沙和尚,唐僧都以宽大的胸怀包容了他们的不足和毛病,给予他们尊重、平等对待和关爱。也正因为如此,才能凝聚大家,一路降妖除怪,披荆斩棘,最终取得真经,修成正果。

容人之短,是团结友善的重要基础,更是建立和发展和谐的人际关系的重要原则。任何事物都不可能尽善尽美,任何人都不可能完美无缺,每个人在思想、性格或做派上都有其短项或短处,容不得别人短项或短处势必难以共事,而宽容地对待别人的短项或短处,多理解他人,不苛求他人,不以自己之长比他人之短,则不仅体现了自己的良好的修养和宽阔的胸襟,还能成功建立人脉,凝聚人心,共谋事业发展。

辜鸿铭有狂生怪杰之称,他敢骂慈禧敢骂总统敢骂新文化运动的仁人志士,他给张之洞做幕僚,经常自作主张,似乎他是抚台,张是幕僚,还讥讽张之洞的政治主张,认为是新政补元汤、宪政和平调味汤,皆为不对症之药方,甚至说张之洞有玩阴谋耍手腕的小人作风。而张之洞却不以为忤,从两广总督到湖广总督二十多年,一直带着这个幕僚。后来还保举他担任了黄埔浚治局督办。有一件事可以看出张之洞容人的气量。

张之洞创办汉阳兵工厂时,盛宣怀向他推荐了一位兵工专家华德·伍尔兹,张之洞一见十分满意,安排在宾馆热情招待。两天后,差人去叫伍尔兹。去的人回禀说:"那西洋人昨天已被师爷打发走了"。张之洞十分诧异,追问辜鸿铭,辜鸿铭回答:"昨天我与伍尔兹交谈,算来他还是晚我五六年的英国同学,他学的是商科,现在上海开洋行,哪是什么兵工专家!因此我打发他回上海去了。"

接着又说:"不能一见到蓝眼珠黄头发便认为是专家,盛宫保办洋务,只是利用洋人做招牌,不管阿猫阿狗,拿来做幌子吓唬朝廷,专示新政的。"当即向张之洞推荐了一位兵工专家,张之洞也毫不迟疑地聘请了这个人,实践证明该人才是真正的兵工专家。

应该说,张之洞之所有能卓有成效地创办著名的近现代企业,与辜鸿铭的才识与鼎力相助是分不开的,如果张之洞心胸狭窄,缺乏容人的气量,不大胆依靠辜鸿铭,也就不会取得如此大的成就。[①]

四、赦小过

赦小过即宽容他人的小过失,或者说是对别人的小错误或过失,不过分苛责。古人云:"人非圣贤,孰能无过?"任何人都难免偶犯小过,不慎"跌跤",对此,应该予以包容和谅解,做到得饶人处且饶人,而

---

① 参见卫展眉:"张之洞看重辜鸿铭",《做人与处世》2014.17.

非小题大作，上纲上线。当然，赦小过不是对小错误或过失视而不见，而是间接提醒却不深究。赦小过不等于没有原则，也不意味着是非不分，曲直不辨和麻木不仁，更不是纵容和放弃原则，而是讲究策略和方法，对于上级而言，如果下属犯了小错或出现小过失，既要让他知道你能明察，又让他明白你的宽厚，如此方有治病救人之功效。

赦小过是一种美德、一种教养，善于原谅他人小过失的人，一定是宽以待人、心地坦然、谦虚自重的人。在职场交往过程中，对于别人犯的一些小错误或者小过失（如不能改变的事情），如果能够宽容大度，用宽阔的胸怀去包容，不但体现了一个人的涵养，还能避免许多无谓的纠葛和争执。

楚庄王是"春秋五霸"之一，关于他"一鸣惊人"的故事早已脍炙人口，下面一则故事则显示了他宽厚待人的帝王气魄。

一次，楚庄王因为打了大胜仗，十分高兴，便在宫中设下盛大晚宴，招待群臣，宫中一片热火朝天。楚王也兴致高昂，叫出自己最宠爱的妃子许姬，轮流替群臣斟酒助兴。

忽然一阵大风吹进宫中，蜡烛被风吹灭，宫中立刻漆黑一片。黑暗中，有人扯住许姬的衣袖想要亲近她。许姬便顺手拔下那人的帽缨并赶快挣脱离开，然后许姬来到庄王身边告诉庄王说："有人想趁黑暗调戏我，我已拔下了他的帽缨，请大王快吩咐点灯，看谁没有帽缨就把他抓起来处置。"

庄王说："且慢！今天我请大家来喝酒，酒后失礼是常有的事，不宜怪罪。再说，众位将士为国效力，我怎么能为了显示你的贞洁而辱没我的将士呢？"说完，庄王不动声色地对众人喊道："各位，今天寡人请大家喝酒，大家一定要尽兴，请大家都把帽缨拔掉，不拔掉帽缨不足以尽欢！"

于是群臣都拔掉自己的帽缨，庄王再命人重又点亮蜡烛，宫中一片欢笑，众人尽欢而散。

三年后,晋国侵犯楚国,楚庄王亲自带兵迎战。交战中,庄王发现自己军中有一员将官,总是奋不顾身,冲杀在前,所向无敌。众将士也在他的影响和带动下,奋勇杀敌,斗志高昂。这次交战,晋军大败,楚军大胜回朝。

战后,楚庄王把那位将官找来,问他:"你此次战斗奋勇异常,寡人平日好像并未给过你什么特殊好处,你为什么如此冒死奋战呢?"

那将官跪在庄王阶前,低着头回答说:"三年前,臣在大王宫中酒后失礼,本该处死,可是大王不仅没有追究、问罪,反而还设法保全我的面子,臣深深感动,对大王的恩德牢记在心。从那时起,我就时刻准备用自己的生命来报答大王的恩德。这次上战场,正是我立功报恩的机会,所以我才不惜生命,奋勇杀敌,就是战死疆场也在所不辞。大王,臣就是三年前那个被王妃拔掉帽缨的罪人啊!"一番话使楚庄王和在场将士大受感动。楚庄王走下台阶将那位将官扶起,那位将官已是泣不成声。

楚庄王不计小节,终得良将,这就是宽容带来的收获。

官渡之战后,曹军大胜,袁绍落败。曹操的亲兵从袁绍军营中缴获了一批书信,其中居然有很多是曹操手下的人写的,里面还涉及不少曹军机密。显而易见,这些书信是这些人通袁叛曹的铁证。

如何惩处这种吃里扒外的人,曹操的谋士和将领们建议逐个登记姓名,给予严惩。但是曹操说:"当时袁绍强大,我连能否自保都是问题,又怎能怪得了他们呢?"于是连看也不看这些书信,命手下人一把火全部烧掉。

曹操焚烧书信的举动,笼络了朝中一大批忠臣良将,"冀州诸郡多举城邑降曹。"[1]这为他日后成就霸业打下了坚实的人心基础。

---

[1]《三国志·魏书·武帝纪》.

有一次英国前首相威尔逊在公开场合发表演讲时,突然从人群中扔来一枚鸡蛋,不偏不倚,正好打在他的脸上,现场气氛立刻紧张起来,周围的安全人员很快在人群众抓住了那名"肇事者",原来是个十来岁的小孩。

听说是个小孩子在捣鬼,威尔逊示意手下放人,可是没过几秒钟,他又改变了主意,叫住小孩,并当着众人的面吩咐助手记下小孩的姓名、家庭住址及电话,台下的听众们见此情形,不仅议论纷纷:看来,威尔逊是要对这个小孩进行处罚了。

谁知威尔逊煞有介事地打听了一番小孩的情况后,示意安静下来,然后说:"我的人生哲学是要在对方的错误中,去发现我的责任。刚才那位小朋友用鸡蛋扔我,这种行为是很不礼貌的。虽然他的行为不对,但作为英国首相,我有责任为国家储备人才。小朋友从下面这么远的地方,将鸡蛋扔得这么准,证明他是个可塑之才,所以我将他的名字记下来,以便让体育大臣注意栽培他,使其将来能成为我国的棒球选手,为国效力!"话音未落,台下一片笑声、掌声。

威尔逊的这番话,既为自己解了围,又舒缓了现场的气氛,同时还体现了自己的宽容风趣,可谓一石三鸟,机智幽默。

五、有雅量

宽容,显现的是一种包容、容纳的风度。在职场交往中难免有人思想和行为过激,对此如何应对,是对一个人修养和品格的考验。在这种情况下,需要我们冷静地面对所发生的一切,给予对方必要的尊重和谦让。常言道:"大度集群朋"。如果能以博大的胸怀接纳持不同观点和做法的人,会给他人以心理上的安全感,让人由衷地敬佩,进而获得更多助力;反之,不依不饶,得理不让人,往往会火上浇油,使小事变成大事甚至演变成大祸,招致难以设想的不良后果。

1912 年 3 月,蔡元培就任中华民国教育总长后,无意中读到胡玉缙撰写的《孔子商榷》,认为作者的观点颇有见地,一连读了几遍后,便决定将其聘请到部中任职。于是,他指示下属起草一封信。胡玉缙当时在学术界还是无名小卒,与蔡元培也素昧平生,按理说有蔡元培这样的大人物举荐他,本应该感激不尽才是。可出乎预料的是,胡玉缙接到邀请信后,非但没有感激,还给蔡元培写了一封抗议信。

原来,问题出在蔡元培下属写的信的措辞上。信是这样写的:"奉总长谕:派胡玉缙接收(教育部)典礼院事务,此谕。"按字面理解,"谕"和"派"两个字是上级对下级的,包含着必须服从的意思。而胡玉缙当时还不是教育部的雇员,因而不存在上下级关系,特别是"谕"字,本来是封建专制时代使用的一个特定词,胡玉缙对此无法容忍,于是写信抗议。蔡元培接到胡玉瑨抗议信后,内心非常不安,立即给胡玉缙回信表达了歉意,称:"责任由我来付"。最后,胡玉缙被蔡元培的诚意所感动,欣然答应到教育部任职,后来成为著名的国学大师。

对于下属的失当之举,蔡元培主动承担责任,并真诚道歉。事情虽小,却折射出蔡元培的宽宏雅量。

1922 年 3 月 4 日,著名国学大家梁启超到北大礼堂作了一次关于《老子》成书年代问题的学术报告。梁启超认为《老子》有战国时期作品的嫌疑,他还幽默地宣称:"我今天对《老子》提出诉讼,请各位审判?"不料几天后,梁启超真的收到了一份判决书。这份判决书是一篇学术论文,文中称梁启超为"原告",称《老子》为"被告",自称为"梁任公自身认定的审判官并自兼书记官",以在座中"各位中的一位"的身份"受理"梁启超提出的诉讼,进行"判决"。其"判决"如下:"梁任公所提出各节,实在不能丝毫证明《老子》一书有战国作品的嫌疑,原诉驳回,此判。"判决书的具名是张煦。

原来张煦是梁启超学术报告的听众,他对梁启超的观点颇不以为然。于是根据自己当时匆匆记下的几页笔记为原材料,针对梁启超的观点进行了逐一批驳:"或则不明旧制,或则不察故书,或则不知训诂,或则不通史例,皆由于立言过勇,急切杂抄,以致纰缪横生,视同流产。"文章洋洋洒洒,长达数万言,全文分析严谨、逻辑严密、材料充实。梁启超看后,尽管并不同意作者的观点,但却十分赞许其才华,于是亲自为该文写了如下题识:"张君寄示此稿,考证精核,极见学者态度。其标题及组织,采用文学的方式,尤有意趣,鄙人对于此案虽未撤回原诉,然深喜《老子》得此辩才无碍之律师也。"后来张煦的文章连同梁启超的题识,一并发表于《晨报》。

面对小青年的挑战,梁启超不仅表现出学术大家的雅量,而且热情奖掖后学,一时间被传为学术界的佳话。

第四节　培养宽容精神

如何培养宽容精神?学会宽容。历史故事使我们获益良多。

清代大学士张殿英在京为官时,一天,他收到一封家书。看过信之后,他明白了事情的原委:原来,家人的邻居想向外扩三尺院墙,而张殿英的家人寸土不让,由此争执不下。无奈,家人写信给张殿英,希望借他的权势威吓邻居,以使邻人停止侵占院墙。张殿英随即回信一封:

千里修书只为墙,让他三尺又何妨。

万里长城今尚在,不见当年秦始皇。

家人接信后,立即按照张殿英的意思让出了三尺地给邻居。邻居知道此事后,深感愧疚,也主动让出了自己的三尺地,于是就形成了一个有名的"六尺巷"。这个故事成为宽容的美谈,流传至今。

一、树立博爱的胸怀

博爱是一种情操,更是一种修养。只有博爱的人,才真正懂得善待自己,善待他人,交往中才会有优势,工作才充满情趣。有一则故事发人深省,一个小孩因受到母亲的批评而对母亲产生怨恨。他跑到山边,对山谷高喊:"我恨你,我恨你"。山谷传来"我恨你,我恨你"的回音。小孩跑回去吃惊地对母亲说,山谷里有个坏孩子说他恨我。母亲带他回到山边,要他喊:"我爱你,我爱你"。这一次,小孩发现山谷里也有个好孩子说"我爱你,我爱你"。职场中的交往就像山谷的回声,送出什么就回收什么。要想赢得朋友,就得先成为别人的朋友。友善地对待每一个人,这是职场成功者的准则。

《江南时报》在 2002 年 12 月份曾刊登过一篇署名"春康"的文章,文中讲述了作者在某大公司中求职失败的经历。

事情的经过是这样的:

到那所知名大企业——方正电器公司竞聘,我凭借着过硬的知识、优美的文笔和流利的口才一路过关斩将,顺利地进入老总亲自面试这最后一关。我不禁喜形于色,仿佛看见自己梦寐以求的销售部经理一职正迎面而来。

面试当天,我和另一位同样十分出色的闯关者准时而至。老总简单与我们寒暄几句,突兀地说:"经过考核,我们已经深刻地了解到,你们两个人都很出色。现在突然传来消息说,就在刚才,有人向消协投诉了我们的一个强有力的对手——太阳电器公司,由于他们公司产品的质量不合格而引起一起劣性事故,造成了严重损失和恶劣影响。如果你们作为本公司销售部经理,对此有什么举措呢?10 分钟后,我将单独听听你们的想法。"

10 分钟后,我先被招呼到了老总所在的房间。

我稍微一顿，然后特别自信地回复老总："总经理，您好，我是这样认为的：企业的生命力和动力便在于在竞争中立于不败之地。太阳电器公司出现的事故一方面说明他们的质量、管理及销售方面出现了纰漏，更重要的是现在能很好地折射出咱们公司产品的优势来。我想，机不可失，作为销售部的经理，必须抓住机遇，稳定原有电器产量的同时，加大力度，大面积地宣传自己的品牌，然后将生产与销售提高一个台阶！"

看着老总频频点头，我继续说道："太阳电器公司的事故可以说给了我们难得的契机，我们完全可以在此基础上踩着他们的肩膀铿锵而上！"说完，我自信地坐下。老总依旧微笑着点头，这使我对自己的表现更加胸有成竹。

片刻，老总很高兴地站起走到我身边，拍拍我的肩膀，微笑着说："好的，您现在就可以回去静候音讯，我们会在第一时间通知您结果。"

几天后，公司的通知书果然如期而至。我迫不及待、满怀信心地打开，只见上面非常详细地写着："春康先生，你好！十分感谢你通过了我们的初试并参加了最后的面试。你面试的回答充满了激情和睿智，但经过我们认真的研究，不得不遗憾地告诉你，我们并不能录用你。其实，被投诉的公司并不是太阳电器公司，而恰恰是我们方正电器公司。我们想，一个优秀的企业销售部经理，必须眼光长远，目光短浅、只顾及眼前的一点利益乃经营大忌。对竞争对手宽容关怀一点才是明智之举。当产业中某一竞争品牌发生有损名誉的事件时，如果不迅速解决，将会波及至整个产业。这次事件，太阳电器公司的反应是：他们立刻赶在我们之前向消费者道了歉！同时保证他们太阳电器精益求精，服务周到！太阳电器公司此举正是温柔的杀手，潜伏着很大危机！同样，他们的宽容也使其霎时间内抢占了我们很大一部分市场！市场竞争法则就是这样残酷！所以，春康先生，实在对不起。"

可见,工作中,我们不单要有过人的才能,还需具备宽容的美德,即便对象是竞争对手。

二、像容忍自己一样容忍他人

美国约瑟夫·F.纽顿说过:"要像容忍自己一样容忍他人。他说:"很奇怪,我们对自己过错的审视,往往不如看待别人所犯的错过错那么严重。正如德国神学家肯必斯所言:"我们很少用同样的天平去衡量邻居。"这大概是因为我们对于导致自身过错的背景了解得很清楚,所以对于自己的过错就比较容易原谅,而对于别人产生过错的背景不清楚,因而难以原谅别人的过错。即使我们有时不得不正视自己的过错,也总觉得是可以谅解、可以宽恕的,这是因为,无论我们自己是好是坏,我们只能容忍自己,接受自己。我们是如何对待别人的呢? 一旦别人犯错,我们是多么苛刻,就拿撒谎来说,如果我们发现别人说谎,就会怒不可遏,立刻严加斥责,有时还会上纲上线加以评判。可是,谁又没有撒过谎呢,有时候自己撒的谎可比人家严重得多呢。

每个人都是天使和魔鬼的复合体,人既然能容忍自己,宽容自己,对于他人的过错,不妨也大度一些,宽容一些。

三、接受别人原来的样子

人与人之间的差异是客观存在的,要树立"和而不同"的思想,尽量理解与自己不同的"其他人",试着接受别人原来的样子,如承认和重视每个人的人格、感情、爱好、习惯、社会价值以及所应享有的权利和利益,并力求和他们有效地共事。一群人之所以聚集在一起构成一个组织,就是源于他们之间的不同,而非他们之间的共同点,只有大家承认差异、包容不同,才能和谐相处。从某种意义上说,组织的强大就是因为组织成员的不尽相同，各有其特点，正是人们的优势组合，才成就了组织的发展。

在职场交往中，接受别人原来的样子，不去勉强别人扮演我们心中的完美角色，甚至对别人无意中触犯了自己的行为做出宽厚容忍的应答，这不仅会让我们不用特意忍受别人，还有益于我们与不同性格的人相处。由于性格上的差异，每个人在思考问题时都会有很大的差别。我们应该理解不同性格类型的人的思维和行为方式，如此才便于建立融洽的职场关系。

四、注意和欣赏别人的优点

注意和欣赏他人的优点，体现了一个人的处世态度和道德水准。这样的人，往往胸襟宽广，视野开阔，思维灵活，善于发现和汲取他人的长处，不断进行自我改善。同时，这样的思维与行为方式也容易博得他人的好感、支持与帮助，为自己营造一个良好的工作氛围与环境。而这种氛围与环境，又能产生无形的助推力，使人在前进的征途上走得更快、更稳。

一位大学毕业生在一家广告公司应聘。经过三轮应试，只剩下五人进入最终的"五分钟演讲"阶段。演讲中，每个人的表现都很出色，但只有这位男生应聘成功了。使他胜出的一个重要因素是别人难以想象的：他在听到一位竞争对手演讲到精彩之处时，情不自禁地为其鼓掌喝彩。这无意间的举动，被担任主考官的公司老总认为是"善于欣赏和吸取别人的优点、富有团队精神"的体现，因而成为唯一的获胜者。

仔细研究我们就会发现，富有宽容精神的人，都长着一双善于发现别人优点的眼睛，他们总是能够看到和发现别人的许多优点和长处，如此一来，他就不需要处处拘泥于容忍别人，自然就达到了宽容的境界了。

令人遗憾的是,有些人特别喜欢注意和强调别人的缺陷和不足,他们似乎以找出别人的错误和缺陷为乐趣,并以此达到自我满足。殊不知,这样寻找乐趣的方式所付出的代价太大,以至于最终把自己变成了一个苛刻和不受欢迎的人。

五、养成对他人正面评估的习惯

对于别人的评估,一定要正面多于负面,鼓励多余责难。总是喜欢否定别人的人,必定是一个不宽容甚至苛刻的人,这样的人在职场上是不可能拥有良好人际关系的。

有这样一则古老的寓言故事。讲的是有一位神秘的长老,他无所不知,具有洞悉事物的观察能力。有一天,学校里有个聪明且调皮的小男孩对他的同伴们说:"我有一个问题,一定能难倒那个'智者'。我抓一只小鸟在手里,然后跑去找他,我要问他,我手上的小鸟是死的还是活的,如果他回答是活的,我即刻就把小鸟捏死,丢到他脚边,如果他回答是死的,我就放开我的手,让小鸟飞走。"

打定主意后,这一群男孩跑去见智者,一见面,那个调皮的男孩立刻问智者:"聪明人啊,你告诉我,我手里的小鸟是死的,还是活的?"

智者沉思了一下回答到:"孩子,这个问题的答案就掌握在你手中!"

这就是宽容,它掌握在你手中,你可以选择对对方不满、批评和责难,也可以选择包容对方的错误和缺点。当你更多注意对方好的一面,而不是总去挑剔不好的一面时,你就变得宽容了。

气象学家竺可桢曾担任浙江大学校长,竺先生一贯以"只问是非,不言人过"的科学精神对待同仁。著名物理学家束星北,才华横溢却脾气暴躁。抗战期间,浙江大学因战争西迁,束星北对此很不满,于是西迁路上,不断地数落竺校长的种种不是,竺校长皆一笑了之。竺可桢虽然不喜欢束星北的这种作风,却力排众议,聘他为教授,并经常为保护这位口无遮拦的教授而费尽周折。而另一位才子教授费巩,一度对竺可桢不满。开教务会时,他当着竺可桢的面说:"我们的竺校长是学气象的,只会看天,不会看人。"竺可桢听了,微笑不语。后来,竺可桢不顾"只有国民党员才能担任训导员"的规定,认定费巩"资格极好,于学问、道德、才能为学生钦仰而能教课",照样请他做训导员。

竺可桢不论人过,坚持正面评价员工,浙江大学在他手中自然越办越好。

六、推己及人

将心比心,推己及人,即心理换位。孔子说过:"仁者己欲立而立人,己欲达而达人",[①]"己所不欲,勿施于人"。[②]《天演论》的作者赫胥黎则认为:"施人如己所欲爱,金律也;待人如己之期人,恕道也"。可见,恕道以"推己及人"为原则,金律以"爱人如己"为根据。它告诉我们每个人都要设身处地为他人考虑,怎样对待自己,就应该怎样对待别人。比如,有两位同事张三和李四都在会议中演讲,接着由你发言,就算你对张三的演讲非常赞赏,那你也不能只对张三倍加称赞,而绝口不提李四。正确的做法是,用"同理心"想想别人的感受,当你仅仅赞美张三,而不理会李四的时候,给李四的印象可能是你不赞赏李四的观点。相反,此时只要你带上这么一句:"李四说的,我不内行,不好妄加评论,就专门谈谈张三吧!"李四听了,感觉就好多了。

无论是在生活中还是工作中,谁都不愿意干自己不爱干的事情,

①《论语·雍也》.

②《论语》.

更不喜欢让他人来强迫自己做不爱做的事情,同时,每个人都会为自己的利益着想,自己是这样,别人也是这样。因此,在职场交往过程中,不能只站在自己的立场上考虑问题,只考虑自己的愿望和想法,只关注顾自己的利益而置他人的利益于不顾,必须学会站在别人的角度上思考问题,设身处地地为别人着想。将心比心,推己及人,如果能做到这一点,那就会使你以更宽容的态度来对待别人。

1923 年,年仅 12 岁的钢琴神童李斯特在巴黎进行巡回演出。一次演出结束后,李斯特回到住处。吃过晚饭,李斯特突然想起家乡的一道甜点——莉特须水果卷。此刻万籁俱静,倍感疲倦和孤单的李斯特特别想吃这道甜点。他的助手善解人意地说:"稍等,我去看看。"便转身出去了。

半个小时后,助手端着冒着热气的甜点走了进来。两眼放光的李斯特接过甜点,大口咬了下去。然而仅仅吃了一口,就再也吃不下去了。他皱着眉头,耸着肩膀说:"我敢说,这是我吃过的最难吃的莉特须水果卷。"助手听了,手足无措地站在原地,表情很是尴尬。

这时,李斯特的经纪人对他说:"亲爱的,请跟我来。"李斯特一向很敬重经纪人,尽管有些不情愿,但还是跟着他出去了。经纪人带着他走出房门,又穿过长长的长廊,冬夜冷风刺骨,李斯特不由打了个寒战。他们走进一个房间,只见桌子上冷乱地放着烤箱、面盆,还有几个刚打开包装的酸樱桃、干酪等馅料。李斯特疑惑地看着经纪人,经纪人别有意味地对李斯特说:"现在夜深人静,厨房的伙计们都睡下了。你知道助手临时找来这些工具和食材有多困难吗?你知道从来没有下过厨房的他能做出这样一道甜点有多不易吗?""原来是这样呀。"李斯特面带愧色地低下了头。经纪人接着说:"挑剔往往源于不宽容。如果你能时常保持着一颗宽容之心,就能充分理解他人的艰难与不易,也就不会无端地生出那么多挑剔。"经纪人的一席话说的李斯特面红耳赤,连连点头。

此后,李斯特的名气不断增大,但他从来没有自大和骄傲,更没有因此而对别人百般指责、横加挑剔。在与人交往中,李斯特牢记经纪人对他说过的话,时刻保持一颗宽容的心。

七、常怀理解之心

古希腊哲学家赫拉克利特说过:"我们要学会开拓生活的领域;理解,就是宽容。"宽容意味着一种善意的理解和理解之后的爱和关怀。如果你能常怀理解之心,那么,你的同事和上司就会相信你能理解在工作和人际关系中所发生的种种矛盾和不愉快,从而使大家的合作变得顺畅自然。

三国时期的蜀国,在诸葛亮去世后任用蒋琬主持朝政。他的属下有个叫杨戏的,性格孤僻,讷于言语。蒋琬与他说话,他也是只应不答。有人看不惯,在蒋琬面前嘀咕说:"杨戏这人对您如此怠慢,太不像话了!"蒋琬坦然一笑,说:"人嘛,都有各自的脾气秉性。让杨戏当面说赞扬我的话,那可不是他的本性;让他当着众人的面说我的不是,他会觉得我下不来台。所以,他只好不做声了。其实,这正是他为人的可贵之处。"后来,有人赞蒋琬"宰相肚里能撑船"。

在一家宾馆的柜台上,一位柜台服务员正在紧张地忙碌着,一个人报出自己的姓名后,这位服务员热情地回答:"是的,X先生,我们已经为你预备了一间上好的单人间。"

"单人间?我预定的可是双人间。"

服务员很有礼貌地说:"先生,让我再检查一遍。"他抽出客人预定房间的资料查阅,然后说:"很抱歉,先生,您电话预定的确实是单人间,如果我们有任何空余的双人间,我是很愿意为您安排的。但是我们现在确实没有多余的双人间。"

那位顾客愤怒地说:"我不管电话里预定的是什么,我就是要一间双人间。"

然后他开始骂骂咧咧:"你知道我是谁吗?……我会让你丢掉饭碗的,你等着瞧吧!"

在咒骂声中,这位年轻的服务员依然和颜悦色地对这位客人说:"先生,非常地抱歉,但我们的确是按照您的指示来办的。"

最后这位顾客恼羞成怒:"你们宾馆的管理太糟了,你即便让我住,我也不会住的。"说完气冲冲地走了。

下一位客人 Y 走向柜台,想到柜台服务员刚受了这么恶劣的责骂,可能会没有好气。可是他依然很热忱,愉快地与客人打招呼"晚安,先生"。当他办理 Y 先生的房间手续时,Y 先生对他说:"我非常欣赏你刚才的表现,你很善于克制自己的情绪。"

服务员说:"先生,我实在没有必要为他生气,他其实并不是对我发脾气,我只是个替罪羊。他可能和太太有严重摩擦,也可能生意出了问题,而这是使他感到像个大人物的大好时机,我只是给他机会,让他失调的系统获得一些满足感。其实,他可能是个很好的人,大部分的人都是如此。"

八、控制情绪

如果一个人能够克制自己的情绪,就会进行理性思考,进而理智地对待周围的人和事,审慎地处理各种问题,此时,他就会表现出宽容和谅解。相反,当一个人不满、愤怒、咆哮甚至疯狂地对别人发脾气时,他的情绪会极度高昂,进而丧失理智,此时必然会失去对别人的宽容。所以,试着收敛自己的愤怒情绪,并学习对别人让步,你就会变得宽容得多。下面这个例子很好地说明了这一点。

很早以前,一位父亲为了纠正他儿子的坏脾气,就给了这个男孩一袋钉子,并且告诉他,每当他发脾气的时候就钉一根钉子在后院的围篱上。

第一天,这个男孩钉下了 29 根钉子。

钉钉子并不是一件容易的事,尤其对一个小孩子来说,所以他开始学会考虑发脾气是不是值得。慢慢地,他每天钉下钉子的数量减少了。他发现控制自己的脾气要比钉下那些钉子来得更简单。

终于有一天,这个男孩对父亲说,他觉得自己再也不会乱发脾气了。父亲告诉他,从现在开始,每当他能控制自己的脾气的时候,就拔出一根钉子。

拔钉子似乎更难,但这时候,男孩已经开始懂事了。随着时间一天天地过去,最后男孩告诉他的父亲,他终于把所有钉子都拔出来了。

父亲握着他的手来到后院说:"你做得很好,我的好孩子。但是看看那些围篱上的洞,这些围篱将永远不能回复成从前的样子。你生气的时候说的话将像这些钉子一样留下疤痕。如果你拿刀子捅别人一刀,不管你说了多少次对不起,那个伤口将永远存在。话语的伤痛就像真实的伤痛一样令人无法承受。"

九、不苛责于人

在职场交往中,要掌握宽容之道,首先不能期望别人把一切都做得滴水不漏,要坚持做事标准而不求全责备。其次,不能待人苛刻。古人云:"不责人所不及,不强人所不能,不苦人所不好"[①]。即不要求别人做他做不到的事情,不勉强别人做他不擅长的事情,不逼迫别人做他不喜欢做的事情。相反,应该少抱怨,多完善。

美国人马歇尔·戈德史密斯讲过这样一件事。他在加利福尼亚

---

① 《文中子·魏相》.

大学求学时师从福瑞德·凯斯教授。福瑞德·凯斯既是马歇尔的导师,也是他的老板,因为他既是加利福尼亚大学的教授,同时还是洛杉矶城市规划委员会的领导者。他要求马歇尔实地参与洛杉矶市政咨询项目并由此撰写其毕业论文。一天,凯斯神情严肃地对马歇尔说,"马歇尔,你到底怎么回事,市政厅的人常对我说,你在那里似乎很消极,易发怒,好评判,这究竟是怎么回事?"

"教授,你根本想不到,市政府的效率是多么低下,发展目标也存在严重问题。总之,那里的毛病太多了。"

"多么了不起的一个大发现!"凯斯揶揄道,"你,马歇尔·戈德史密斯先生,居然发现了我们的市政府是一个效率极低的政府,真不简单! 但我还是很不情愿地告诉你,马歇尔,街边角落的那个理发师早在几年前就告诉过我这一点,他和你有完全一样的发现,甚至比你发现的问题还多。你还有别的什么让你烦恼的事吗?"

凯斯教授的讽刺并没有吓到马歇尔,他继续愤慨地指出,市政府的许多举措都明显地偏袒那些曾经慷慨捐助的富人。

凯斯教授笑着说:"第二个重大发现!""你的评判能力的确很强,你的眼光也非常敏锐。但是,我不得不再次遗憾地告诉你,那个理发师也早就发现了这一点。我的孩子,我实话对你说,以你现在的状况,我恐怕不能给你颁发博士文凭了。"

凯斯教授继续说:"我知道,你一定认为我老了,跟不上时代了,但请你允许我以一个过来人身份说一下我的看法。我认为,你现在的言行,对将来有可能成为你客户的人绝不会有丝毫帮助,对我,对你自己也没有什么帮助。现在,我可以给你提供两种选择:A. 继续你的愤慨,你的消极,你的评判。如果你打算选择这一项,我会解雇你在市政厅的工作,而且你永远也别想在我这里拿到博士学位。B. 做一个能不断提出建设性的且具可行性的意见和方法的咨询家,而不是评判家,让事情因为有你而变得越来越美好。我的孩子,你选择哪一项呢?"

马歇尔回答:"凯斯教授,我明白我错在哪里了。"

马歇尔从凯斯教授那里学到了一生中最重要的一课。真正的人才,不是能评判是非、指出对错的人,因为几乎每个人都能做到这一点,真正的人才是能够让事情变得更好的人。

十、不断求知

房龙认为:现代的不宽容可分为三种:懒惰而致的不宽容,无知而致的不宽容和自私自利而致的不宽容。在这三种之中,尤以无知而致的不宽容最为有害。因为一个人的无知足以使他成为一个狂妄和难以对付的人。这样的人会在自己的内心里竖起自以为是的花岗岩堡垒,站在咄咄逼人的要塞顶端,狂妄地对一切不同意见者嗤之以鼻,横加指责。

无知导致了不宽容,要摆脱无知的境况,不断求知是唯一途径。不断求知是与谦虚相联系的,谦虚的品格虽然通常被看成一种美德,但是这种美德的形成往往是不断求知和总结教训的产物,正所谓越学越感到自己无知。

第十章　做人高于一切

随着职场分工越来越精细，融合度越来愈高，要求一个人不仅要会做事，更要会做人。在职场中，做人标准不是自己的好恶、爱憎，而是真、善、美，并且在职场交往中表现出诚实、正直、公平、正义的美德。

第一节　做人是职场交往的基础

一、做事先做人

东方文化强调做人，把做人看作是自我修养个人德性的一部分，这一点对职场也不例外，做事先做人是职场的一大行为准则和道德要求。这也就是说，做人是第一位的，做事须先做人，只有把做人放到第一的位置上，我们的事业才能够蓬勃发展。而做人就是讲究人缘，如果没有人缘，就是做人失败，做人失败的人，即使事情做得再好，也没有人愿意与其交往，更谈不上合作了。

李恒昌是咏春拳第八代传人，师傅是李小龙的师兄、咏春拳创始人黄淳梁。李恒昌1米72，年轻时曾和一名身高近2米的武林高手交手。当时几个师弟接连败在这位高手手下，高手得意忘形，不可一世。看得李恒昌不由得热血沸腾，出手与之交战。对方见他身材瘦弱，根本没有把他放在眼里。然而刚一交手,对方就知道自己大错特错了,还没明白怎么回事,便被李恒昌打得鼻青眼肿,鼻血飞溅。

事后,李恒昌向黄淳梁汇报战果。不料,黄淳梁对此并不在意,而是问他:"对方伤得怎么样?"李恒昌回答:"估计问题不大。"黄淳梁松了一口气,然后又问他:"交手结束后,你和对方握手了吗?"李恒昌摇了摇头,黄淳梁语重心长地说:"当初我年轻气盛懵懂无知。自不量力用西洋拳法挑战你师祖叶问,我是招招带狠,而你师祖则是点到为止。我面上、鼻上、胸上,无不中招,可又无一受伤。我虽是输家,但你师祖最后还向我行礼致意。你和输家握手,是对他个人的尊重,也是对他习武以来所付出的用心和努力的尊重。不赢输家的尊严,才是真赢家。"

李恒昌后来颇有感触地说:"师傅把咏春拳的精髓全部教给了我,其中有武术技法,更有做人文化,让我受益终身。"

作为一个职场人士,如果你有能力,有业绩,事业发展却还远远落后于别人,不要一味埋怨自己如何怀才不遇,不妨自我反省一下:自己是不是会做人?如果不是,就要正视你失败的原因了。

二、为人是确保职场人际关系质量的关键

评价一个人,既要看他做的事情,又要看他的为人,而为人是根本。为人是职场交往的基础,也是确保人际关系质量的关键。这一点正如史蒂芬·柯维所说:"人际关系最重要的投入不是我们的言行,而是我们的为人。如果我们的言行只是一种肤浅的人际交往技巧(性格魅力),而并非发自内心(人格魅力),别人就会看穿这种心口不一,那样我们就无法奠定稳固有效并相互依赖的基础。"①

---

① 史蒂芬·柯维:《高效能认识的七个习惯》,北京:中国青年出版社 2007.180.

有一个韩语专业的女孩子,从一所普通大学毕业后,到一家著名的公司参加面试,到最后一轮面试时,只剩下三个人,一个是女孩子自己,学的韩语专业,同时选修了国际贸易,一个是浙江大学毕业的,已经在韩国留学了半年,另一个是山东大学毕业的,学的也是韩语专业。

在面试的过程中,这个女孩不停地帮助那两个人,或出主意或回答问题。

最后轮到她面试,主考官就问她:"你难道不知道那两个人都是你的对手吗?他们中间有一个被录取,你就被淘汰了!"

女孩笑笑说:"我知道,可是我觉得这个位置,更适合他们。""为什么?""因为他们一个比我有经验,一个比我有能力。你们需要的,就是他们这样的人才。"

然而主考官当场就告诉她:"我们需要他们这样的人才,却更需要你这样的人品!你被录取了!"工作了一段时间之后,因为她口语好,又学过国际贸易,又很快被调到人事部。

这个女孩不仅相貌平平,而且个子矮小,因而当时就有人问她:"以你这样的学历、这样的品貌,这么快就升到人事部,得多硬的关系呀?"她笑而不语。

其实,再硬的关系,也硬不过好的人品!所有的成功,都是做人的成功!

第二节　做人与分寸

一、做人的前提条件

1. 成熟

会做人是职场交往的重要美德之一,会做人的首要表现是成熟和负责任。成熟即有勇气表达自己的想法及感觉，能以豁达体谅的心态看待他人的想法及体验体谅或理解别人的处境和感受。按照哈佛商学院教授赫兰德·萨克森的说法，成熟就是在表达自己的情感和信念的同时又能体谅他人的想法和感受的能力。在职场中，成熟的人会言行稳重，对自己的工作一定以是否对整个组织有利为原则来考虑，尽职尽责，妥善处理各种事情。与众人相处，则表现出尊重、体谅，有宽容的雅量，因而备受组织信赖，成为受众人欢迎的合作伙伴；而不成熟的人则说话冲动、做事鲁莽，没有担当。与众人相处往往以自我为中心、自私自利、苛刻不宽容等，这种人既不受组织欢迎，也不为众人所喜欢。

　　如果你认真研究那些用于招聘、升职以及培训的心理测试，就会发现不管他们的主题是自我强度与情感相通平衡，还是自信与尊重他人平衡，抑或是关心人与关心任务平衡，其目的都是考察成熟度；而那些沟通分析和管理方格训练术语或评语也是衡量一个人敢作敢为与善解人意之间的平衡能力。组织期望通过这样的测试，招徕那些成熟稳健的人为我所用。

　　人在职场，使自己成熟是一个重要的方面，为此，在与人交往中不但要温和，还要勇敢；不但要善解人意，还要自信；不但要体贴敏感，还要勇敢无畏；不但要兼容并蓄，还要坚持自己的正确主张。同时，还要能得理让人，不企图改变别人，不以自己认定的道德标准要求他人。做到这些，在敢作敢为与善解人意之间找到平衡点，才是真正的成熟。

　　宋朝开国皇帝赵匡胤在做皇帝之前，与曹彬一起曾在周世宗柴荣的手下为官，但两人的官职相差悬殊，赵匡胤是位高权重的大将军，而曹彬只是一个微不足道的小官吏。

　　有一天，赵匡胤来到曹彬处，见面后对曹彬吩咐道："天太热，我渴了，给我打一壶酒！"曹彬听后感到左右为难，因为按照朝廷的规定，不能把官酒私自送给任何人。可赵匡胤毕竟是赫赫有名的大将军,因为一壶酒而惹恼了他。实在有些不妥。当然,如果想讨好赵匡胤,私下给他一壶酒喝,一般不会有人知道,即使有人知道了,也算不上什么大事。可曹彬偏偏是个一丝不苟、光明磊落之人,不想坏了规矩,可也不想为了一壶酒而让大将军不高兴。于是曹彬说:"大将军,这官酒,我不能私自赠与您,请您稍等片刻。"赵匡胤正要发怒,只见曹彬从怀里掏出钱,交给下属,嘱咐说:"快帮我打一壶好酒来。"属下心领神会,很快就打来了酒。

曹斌把酒倒进杯中,然后恭恭敬敬请赵匡胤品尝。赵匡胤一饮而尽,连连称赞:"好酒! 好酒!"赵匡胤心想,这个小官既讲原则又灵活多变,为人处世真是内方外圆啊!"从此以后,着意提拔曹彬,而曹彬也不负赵匡胤所望,为宋朝的建立立下了汗马功劳,成为彪炳史册的开国名将。

妙用一壶酒,既赢得了一位贵人,也改变了自己的命运。

2. 热情

1946 年,美国心理学家所罗门·阿希做了一个心理学史上著名的实验,该实验被称为"热情的中心性品质"实验。

阿希以大学生为实验对象,把他们分为两组,每人拿到一张描写一个人特征的表格。

第一组拿到的表格上写的是:

聪明、熟练、勤奋、热情、果断、实干和谨慎。

第二组拿到的表格上写的是:

聪明、熟练、勤奋、冷淡、果断、实干和谨慎。

在这两组描述人的品质特征的词语中,只有热情和冷淡这两个词不同,其余的词都相同。然后阿希让这两组大学生对具有该表格所述品质的人做一个简单的描述。

被试者的答案出来了,仅仅一个"热情"与"冷漠"的差别居然导致了大为迥异的评价,具有"热情"品质的人,受到了被试者的衷心喜欢,人们慷慨地用各种优秀的品质描述他,如认为这样的人慷慨大方、受人尊敬,是一个人道主义者。而那个具有"冷漠"品质的人,遭到了人们的排斥和诋毁,被试者把各种恶劣的品质统统都罗列在他的"冷漠"品质之下,认为这样的人斤斤计较,毫无同情心,是一个势利小人。

这项实验表明,在人类的品质描述中,热情和冷漠成为人类品质的中心,它决定了一些其他相连的品质的有与无,它包含更多有关个人的内容。因而热情——冷漠被称为中心性品质。

热情的人之所以受人们喜欢,是因为热情的品质包含了更多的个人内容,它让人联想到与之相关的其他美德和特性,这正是"光环效应"的反映。一般来说,我们会认为热情的人真诚、积极、乐观。它所拥有的热情态度会感染我们,带给我们美妙的心境,让我们感到愉快和幸福。不仅如此,热情的人多半宽容和乐于助人,因而更易于相处和给他人以帮助。因此,人们都喜欢热情的人,对他们也宽容,容易满足他们的要求。

我们之所以将热情视为职场交往的美德,是因为充满热情的人,会给人一种信任感,使人愿意与之合作。当今的职场是一个崇尚团队合作的职场,也是一个需要团队精神的职场,充满热情的人,会更容易与别人达成团结协作,很好地解决问题。君不见,在职场中,只要你对别人表现出你内心深处的关怀,有时你并不需要采取什么特殊的对待,仅仅在你的言谈举止之间渗透出热情,就能影响别人,赢得别人的友谊与合作,总之,当你对别人热情时,对方就会被你的热情所感染,进而调动起自己性格中积极的一面,也变得热情起来,尤其是当彼此有隔阂时,更需要用热情来消除。

塞克斯是美国马萨诸塞州詹森公司的一个推销员,凭着高超的推销技艺,他叩开了无数经销商森严壁垒的大门。有一次,他路过一家商场,进门后先向店员作了问候,然后就与他们聊起天来。通过闲聊,他了解到这家商场有许多不错的条件,于是想将自己的产品推销给他们,但却遭到了商场经理的严厉拒绝,经理直言不讳地说:"如果进了你们的货,我们是会亏损的。"塞克斯岂肯罢休,他动用了各种本领试图说服经理,但磨破嘴皮都无济于事,最后只好十分沮丧地离开了。他驾着车在街上溜达了几圈后决定再去商场。当他重新走到商场门口时,商场经理竟满面堆笑地迎上前,不等他游说,经理便订购了一批产品。

这一出乎意料的结局使塞克斯惊诧莫名,在他的一再追问下,最后商场经理道出了缘由。他告诉塞克斯,一般的推销员到商场来很少与营业员聊天,而塞克斯首先与营业员聊天,并且聊得那么融洽;同时,被他拒绝后又重新回到商场来的推销员,塞克斯是第一位,他的热情感染了经理,因此也征服了经理,对于这样的推销员,谁能忍心拒绝呢?

拿破仑·希尔在《成功之钥》一书中写道:热情的态度,是做任何事必需的条件。而热情的品质固然有先天的成分在内,但绝大多数人都可以通过后天的培养而获得。

如何培养一个人的热情呢? 拿破仑·希尔将其归纳为以下几个方面:

(1)了解每个问题。因为只有了解事情的真相,才会激发出自己的兴趣。

(2)做事充满热忱,必须时时刻刻活泼有力才能成功。

(3)要传播好消息。

(4)让对方觉得他很重要。如果你能使对方觉得自己很重要,你就会得到对方的帮助,很快步入成功的坦途。它的确是你"成功百宝箱"

的一件宝贝。这种做法虽然不需你付出太多,但懂得使用的人却很少。

（5）强迫自己采取热情的行动。

（6）说鼓舞人心的话。如"我懂得这个工作","我是一个勤快而自律的人","我能够做好这个工作","他将会视我为不可缺少的人"。自我激励会加强你的自信心,你会因此而获得热忱的工作欲望。

（7）经常反省自己。如果一个人的思想被消极、有害的各种病态心理所占据,热情就会缺乏生存和生长的土壤。因此,每时每刻都要记住祛除心理上的病态,清除抑郁与自卑的心态。人的内心经常会发生自我冲突,占据优势的心理往往左右你的言行,也影响你的一生,病态的心理可以使你出现不健康的精神症状,比如自卑。"害怕失败"的思想可以蚕食你的生命,摧毁你的一生。反省自己就是要改造自己,唤起热情去做每件事,让热情贯穿自己的生活,这样才不至于让沮丧、烦恼占据自己的心。

（8）有成功的渴望与行动的热情相配合。感情并非在所有时候都受理智支配的,不过它们总是受行动的热情支配。要变得热情,首先需要行动热情。

（9）用希望来激励自己。希望是预期获得所想要的事物的欲望加上可以得到它的信心。一个人只要具有某种希望和欲望,就能激发行动,进而把它变成现实。

（10）要敢于挑战自我。只要是你大脑能构思的而且相信的,你就能用积极心态去实现它,这是一条助你改变世界的法则。

3. 友善

友善是中华民族的美德,中国传统文化历来追求"善":待人处事,强调心存善念、向善之美;与人交往,讲究与人为善,乐善好施;对己要求,主张独善其身,善心常住。友善不仅是对他人、对外部世界的一种态度,也是对自己、对内部心灵的一种精神。

友善是人生修养的重要一课，也是职场交往的基本道德规范。职场交往，为善当先。当然，这个"善"，必须是出自内心的诚意，是诚于内而形于外，而非巧言令色和徒具形式的繁文缛节。如果仅仅表面恭敬热情，而内心不以为然，或是仅仅内心尊敬，而毫无表情，都是不够的。只有做到表里一致，才能从根本上消除人与人之间的隔阂、摩擦，进而互敬互爱，友好相处。

有人说，最大的美德就是好心肠。人在职场，会遇到各种各样的人，比如与自己价值观、志向不同的人，或是能力水平、道德品性都低于自己的人，对这些人，你不可能都喜欢和认同，但是你依然应该对他们表现出善意和友爱，即便对方有毛病有错误，最好也以柔化之，给对方留下改过自新的机会。如果你待人不友善，动辄训斥贬低别人，你会很快体会到这种态度带来的恶果，没有人愿意和你这样的人交往，也不会有人很好地配合你的工作。

孟子说："爱人者人恒爱之，敬人者人恒敬之。"[①]如果你对他人友善，并且把这种良好的情绪写在脸上，融入到语言上，表现在行为上，他人便会受到感染，结果，不仅大家相处愉快，而且也会为日后的合作奠定良好基础。遗憾的是很多人不明白这个道理，在与人交往中，总是把别人想象得很坏，处处设防。由于事先便对别人有了偏见，这种偏见势必会自觉不自觉地流露出来，此时对方也会依据你的态度，做出相应的反应，结果自然会造成这样那样的不快。

心理学上有一个著名的实验，该实验是这样安排的。要求两组人（被试）分别给被试——一位女士打电话。在打电话之前，告诉第一组的人，对方是一个冷酷、呆板、枯燥、乏味的女人；告诉第二组的人，对方是一个热情活泼、开朗有趣的人。结果发现，第一组的参加者很难

---

① 《孟子·离娄章句下》.

与那名女士交谈下去,颇有"话不投机半句多"的味道;而第二组的人与那位女士交谈非常投机,通话的时间也比较长。为什么会产生如此结果呢?原来是第二组的参加者把那位女士想象成一位天使,并以同样的态度与之交往,而前一组则完全相反。以上实验告诉人们:你怎样看待别人,别人也怎样看待你。如果你把别人想象成魔鬼,别人肯定不会把你当成天使。

联合国有一位亲善大使去非洲的一个国家,回来以后,他宣称那里的人是全世界最差劲的人:海关人员板着一张脸,计程车司机态度蛮横,餐厅服务员傲慢无礼,市民没有涵养,缺乏人情味。后来这位亲善大使偶尔看到这样一句话:"世界是一面镜子,其中有自己的形象:你对它哭它就哭,你对他笑他就笑"。这句话使这位亲善大使受到了极大的触动,他对自己的行为进行了深刻反思。当他再一次踏上那个国家的国土时,他一路面带微笑。结果那些原来令他讨厌的海关人员、计程车司机、餐厅服务员、市民……人人都笑容可掬,个个都亲切友善。这时他才发现:纠正别人态度最快的方法就是纠正自己的态度。

我们常说:"投之以桃,报之以李。"职场良好的人际关系就是通过利人来利己。一个对别人亲切友善的人,肯定会给人留下好印象,亲切友善不仅会为他赢得好人缘,而且会得到他人的信任、支持和提携。人人都友善待人,友善就会产生互动,进而生成和谐美好。反之,如果为了自身利益,置他人利益于不顾,往往会落个损人害己的下场。

4. 体恤

意识到他人,感觉到他人,然后体恤关心他人,这是所有道德的基本特征。体恤他人和关心他人,意味着被他的兴趣所吸引,为他的高兴而高兴,因他的担忧而着急,你对别人示以关心、体恤,别人也将变得充满体恤。

作为职场的一员,与他人的交往,不论身份如何、地位怎样,都应该学会站在对方的角度思考问题,多给人一点温情,而不应该站在利益的高度去俯瞰人性,不可以不当的言行伤害别人的感情。如此不仅能体现出一个人对他人的体谅与尊重,也是一个人有素质的表现。

上海的冬夜,星光闪烁,车水马龙。有个出租车司机在浦东大道接了一位客人,客人要去浦西的海鸥饭店。车没开出多久,这位客人却突然要求掉头回去。"已经进了隧道,没办法掉头了。"出租车司机说。"出门时我换了条裤子,忘了拿钱包了。"客人着急地说。

透过后视镜,出租车司机看到了客人的窘态,他摆摆手,说可以免费送他去目的地。一路上,他还不停的宽慰客人:"不用担心,人总会有忘东西的时候,我也有过,人之常情嘛。"

就这样,两人聊了起来。出租车司机从客人口中得知,原来他刚来上海不久,人生地不熟。不一会儿,到达了目的地,计价器显示车费为17元,出租车司机悄悄把计价器的牌子翻过来,17元随即变成0元。随后,他又取出了三张共计30元的乘车票递给客人,并嘱咐:"回去的时候,找一辆我们公司的出租车,可以用这个付车费。"那位客人收下乘车票,连声道谢,然后匆匆离去。

出租车司机并没有把这件事放在心上,毕竟这已经不是第一次了。可是,两天后他接到了那个客人打来的电话,问他是不是愿意做他的司机。这个客人叫龚天益,纽约银行上海分行行长。这个出租车司机叫孙宝清,上海一个普通的打工者。

很多人问龚天益,为什么选孙宝清?龚天益说:"理由很简单,是他那颗体恤他人的心深深打动了我:他知道我没带钱包,就一直宽慰我;明明20元乘车票就够了,他考虑我也许有其他事情,给了我30元……银行业也是服务业,要以顾客为本,我认为他是服务业的楷模,所以我选择他。"①

---

① 参见《今晚报》2006.7.03.

如果一个人在职场交往过程中能常怀体恤之心，体谅别人的处境和困难，尽力去帮助别人，那么相处就容易得多，关系也会和谐得多。

下面这个故事同样发人深省。

威尔逊是假日酒店的创始人。一次，威尔逊和员工聚餐，有个员工拿起一个橘子直接就啃了下去。原来，那个员工高度近视，错把橘子当苹果了。为了掩饰尴尬，他只好装作不在意，强忍着咽了下去，惹得众人哄堂大笑。

第二天，威尔逊又邀请员工聚餐，而且菜肴和水果都和昨天一样。看到人都来齐了，威尔逊拿起一个橘子，像昨天那个员工一样，大口咬下去。众人看了看，也跟着威尔逊一起吃起来。结果，大家发现这次的橘子和昨天的完全不同，是用其他食材做成的仿真橘子，味道又香又甜！大家正吃得高兴时，威尔逊忽然宣布："从明天开始，安拉来当我的助理！"所有人都惊呆了，觉得老板的决定很突兀。

这时，威尔逊说："昨天，大家看到有人误吃了橘子皮，安拉是唯一一个没有嘲笑他，反而送上一杯果汁的人。今天，看到我又在重复昨天的错误，她也是唯一没有跟着模仿的人。像这样对同事不落井下石，也不会盲目追随领导的人，不正是最好的助理人选吗？"

5. 将心比心

职场人际交往过程中，想要得到人心就要好好对待别人，将心比心，才会赢得大家的尊重，结成和谐的人际关系。反之，如果站在道德制高点上俯瞰别人，一味求全责备，要求过分严格，是难以获得支持者的。

芬森是丹麦著名医学家，也是获得诺贝尔奖的第一位临床医生。

到了晚年，芬森准备寻找接班人，在助理乔治的配合之下，芬森从众多慕名而来的医学界才俊中选了一个名叫哈里的年轻医生。但是，医学研究十分枯燥，芬森有点担心这个年轻人不能坚持下去。

乔治建言道:"先生,据我所知,哈里家境贫寒,您不妨请您的朋友假意出高薪聘请哈里,看看他会不会动心,如果他被金钱所诱惑,自然不配做您的弟子。"

然而,芬森却说,"谢谢你的提议,但是我不能采纳,我一直都很赞同一个观点:不要站在道德制高点俯瞰他人,也永远别去考验人性。他出身贫民窟,怎么会不对金钱有所渴望? 如果我们一定要设置难题考验他,说,给你一个高薪的轻松的工作你干不干,而且答案必须是否定的,那么,对他来说,内心肯定是纠结的。因为,他要在现实生活和梦想面前做出两难选择,而他跟着我研究医学,根本不必到那一步,我何必要求他必须是一个圣人……"

最终,哈里成了芬森的弟子。若干年后,哈里成为丹麦著名医学家。

多年后,哈里听说了芬森当年拒绝考验自己人性的事,老泪纵横:"假如当年恩师用巨大的利益做诱饵,来评估我的人格,那么我肯定会掉进那个陷阱。因为,当时我的母亲患病在床需要医治,而我的弟弟妹妹也等着我供他们上学,如果那样,我就没有现在的成就了……"①

二、做人需掌握分寸

什么是分寸,如何掌握分寸,下面这个故事进行了很好的诠释。

康熙年间,汉中府柳林镇一带盗贼猖獗,官府多次派人捉拿未果,因为盗贼个个身手不凡。无奈之下决定请一位高僧出手相助,该高僧飞镖功夫了得,可谓百发百中。

官府备上厚礼,派人去请。高僧年事已高,决定派一名得力的弟子代师出山。而在众弟子中智平与智强的镖技最为拔尖,且水平不相

---

① 参见《演讲与口才》2013.23.

上下,派谁去呢,高僧决定通过比赛进行选拔。第二天,高僧命人扎了一个稻草人作为靶子,智平、智强先后投镖,结果智平分别击中了稻草人的手腕和脚腕,智强则分别击中了稻草人的胸口和咽喉。大家以为这次代师出山的一定是智强了,没想到高僧宣布,智平获胜,代师出山。

智强不服,问师傅为什么。高僧回答:"出家人已慈悲为怀,盗贼当分主犯、从犯、惯犯、新犯,怎能一概而论,赶尽杀绝?"智强还是不服:"我明明比他射得准!"高僧微笑着说:"智平能准确地射中盗贼的手腕和脚腕,自然也能射中胸口和咽喉,可他为什么不呢?因为他有分寸。"

在职场交往中,如何做才能把握好分寸呢?

1. 自知

自知即如何认识和判断自我,包括自我定位、自尊、自我反省和换位思考等。自知对于职场交往来说是不可或缺的。一个人只有在正确认识自己的前提下,才能准确理解别人的感受,进而达到行动上的一致,实现和谐相处。任何单方感受都不足以应付复杂的职场人际交往。在要求别人做某事之前,不妨先问问自己是否能做到。千万不能以自我为中心,无视别人的感受。

2. 适度积极

人都有消极、脆弱、胆怯的一面。明白这一点,在交往中以把握分寸为前提,适度积极,即不要总是等待别人伸出橄榄枝,而应争取主动、积极参与,寻找建立良好关系的时机和对象。

有人说,工作当中人际关系的建立过程就如同推销人员推销产品、开拓市场一样,不主动出击,没有人会买你的人际关系。我们要做的工作就是,主动出击,把我们很好地推销给同事,求得同事的信任和认可,把我们的人际关系卖给他们,同时,这个过程也是相互的,它是双方互动的结果,我们在推销自我的同时,也要充分运用影响力的技巧,用自己的诚实和热忱换取对方的诚实和热忱,这样我们就建立了基本的人际关系。随着时间的推移,接触增多,接触面广,自然人际关系的网状结构就形成了。

3. 礼尚往来

礼尚往来是人际关系的重要准则,当然也是职场交往的重要准则。《礼记》说:"礼尚往来,往而不来,非礼也;来而不往,亦非礼也"①。就职场交往而言,所谓的礼尚往来,就是说接受别人的好意,或是别人帮了自己的忙,必须报以同样的礼敬。当然,这里所说的礼敬是一种泛指,它可以是一切好意,也可以是物质上的支持、工作上的扶助、合作中的礼让,还可以是事业上的提携,甚至可以是精神层面的,如指点、点拨、抚慰等等。人际关系的核心行为是"来往"。小说《围城》里讲谈恋爱的最好方式是"借书",因为有借就有还,一借一还就熟了。建立职场人际网络的方式同样如此,你接受别人的好意,或是别人帮了自己的忙,算是欠了人家一份人情,当下次再还这份人情的时候,关系就更近了。如此你来我往,交往才能平等友好地在一种良性循环中持续下去。

古人云:受人滴水之恩,当涌泉相报。在古人眼中,没有比忘恩负义更伤仁德。孔子说:"以德报德,则民有所劝";"以怨报德,则刑戮之民也"②。可见,"以德报德",有恩必报,是待人接物的基本道德修养,也是营造和谐职场人际关系的重要准则。

4. 自我节制

自我节制即自制,指的是通过人的理性而使人的生活、活动和各

---

① 《礼记·曲礼上》.

② 《礼记·表记》.

种行为道德化的德性。亚里士多德认为,所谓节制就是"人能够接受理性的支配,不做那些明知不应当做的事情。相反,如果人受到情欲的支配,去做那些明知不应当做的事情,则属于不具有节制德性的人。"①亚里士多德还说:"无自制力的人,为情感所驱使,去做明知道的坏事。有自制力的人服从理性,在他明知欲望是不好的时候,就不再追随。"②蔡元培认为:"自制者,节制情欲之谓也。"③如果一个人受到情欲的支配,去做那些明知不应当做的事情,就可以将其视为无节制德性的人。而自我节制无非就是人所拥有的理性驾驭情感或情欲的德性。易言之,自我节制表现为人对自己情欲的合理限制,让情欲从属于理性,而不是对情欲的放纵。"④当然,自我节制并非懦弱和猥琐,"自我节制不是懦弱和委琐的表现,反而恰恰是有信心和有能力的标志。因为,自我节制本身就是经由慎思而实现的自我控制,与控制和支配他人的能力相比,控制和支配自我的能力使人表现得更强。同样,人的自我节制总会使人处于理性的清醒状态,他对自我及环境的认识都会比较真切。因而,自我节制使人获得信心。而且,自我节制本身也体现出人的信心,人只是在失去理智的情况下,才会放弃自我节制。"⑤

在我国传统文化中,自我节制不仅被视为一种可贵的德性和素质,还被看作是中庸之道的实现,古代先哲认为:"喜怒哀乐之未发,谓之中;发而皆中节,谓之和。中也者,天下之大本也;和也者,天下之达道也。"⑥节制就是取"中"的行为,是对一切"过"与"不及"的调整和矫

---

① 张康之:"论行政人员自我节制的德性",《上海行政学院学报》2002.04.

② 《亚里士多德全集》(第8卷),北京:中国人民大学出版社1993.139.

③ 《蔡元培全集》(第2卷),北京:中华书局1984.176.

④ 张康之:"论行政人员自我节制的德性",《上海行政学院学报》2002.04.

⑤ 张康之:"论行政人员自我节制的德性",《上海行政学院学报》2002.04.

⑥ 《礼记·中庸》.

正,"是一种通过人的道德理性而使人的生活、活动和各种各样的行为道德化的德性。具体地说,能够取"中",也就会达到"和"的结果,"和"即和谐,是人的社会关系的和谐,是人所在群体的和谐。由此可以说,自我节制既是一个人藉以修身的手段,也是为人处世的基本准则之一。

自我节制表现为控制自己的情绪、态度。具体到工作中,就是情绪稳定,不过度兴奋、紧张和沮丧;能够排除各种困难,履行自己的承诺;遇到不公正、不公平待遇时,能保持平和心态。自我节制的底蕴是克己容人,是"己所不欲,勿施于人",是将心比心。自我节制这一美德赋予了职场人士两个方面的支配能力,一方面,它使职场人士获得了在工作中理性地支配他人的能力,实现与他人的有效合作;另一方面,它也是职场人士能够支配自我的证明。当一个人能够理性地对待自我、合理地支配自我,才能够理性地待人处事,才会使自己的行为有着更大的积极效果。[①]

心理学家研究发现,人脑中最古老的边缘系统主管情绪,而最晚进化来的大脑皮层主管认知。任何事情发生后,边缘系统会第一时间产生情绪反应,如恐惧、愤怒、喜悦等,约 6 秒钟后,大脑皮层才能做出认知处理。也就是说,冲动是原始人的行为,理智、自制才是文明的所为。原始和文明、冲动和理智自制之间只隔了 6 秒。因此,遇到让我们生气的时候,想发脾气时,一定要控制住冲动,深呼吸 6 秒钟,再选择应对之策,如此往往会做出更加正确的决定和行为。

在职场中,难免会遇到一些令人烦恼甚至令人愤怒的事情,这些事情轻则使人心情郁闷,重则严重影响自己的工作。遇到这些事情,一定要学会自我节制,能够制怒,慢慢把烦恼和不快压下去,否则不仅

① 参见张康之:"论行政人员自我节制的德性",《上海行政学院学报》2002.04.

会让大家尴尬,还把问题推向了不容商讨的极端境地;同时也是不给别人面子。我们中国人特别讲面子,不给别人留面子,等于在伤害别人的尊严,这样,终究有一天你自己就会没面子。因此,在职场中,"性温和,喜怒不形于色"才是恰当的为人之道。

有人可能会说,人的性格各有不同,脾气暴躁,敢于率性而为的人当中也不乏佼佼者。但是,总的来说,脾气暴躁、率性而为的人在职场中都不怎么受欢迎。因为一个人脾气暴躁,过于情绪化和率性而为,不仅会使自己失态和行为失控,也是一种不尊重别人的表现,这种因不尊重人而导致的人际关系紧张轻则带来许多意想不到的不便和不利,重则产生难以想象的后果。此类例子不胜枚举。

《三国演义》中的张飞,武艺高强,"虎牢关上声先震,长坂坡边水倒流",但最终却因性格暴烈,做事率性且不近人情而丧身于自己的末将之手。

1956 年 9 月 7 日,在美国纽约举行了一场台球世界冠军争夺赛。这场争夺赛是在路易斯·福克斯和约翰·迪瑞之间进行的,奖金 4 万美元。

这两位都是台球界的奇才,观众们在静静地观察着比赛的进展。路易斯·福克斯得分已遥遥领先,他只要再得几分,这场比赛就将宣告结束。

这时赛厅里的气氛十分紧张,福克斯洋洋自得准备做最后几杆漂亮的击球,约翰·迪瑞沮丧地坐在一个角落里,他的败局似乎已定。

突然,在那死一般沉寂的赛厅里出现了一只苍蝇,嗡嗡作响,它绕着球台盘旋了一会儿,然后叮在了主球上。路易斯·福克斯微微一笑,轻轻地一挥手,"嘘"一声赶走了苍蝇。他又盯着台球,准备击球,可是这只苍蝇第二次来到台盘上方盘旋,而后又落在了主球上。于是观众中发出一阵紧张的笑声。福克斯又轻嘘一声将苍蝇赶走了,他的情绪并没有因为这种干扰而波动。但是这只苍蝇第三次又回到了台盘上。这次沉寂被打破，观众中发出一阵狂笑。原先冷静的路易斯·福克斯这次再也不冷静了，他愤怒至极，情绪开始失控。他用球杆去赶那苍蝇，想把它赶走。不料，球杆擦着了主球，主球滚动了1英寸。苍蝇是不见了，可是由于福克斯触击了主球，他就失去了继续击球的机会。约翰·迪瑞充分地利用这一幸运的机会，连续击球直到比赛结束。迪瑞夺得了台球世界冠军，并拿走了4万美元奖金的大部分。

那天夜里，路易斯·福克斯离开赛厅时，宛若在奇怪的梦幻中游走。第二天早上，一艘警艇在河上发现了他的尸体——他自杀了。

当然，大多数人的愤怒可能产生不了以上严重的后果。工作中一次偶尔的脾气，可能只是导致同事对你的热情和好感锐减，老板对你失去信心和不再重用，但如果这样的事一而再、再而三地重复发生，你将会到处树敌，为你的事业自设重重障碍。

曾国藩说过：器量比才干重要。在职场上，爱发脾气的人远比无能的人更容易遭受失败。现在我们明白了，为什么有许多在学校非常优秀的人，在职场上吃不开。原因在于容易发脾气，动辄大发雷霆，这就使他们的感情和思想暴露无遗。一个连自己都无法约束的人，当然无法领导别人。因为你常常将自己的缺点在情感发泄中传给上级和同事，使他们能洞察你的心理，以后你就很容易受他们的蒙骗；再者，对你发的无明火人家没有理由照单全收，而你则要承担后遗症——你是一个难以把握自己的人，人们无法预测什么时候你会发作，因而不敢冒险把重要任务交给你，或者说你的暴躁脾气说明你不胜任任何高级职位。

可见，愤怒是一个人最大的敌人。假如你是一个不能自制的人，对工作无疑是一个威胁。切记：率性而为的代价太高，不是每个人都付得起这个代价的。也正因为如此，要求每一位职场人士都应该学会

"自制自控"，学会保持感情的平衡，养成和颜悦色、谈吐自然、进退适宜的个性。在工作中以理性的态度驾驭自己的情绪，做情绪的主人而不是被情绪所统御。因为在职场中，不可避免地存在着许多你"看不过"的人和事，假如你有"自制"的功夫，别人对你的要求，也会比较配合；即便产生冲突和摩擦，也会比较容易化解。

　　5. 适当让步

　　在职场交往中，不可避免与领导、同事乃至客户交往，产生意见或做法的不一致实属常事，有时甚至还会发生激烈的矛盾和冲突，此时，要对方对你的意见言听计从，听任你的摆布是不可能的。相反，他会提出种种理由为自己的意见或主张辩解，因为他人之所以如此想如此做，就是因为他相信，这是合乎逻辑、也是合乎情理的。此时，如果双方各执己见，一味批评指责对方，其结果只能是把问题越搞越僵。有人说，交恶人际关系最迅捷的方法之一就是对别人进行攻击和指责。无论你是多么公正无私，你的用意是多么诚恳，当众指责、批评、纠正别人都会刺伤别人的自尊心，伤害其尊严。我们不会忘记别人对自己的赞扬，更不会忘记别人对自己的批评和指责。职场交往美德之一就是知道如何维护别人的自尊心。因此，面对意见分歧、矛盾乃至冲突时，对对方正确的方面必须及时予以肯定，并做出必要的让步，如承认对方观点和做法的某些合理之处，答应一些合理要求。这样一来，不仅可以缓解气氛，化解敌对情绪，还可以促使对方正视你的意见和解释，进而实现双赢。

第三节　做人与职场交往艺术

　　在现实中不乏这样的事例，有些人给他人以帮助，成人之美，会让人终身不忘，感激一辈子，而有些人帮了别人却费力不讨好，非但得不到感激和回报,还让人心存嫉恨。将同样的产品以相同的价格推销给同一个客户,有一些推销员会被粗暴地赶出门,而另一些推销员则签到了大单,甚至被客户奉为上宾。这说明会做人固然重要,但人际交往的艺术也不可或缺。

职场交往艺术是一个非常庞杂的话题,限于篇幅,在此我们只能简要介绍。

1. 保持良好沟通。与他人沟通、合作、交流、谈判时,须注意说话的语速和声调,不宜过快过大,更不能情绪失控。即使不是工作需要,也应定期与领导、同事或客户进行沟通、交流。每天都要把必须向领导汇报、必须同别人商量研究的工作安排在前。如果工作不能按时完成或出现意外,应该及时向领导通报,寻求解决的办法或有效弥补,尽量避免给单位造成损失。奉行多鼓励,少批评的原则。无论是对待同事、上司还是客户,要多给予鼓励、表扬和赞美,尽量避免批评、指责和抱怨,不要逼着别人低头、认错。当然,表扬和赞美要自然、得体、顺势,切记不要刻意为之。

2. 尊重他人。工作中的尊重他人既包括尊重他人的工作习惯也包括尊重他人的隐私。对他人的工作习惯要予以尊重并尽量配合,找领导、同事汇报、联系工作时,最好事前预约。同时还要尊重他人的隐私,不管上级还是下级。不要背后议论人,更不要以尖酸刻薄的话评价人,即使这些话是你不经意间说出的,也会给对方造成严重挫伤,对方很可能会因自尊受伤而拒绝与你合作。

3. 不以自我为中心。从某种意义上说,人的天性都是以自我为中心的,自我主义也是维系一个人生存的主要条件,然而当它表现在职场人际关系上时,却难以保持与他人的和谐。因为职场是由大家的相互协调、相互合作而组成,身在其中的人,如果做事只顾自己,不考虑他人的感受和利益,是不可能得到大家的信任和支持的。所以,正确的职场相处之道应该是：克服人性中以自我为中心的倾向，顾及他人的感受、体谅他人的存在和要求。

4. 低调谦逊。在职场中，一个人不论担任什么职务，业务能力有多强，都应该保持低调，以谦逊的姿态对待身边的每一个人。每个人都有自尊心，都喜欢和态度谦虚又满腹知识的人打交道。如果你处处表现出优越感，并借此伤害你的同事，他们一定会疏远你、憎恨你，不愿与你合作与共事。相反，如果态度谦逊低调，对待同事、客户诚恳热情，能用"建议"取代"命令"，对待同事、客户的困难主动援手，就一定会成为值得信赖的合作伙伴。

5. 先执行后说话。上司有一定的权威性，不要轻易怀疑上司的决定，有些决定即便不够完美，但大都有一定道理。因此，要先把上司交代的事情做好，取得话语权，然后才可能使人相信你说话的分量。

6. 工作场所无小事。进入办公室应主动整理卫生，即使有专职清洁工，自己的办公桌也要自己清理。这一切都应在上班时间正式开始前完成。有些不好的事情你只要做了一次，如打游戏、迟到、聊天、打私人电话等，就会让领导形成刻板印象，会认为你会经常这样做。

7. 完成任务而非按部就班。领导通常工作很忙，有很多问题他只是提供一个方向，至于如何实现，全看你的思考和运作。虽然有的事情按部就班也能做，但效果大多不够好，且不说每一项新任务都有自己的特点，需要新的方法更好地去实现。领导不仅需员工用手和脚工作，更需要员工用心用脑工作，需要员工思考，这样工作才能做到位。

8. 轻承诺重实现。工作交往中，不要随随便便做出承诺，而一旦做出承诺，就一定想方设法做到。

9. 遵守工作规范与礼仪。上班时间，尽量不要处理私事，如遇特殊情况须应该提前向领导请示，获得领导的允许。因公出差时，要服从组织安排,对于人员、时间、经费、工作安排不应提非分要求,不假公济私,寻机为自己办私事。出差在外,代表的是组织形象,因此要约束规范自己的言谈举止,做到礼貌待人,与领导、同事、客户、合作方见面、分手都要主动握手、问好和告别。与同事、领导、客户、朋友一道乘车外出时,应礼貌后上,随手关好车门。与同事、领导、客户、朋友一同赴宴时,应礼貌让座,必要时还应协助服务员做一些事情。宴席上应尊重领导、年长者、女士,礼貌敬酒,控制饮酒,严禁过量。与领导一同外出,在领导发话之前不宜抢先说话,遇事不可自作主张,应以多帮忙不添乱为原则。拜访领导、同事、客户、朋友时,对受到的热情接待应表示感谢。遇到条件、环境不好或接待不周时,要隐忍、宽容,不要提出额外的要求。

10. 原谅他人的过失。金无足赤,人无完人。在工作中每个人都难免有过失,对此,应该得饶人处且饶人,给予原谅。原谅他人不代表软弱,相反,是一个人有气度、有胸怀的表现,也是聪明的选择。因为对于大多数人来说,有过失本来就已经很自责了,此时若能给予原谅,反而促使其竭力弥补和改正。

第四节 做人与心理效应

一、利用首因效应

首因效应即我们平常所说的第一印象,是指第一次交往过程中形成的印象对双方以后交往关系的影响。

人们初次相见,总是首先观察对方的相貌、言谈举止以及其他可直接察觉到的动作反应,然后依据观察到的现象给对方留下一个整体印象,做出一个初步的评价。虽然第一印象是在很短的时间内根据有限的、表面的观察材料得出来的,但由于它的新异性和鲜明的情绪色彩,会在人的脑海中留下深刻的印象。在京剧界流传着这样一个故事。刘筱衡(南方四大名旦之一)有一次率团到上海演出,先拜见天蟾舞台经理谢月奎。谢月奎见刘筱衡长相一般,担心影响首演效果。待看过戏码子后询问刘筱衡的擅长。刘筱衡说善跑圆场。谢月奎苦思良久,最后决定首场戏贴演《嫦娥奔月》。这场戏原本是嫦娥上场偷吃灵药,台上灯火通明。谢月奎决定把这段戏掐掉,让刘筱衡在台帘里唱过导板,一上场就在暗淡的灯光下跑圆场,边唱边跑。戏一开场,只见刘筱衡衣衫飞舞,婀娜多姿,飘飘欲仙,满台生风。观众先来了个满堂彩,叫好声声。之后灯光大亮。由于有了良好的第一印象,观众再见到刘筱衡的长相,也觉得顺眼多了。首场戏一炮打响。

作为职场人士,在职场人际交往过程中应该善用首因效应,因为它是继续交往、深入发展的基础。为此,应力争做到衣着整洁得体、服饰搭配得当;举止礼貌得体;语言表达言简意赅,且具有感染力,以此给交往对象留下良好的第一印象,进而为下一步工作带来积极影响。

当然,我们也应该避免"首因效应"的负面影响,不应"先入为主",以一时的好恶来取舍工作伙伴。第一印象得之于较短时间的交往,又无以往的经验作参照,主观性、片面性都比较强。因此,一定要注意其消极的一面,既不能因第一印象不好而全盘否定,又要防止被表面的堂皇所迷惑,学会在长期的相处中全面、正确地认识和了解他人。

二、善用近因效应

近因效应指在总体印象形成过程中,新近获得的信息比原来获得的信息影响更大的现象。美国著名心理学家卢钦斯曾做过一个有关近因效应和首因效应的实验,他编撰了两段文字材料,这两段文字材料主要是描写一个名叫吉姆的小男孩的生活片段,第一段文字将吉姆描写成一个热情外向的人,说他与朋友一起上学,走在撒满阳光的马路上,与店铺里的熟人打招呼,向新结识的女孩子问好等;第二段文字则把他描写成冷淡内向的人。说他放学后一个人步行回家,走在马路背阴的一面,看见了新近结识的女孩子也不打招呼等。在实验中,卢钦斯把两段文字进行了不同的组合:

第一组,描写吉姆热情外向的文字先出现,冷淡内向的文字后出现。

第二组,描写吉姆冷淡内向的文字先出现,热情外向的文字后出现。

第三组,只显示描写吉姆热情外向的文字。

第四组,只显示描写吉姆冷淡内向的文字。

卢钦斯让四组被试分别阅读一组文字材料,然后回答问题:"吉姆是一个什么样的人?"结果发现,第一组被试中有 78% 的人认为吉姆是友好的,第二组中只有 18% 的被试认为吉姆是友好的,第三组中认为吉姆是友好的被试有 95%,第四组只有 3% 的被试认为吉姆是友好的。

该研究表明,信息呈现的顺序会对社会认知产生影响,先呈现的信息比后呈现的信息有更大的影响作用。但是,卢钦斯进一步的研究发现,如果在两段文字之间插入某些其他活动,如做数学题、听故事等,则大部分被试会根据活动以后得到的信息对吉姆进行判断,也就是说,最近获得的信息对他们的社会知觉起到了更大的影响作用。

进一步的研究发现,近因效应一般不如首因效应明显和普遍,它的效用显著表现在以下两种情况下:一是在印象形成过程中,不断地有引人瞩目的新信息,或者原来的印象已经模糊时,新近获得的信息的作用比较大;二是在人们回忆旧信息时发生困难,对别人的判断需要借助于目前的情境时,近因效应的效用就显现出来。此外,个性特点也影响近因效应或首因效应的发生。一般心理上开放、灵活的人容易受近因效应的影响；而心理上保持高度一致，具有稳定倾向的人，容易受首因效应的影响。

关于首因效应几乎每一个人都能够意识到，而近因效应则极容易被忽略。因此，应该学会在利用首因效应的基础上进一步善用近因效应。当然，也要正确对待"近因效应"，不可因突然做了一件好事就对一贯表现不好的人刮目相看，或者因最近犯了一个错误就将一贯表现好的人打入另册。

值得一提的是同事之间的负面近因效应。负面近因效应大多产生于交往中遇到与愿望相违背，愿望不遂，或感到自己受屈、善意被误解时，其情绪多为激情状态。在激情状态下，人们对自己行为的控制能力，和对周围事物的理解能力，都会有一定程度的降低，容易说出错话，做出错事，产生不良后果。因此，凡出现问题或纠葛，须忍让在先，以防止矛盾激化、纠葛加深。待心平气和时，彼此再理论，明辨是非，寻求妥善解决之道。

三、借用"名片"效应

名片是现代交际中人们初次交往时所使用的自我介绍的小卡片，上面印着本人的姓名、职务、工作单位和通信地址，其作用在于让对方了解和认识自己。而"名片"效应则是指：为了让对方接受自己的观点和做法，先向他们介绍一些他们能够接受的、并且与之有共同点的观点，之后再将自己的观点纳入其中，使之产生一种印象，你的观点与我的观点很相近，我们之间有很多相同相通之处，进而产生"英雄所见略同"之感。可以想象，事先在许多问题上取得了一致意见，在人际关系上产生了接近情感，势必减轻对方的批判态度或对立情绪。即便发现了他们之间的某种差距或观点之间的不同，但由于事先已经有了一致立场和共同态度,便会忽略或缩小这种差别,认为是微不足道的,只需进行微调和稍作矫正即可。如此便可以减少对方的抵制情绪,促使其接受自己的主张。

社会心理学以实验证实了"名片"效应。实验者首先向被试提出他们能够接受的观点,然后再提出自己的观点。如此一来,与没有"名片"效应的要求相比,被试会很快并且很容易同意实验者的观点。实验者还发现,如果人们能够利用一系列与其要求没有本质联系的问题作为名片,"名片"效应会表现得更加突出。如,有些推销员在推销产品前表现出自己与潜在客户的某些相近之处,如相近的家庭背景或学历背景、共同的爱好、相同的品位等,以此作为名片接近潜在客户,赢得其认同,进而推销产品。

大量事实表明,在职场人际交往中,借助一些人或观点作为"名片"推销自己或自己的观点及做法,是可以取得良好效果的。"名片"会使自己的立场与对方的立场一致起来,如果双方发现便会油然而生相见恨晚之感。

四、运用霍桑效应

霍桑效应出自霍桑工厂实验。上世纪 20 年代,美国西方电气公司霍桑工厂进行了一系列实验。这些实验专门挑出一些女工在实验条件下进行工作,以检验物质条件的变化对生产效率的影响。实验发现,不论物质条件变好还是变坏,生产效率都在持续上升。如,室内照明实验,女工在工作时,随着照明度的不断增加生产效率逐渐增长。将已增高的照明度又不断降低,结果生产效率不但没有随之下降,反而还有所上升。又如,工间休息实验,在工作时,给参加实验的女工安排一些休息时间,之后把休息时间延长,并增添一些茶点。结果是生产效率又随着有休息时间以及休息时间的延长而逐渐提高。到实验的第二阶段，取消茶点供应，逐渐缩短工间休息时间，以致最后取消了工间休息，然而令人匪夷所思的是，女工们的积极性并没有因此而有所降低，生产效率仍然不断提高。

实验的这一结果令实验者百思不得其解，是什么原因导致了这些女工们有如此高昂的工作热情呢？后来经过调查发现，是这些女工们感到，她们被专门挑选出来参加试验，成了特殊的人，而且在实验过程中，受到了厂方的特别重视，给予了很好的待遇。她们认为，她们在参加一项有趣而重要的实验，人们希望她们积极工作；她们的行为是受到人们关注的，因而感到有必要也应该遵照实验者的要求，做实验者想让他们做的事。同时，这些女工们也知道实验者的目的主要是测量她们的生产效率，这是实验者最为关心的事情，所以，无论客观条件发生什么变化，她们都觉得应该积极工作。后来社会心理学家就把霍桑实验所表现出的这一心理效应称作霍桑效应。

霍桑效应说明，要想说服某人同意自己的要求或动员某人去做某事，首先应该使其感到愉快，向他显示我们真正地关心他、重视他，迫切希望他做好这件事。这样对方就会产生重要感，觉得自己正在受到极大关注。如此，当他知道对方期望他做什么，只要没有想到拒绝的特别理由，他就会尽可能按照对方的期望去做好每一件事。

人类有一种普遍的精神饥渴，那就是希望受到重视，渴望得到肯定。作为职场中人，必然都是群体中的一分子，都需要突出自己。而你关心他、关注他，让他感到自己的重要，就等于承认了他的价值，满足了他受尊重的需要。此时他必然会感谢你，并以接受你的要求作为对你重视他的回报。基于此，在职场交往过程中，有效运用霍桑效应，真诚地尊重、重视同事、客户甚至竞争对手，便可与之建立健康和谐的工作关系。

五、智用"背后鞠躬"效应

每个人都试图给他人留下好印象，使人感到他是好人，如果发现自己的某些行为没有达到这一目的，引起了不良反应，就会改变自己的行为，以纠正别人对自己的不良印象。社会心理学将这种心理现象称之为"背后鞠躬"效应。社会心理学还以实验证明了"背后鞠躬"效应的有效性。实验者向一些大学生提出一项虽然是帮助人却有点过分的要求：请他们充当两年少年观护法庭的义务辅导员，在每个人都委婉拒绝之后，实验者又向他们提出了一个比较小但比较合理的要求，请他们带领一位观护少年到动物园游玩一次，绝大多数被试都因上一次拒绝对方而感到有点不好意思，所以这次便不假思索地接受了这一要求。对照组则没有事先提出充当两年少年观护法庭的义务辅导员的要求，而是直接提出带领一位观护少年到动物园游玩一次的要求，结果很多人都表示不愿带领观护少年去游玩。

在职场人际交往特别是谈判过程中，智用"背后鞠躬"效应有着特别的意义。先向对方提出一个较大的要求，遭到拒绝后，接着提出一个小的要求，此时，对方很有可能会同意并接受这一小的要求。很显然，提出较大的要求，人们很难从命，但是拒绝了这一要求，就意味着给对方留下了不良印象，甚至得罪了对方。此时这个较小的要求，无疑等于给了他一次纠正对方对他产生不良印象的机会，此时自然会欣然从命。

六、谋求"自己人"效应

"自己人"效应揭示了这样一条规律：只要自己和对方存在着某种一致性，就可以引起对方的好感，促成二者心理上的相近。这种共同性的东西可以是观念上的，也可以是行为上的，甚至任何相似之处。

总之，只要双方存在着某些共同之处，就可以借此提高自己的影响力。

社会心理学研究指出，人们之间存在的某种相似性对人际吸引产生着重要作用。人们都喜欢和自己相似的人，尤其是喜欢和自己有着共同态度、共同信念和共同价值观的人。俗话讲：物以类聚，人以群分。人们最好的朋友总是和自己有某种相似之处。共同的民族背景、政治观点、阶层、学历、思想等特点都会影响喜欢程度，相似的年龄、行业、兴趣、爱好、习惯等也可以增进友谊。所谓"老乡说老乡，两眼泪汪汪"说的也是这个道理。而对于差异性很大的双方来说，虽然他们时常见面，但是彼此不了解"底细"，难免有陌生感和不信任感，进而产生心理防御，这就为彼此吸引筑起了一道无形的墙。而一旦有了相似，就会产生同一感，把对方看作是自己人。而有了自己人的感觉，就会在情感上发生共鸣，很容易不假思索地接受对方及其对方的观点。实验表明，专业教师向学生介绍一种学习和工作方法，他们比较容易接受和掌握，相反，非专业教师向他们介绍这些方法，他们就不容易接受和掌握；听众对于他喜欢的讲演人所宣传的观点，接受起来既快又容易，而对于他所讨厌的宣传者维护的观点却本能地加以抵触；在小组争论的时候，如果小组成员的关系融洽，在接受某些观点和立场方面，其相互间的影响力就增大。所以，有人这样说：假如你想说服别人你是对的，人们应该按照你的意见去做，只是向人们提出良好的建议还是远远不够的，必须首先让人们喜欢你，否则，你的意图就会失败。

一位心理学家说过：一个酿酒专家也许能告诉你许多理由，为什么 A 牌子的啤酒比 B 牌子的好，但你未必购买 A 牌子的啤酒。但如果你的朋友推荐你选购 A 牌子啤酒，不管他对啤酒是否在行，你很可能听信他的话而购买 A 牌子的啤酒。所以，先让对方产生自己人的感觉，然后在再推销自己的主张及做法，可以大大减少抵制因素，顺利达成自己的目标。

　　"自己人"效应表明,一个人要想在职场上有所作为,必须争取方方面面的合作,而要最大限度地赢得合作,应当强化"自己人效应",使他人确认你是他们的"自己人"。对此,担任过美国总统的林肯深有体会,他说:一滴蜜比一加仑胆汁能够捕到更多的苍蝇,人心也是如此。假如你要别人同意你的原则,就先使他相信:你是他忠实的朋友即"自己人"。用一滴蜜去赢得他的心,你就能使他走在理智的大道上。当然,要酿成林肯所说的"自己人"的这一滴蜜,需要你从各方面去采集可供酿蜜的"花粉"——态度与价值观的相似性、情感上的相悦性、行事风格的共同性……当你与对方表现出高度的一致性时,你所说的话就显得动听入耳,就容易让人听进去,你的要求也就更容易被接纳。

七、妙用"是的"效应

　　希望别人接受自己的观点和做法或要求别人合作,应该首先讨论什么问题呢? 对此,美国心理学家卡内基提出:"与别人交谈,不要先讨论你们所不同意的事,要先强调——而且不停地强调——你们所同意的事。因为你们都在为同一结论而努力,所以你们的相异之处是在方法,而不在目的……让对方从一开始便说'是的',假如可能的话,最好让对方没有机会说'不'。"[①]心理学研究发现,当一个人说"是"的时候,他的整个机体都处于开放和松弛状态,这种状态使他能够以开放的胸怀接受他人的意见或建议,没有必要为自己进行任何防卫。相反,当一个人说"不"的时候,他的整个机体——肉体和精神——会处于一种明显的紧张与收缩状态。这种状态会促使其采取抵制态度防卫外力的干扰,拒绝他人的意见和要求。不仅如此,一旦说出"不"字,往往就难以反悔,好面子的心理很可能使他顽固地坚持下去。尽管日

---

　　① 胡旋编译:《卡内基成功之道全集》,呼和浩特:内蒙古人民出版社 1999.101.

后会意识到当时的拒绝是愚蠢的，但此时此刻却会把这个"不"字看成是必须捍卫的。因此，我们越能使对方说"是"、"对"、"好"，就越能达到与对方良好交流以及和谐相处的目的。

"是的"效应运用的关键在于首先避开矛盾和分歧，求同存异，从双方同意的问题入手，使交往一开始就充满愉快的气氛。不论双方的分歧有多大、矛盾有多深，但总有一些共同语言、共同利益、共同愿望。只要利用这些共同点，创造出"是的"局面，心平气和地与对方进行沟通和协商，与对方达成共识或合作的可能性都会大大增加。运用"是的"效应时，可以举出一些双方都熟知或认可的事实，提出一些双方渴望得到圆满解决的问题，然后再说明这些问题，介绍所掌握的有关这些问题的确凿证据，使对方无意识地产生顺从和接纳，在此基础上再讨论分歧意见，就会使对方产生一种感觉，你们之间的共同点很多，而分歧并不大。

美国一家电器公司推销员阿里森是成功运用"是的"效应的典范。有一次，他到不久前才发展的新客户公司去访问，该公司的总工程师一见到他便劈头盖脸地质问："阿里森，你还指望我们再买你的发动机？"原来该公司的总工程师认为他们刚刚从阿里森处购买的那批发动机工作温度超出了正常标准。对此，阿里森是怎么回答的呢？阿里森说："好吧，史密斯先生，我的意见和你的相同，假如发动机工作温度过高，不要说再买，还应该退货，是吗？"总工程师回答道："是的。"阿里森又说："按标准，发动机可以比室内温度高出 72 度，对不对？""对！"总工程师回答。"但你的产品却比标准高出许多，难道不是事实吗？"阿里森也不争辩，反问道："你车间里的温度是多少？"总工程师略加思考回答说："大概 75 度。"阿里森又说："车间温度是 75 度，加上应有的 72 度，一共是 140 度左右。如果你把手放到 140 度的热水里，是否会把手烫伤呢？"总工程师虽然不情愿，但也不得不点头称是。阿里森又说:"那么,以后你不要用手摸发动机啦,放心,那完全是正常的。""你说得有道理。"总工程师不得不承认。由于阿里森接连不断地让总工程师做出"是的"反应,结果成功地消除了其不满。

在职场人际交往过程中,妙用"是的"效应,对于迅速达成共识或有效解决问题都非常有意义。

八、注意晕轮效应

晕轮效应指的是人际交往中产生的一种知觉偏见。当人们对某个人的某个方面有了好的或不好的印象后,便对这个人的其他方面也会做出肯定的或否定的认识和评价。这种知觉偏见,好像月晕一样,把月亮的光扩大了。晕轮效应是在掌握有关对方信息资料很少的情况下做出总体判断的结果,具体表现就是以偏概全。当对某个人印象好时,便觉得他什么都好,甚至连他的某些缺点、不足也会觉得可爱,当对某个人印象不好时,就会看他处处不顺眼,连他的优点、成绩也视而不见。

客观而言,晕轮效应是一种把我们引入对事物认识误区的常见的社会心理效应。晕轮效应的危害是一叶障目,不见泰山,容易影响事物评价的准确性和可信度。

在现实中,晕轮效应的作用是持久而明显的,在职场人际交往中要特别注意。一方面要设法利用晕轮效应的积极影响,如,争取给交往对象留下良好的第一印象,使之产生积极良好的晕轮效应。另一方面,要尽量避免晕轮效应的消极影响,如,避免因自己某一方面的失误和不足而令对方形成偏见,导致在日后得不到公正对待和评价。

九、牢记南风效应

法国著名作家拉封丹曾写过一则寓言,讲的是南风与北风打赌,看谁能够脱去一位农夫的衣服。北风自以为力气大,脱件衣服不是难事。于是北风先来,他使劲地向农夫吹寒冷刺骨的风,直吹得农夫浑身瑟瑟发抖,结果农夫不但没有脱下衣服,反而裹紧外衣,躲到背风的地方去了。紧接着由南风上阵,他向农夫轻抚慢拂,给农夫送去温暖的熏风。农夫本来就在田野里劳动,身上出了热汗,经南风这么一吹拂,浑身发热。于是就放下手里的活计,到田边脱去衣服。结果南风大功告成。

南风效应给人的启示是:在职场人际交往中,温暖胜于严寒。

十、关注刻板印象

刻板印象也称社会刻板印象,是指由于受社会影响,人们对于某一个人或某一类人所产生的一种比较固定的看法,也叫定型化效应。一般来说,定型的产生以过去有限的经验为基础,它源于对人的群体归类。比如,人们常认为东北人高大,广东人矮小,山东人耿直、西北人粗犷;宽大的前额象征智慧,胖人心宽等等。其实这些都是社会刻板印象所产生的效应。

社会刻板印象对职场人士的职场交往影响是双向的。一方面它会导致认识过程的某种程度的简化,有利于人们对他人做概括的了解;另一方面,如果在非本质方面做出概括而忽视了人的个别差异,就会形成偏见导致错误判断。在现实中,不少人都曾受到过社会刻板印象的消极影响。如,商人容易被看成是唯利是图的,推销员的推销容易被当成是忽悠客户的。

人在职场,必须对社会刻板印象有充分的认识和足够的心理准备,以便能够巧妙利用刻板印象积极的影响,避免刻板印象消极的影响。遭遇不利的刻板印象,要学会有效应对,表现在:一是要沉着冷静,二是要善于寻找机会,创造机会展现自己的良好素质和能力,充分利用近因效应给对方留下深刻印象,化解社会刻板效应的负面影响,为和谐交往奠定基础。

十一、妙用罗森塔尔效应

罗森塔尔效应也称"皮革马利翁效应",是由美国心理学家罗森塔尔提出的。指的是教师对学生的爱、关怀和期待在教育效果上所产生的相应于这种期望特性的良好作用。

相传古代的塞浦路斯岛有一位王子叫皮革马利翁,他精心雕刻了一具象牙少女雕像,因为太喜欢了,于是每天都含情脉脉地盯着"她"。精诚所至,金石为开,有一天,少女雕像活了,与王子相亲相爱,成为了王子的妻子。这本是一个美丽的神话故事。然而现实生活中却演绎了活生生的现实版。

1968 年,心理学家罗森塔尔来到美国的一所小学,从 1 至 6 年级中各选 3 个班级,对 18 个班的学生"煞有介事"地进行发展预测,然后将"天资聪颖,有良好发展可能"的学生名单通知有关教师。名单中的学生,有的在老师的意料之中,有的不在。对此,罗森塔尔如此解释:"我预测的是他们的发展,而非现在的基础。"并要求教师不得将名单外传。

八个月后,罗森塔尔又来到这个学校,并对这 18 个班进行复试。结果是,他们提供的名单里的学生成绩增长明显比其他同学快,并且在感情上显得活泼、开朗、求知欲旺盛,与老师的沟通也很好。

原来,这是一项心理学实验。罗森达尔所提供的学生名单完全是随机的。他通过自己"权威性的谎言"暗示教师,坚定了教师对名单上学生的信心,调动了教师独特的深情。教师扮演了皮革马利翁的角色,而名单上的学生则成了他们的活起来的"雕像"。

虽然学生名单对外是秘密,但是教师是清楚的,于是对这些好学生的强烈期待便不由自主地通过眼神、笑貌、嗓音、动作显现出来,这些学生受到关爱和鼓励,于是变得自尊、自信、自爱、自强,激发起积极向上的热情和干劲,成绩自然有了明显提高。这个实验就是教育心理学上著名的"皮革马利翁效应"。

　　罗森塔尔效应告诉我们,在职场人际交往中,一旦好意知觉对方,有意识或无意识地寄予厚望,对方就会产生出相应于这种期望的特性。运用到职场交往中,就是要求对交往对象投入期望、感情或特别的诱导。如,领导对下属要投入期望,进行特别诱导,使下属得以发挥主动性、积极性和创造性。营销人员要对客户投入感情和期望,激发客户的积极肯定情感,形成稳定而良好的合作关系。

第十一章　善做事是支撑

职场中的每一个人都是在与他人的互动中求生存、求发展的,需要各种关系的支持、指导和帮扶。然而,良好的职场交往关系不会自然而然形成,它需要以善做事和做善事来支撑。

第一节　用善做事作支撑

做事即运用自己的智力和能力去完成某件事情。善做事则是指具有把事情做好的信念和素质。善做事包括两个基本方面:一是"做事就一定要把事情做成";二是"做事就一定要把事情做好,做到最好"。善做事是实现职场良好交往的重要条件,因为职场是工作场所,工作关系的好坏与一个人的做事态度、做事能力直接相关。一个人善做事,就具备了被尊重、被赏识、被看重、被喜欢的条件,人们就愿意与其交往与合作。

一、敬业

敬业就是敬重自己从事的事业,敬重自己所从事的工作,千方百计将自己的工作做好。易言之,敬业就是要用一种恭敬严肃的态度对待自己的工作,这一点正如我国古代思想家朱熹所说:"敬业者,专心致志以事其业也。"①程颐更进一步说:"所谓敬者,主之一谓敬;所谓一者,无适(心不外向)之谓一。"②

中华民族历来有"敬业乐群"、"忠于职守"的传统,敬业是中国人民的传统美德。早在春秋时期,孔子就主张人在一生中始终要勤奋、刻苦,为事业尽心尽力。他教导弟子要"执事敬"、"事思敬"、"修己以敬"。

整个西方世界亦把敬业作为一种现代职业美德来推崇。韦伯在《新教伦理与资本主义精神》一书中把从事的职业看做是从职者的天职。敬业美德的新内涵在于要把职业作为神圣的东西加以敬畏、尊重,而这是为了职业本身,不是为了职业利益。

作为职场人士,对于自己的岗位和职责,无论在什么时候,都要尊重,都要认真、积极地去完成它。就像美国著名黑人领袖马丁·路德·金则所强调的那样,如果一个人是清洁工,那他就应该像米开朗基罗绘画、像贝多芬谱曲、像莎士比亚写诗那样,用同样的心情来清扫街道。他的工作如此出色,以至于天空和大地的居民都会对他注目赞美:"瞧,这儿有一位伟大的清洁工,他干活真是无与伦比!"据说,在叶利钦执政期间,有人问克里姆林宫的一位清洁工人对自己工作的看法,她的回答是:"我的工作和叶利钦的工作其实差不多,他是在打理俄罗斯,我是在打理克里姆林宫,每个人都是在自己分内做好自己的事情。"她说得轻描淡写,又理直气壮,其敬业精神让人佩服。有一位旅游公司开旅游车的司机,只有小学文化程度,但是每天笔挺的西装衬衫,永远提前十分钟在门口等,车子每天擦,座套每天换,车上免费准备垃圾桶、矿泉水、湿纸巾和睡觉盖的薄毯子。同时自带单反相机一台,默默拍下客人观景时候的背影或远景,分别时候送给客人。这

---

① 《朱子文集·仪礼经传通解》.
② 《二程·粹言》.

位司机的敬业精神,感动了一批又一批客人。

在职场交往中,敬业的人是最受组织青睐,最为职场众人悦纳的。对于今天的职场来说,许多工作都是紧密相连的,需要大家合作才能完成,而要达成工作的圆满和高效,要求合作链条上的每一个人都要尽职尽责,做好每一项工作,提供超出报酬的服务与努力,乐于为工作做出个人牺牲。一个人如果能够做到这些,不仅会成为职场宠儿,还会成为众人争相抢夺的工作伙伴。

"南水北调"中线工程开工前,国务院组织有关专家对线路进行勘察,那时正值初春,北方原野风沙正劲。专家团抵达河南方城段时,在野外遇到了7级大风。后勤人员拿出几张纸质地形图,都被大风吹破。这时专家队伍中一位年轻处长从口袋中拿出一张布做的地形图,才使工作得以进行下去。当时大家都对这位处长留下了深刻印象。事后,有人问他为什么口袋里装有布制的地形图。这位处长说,事前他查过当地的气象材料,知道那是一个著名的风口,所以预先做了相关准备。之后专家团逐渐领略了这位年轻处长的厉害,他简直就是一个"活资料库"——一些大家容易忽略的数据,他连小数点后面的数字都能说得出……这种对细节的重视为大家的工作提供了极大的方便,因而备受同仁称道。几年后,才三十几岁的他升任为某部委的重要领导。

香港导演李安是蜚声海内外的大牌导演,关于他的成功,人们众说纷纭,而熟悉他的圈内人士,则对他身上表现出来的敬业精神赞不绝口。

1993年,在拍摄电影《喜宴》时,有一个飞机缓缓降落的镜头,本来是个只有两三秒的镜头,但为了指导拍摄组拍摄出理想的效果,李安特意带给拍摄组一张纸条,纸条上详细地写着要点:拍华航747要在白天,最好是在下午稍晚,四五点钟的降落镜头;拍747客机,机尾的华航标志及国旗要清楚,同时模糊机场背景……李安在后面给出的解释是,这样一来带给观众真实感,二来也较有喜剧效果,父母坐祖国的大飞机缓缓降落,传统文化压力来了(对剧中主角)。

更让你叫绝的是,为了让拍摄组掌握飞机降落时的角度和要点,李安还在纸条上画了六幅小图,把要拍摄的飞机下降的姿态、方向,乃至飞机降落架放下的一瞬间都画了出来,并一一解释,图文并茂的形式让人一目了然。尽管如此,李安还不忘给剧组人员写下一句:"有问题请来电问我,多谢!"其严谨细致的工作作风,彬彬有礼的态度跃然纸上,令人感叹不已。这样的导演怎么可能不成功。

美国著名的电影明星克鲁斯有一天在独自游玩途中,汽车突然出了问题,没有办法,他只好将车开到检修站。负责为汽车检修的是一个女工。只见女工二话没说就开始了她的工作,她熟练灵巧的双手和俊美的面容一下子吸引了克鲁斯,但是克鲁斯很奇怪,整个纽约都知道大名鼎鼎的他,为什么这位姑娘却没有表现出他想象中的那种惊奇的兴奋。他主动地和女工搭讪:"小姐,您喜欢看电影吗?"

"喜欢啊,我是个不折不扣的影迷。"她手脚麻利,说话间汽车已经修好了。"先生,您可以开走了。"

克鲁斯有点依依不舍:"小姐,您可以陪我兜兜风吗?""不行,我还有工作。"

"但是,您修的车难道不能亲自检查一下?"姑娘认为克鲁斯的话没错,就上了车。车况很好,姑娘说:"我可以下车了。"

克鲁斯问:"怎么,不想再陪陪我了,您喜欢看电影吗?"

姑娘说:"我已经告诉您了,我是个不折不扣的影迷。"

"那您不认识我?"克鲁斯有点失落。

"当然认识,您是阿列克斯·克鲁斯。"姑娘轻描淡写地说。

"那么,您为什么对我这么冷淡,不肯和我去兜风呢?"克鲁斯说。

"不,您错了,我不是对您冷淡,而是没有别的女孩子那么狂热。您有您的成就,我有我的工作。您来修车您就是我的顾客。如果您不是明星,我也会一样接待您,人与人之间难道不是这样吗?"

克鲁斯哑口无言。

美国心理学家调查研究发现,一些聪明人之所以事业告败,其原因在于:尽管他们富有学识,才华能力过人,却无法弥补其致命的缺陷——缺乏敬业精神、缺乏对本组织的忠诚以及由责任感而激发出来的主动性,因而无法为组织所信任,为职场同仁所悦纳;反之,许多成功人士则验证了敬业、勤勉对个人发展的意义,对构建职场和谐关系的重要性。因此,对每一个职场人士来说,都应该尊重、喜欢自己的工作,把注意力放在日常工作能学到些什么上面去,不断精进自己的业务,尽一己之天职,自觉而出色地完成自己的任务,并且主动为团队承担更多的责任,这样你才能更易于与上司、同事相处,更容易为客户所接受。

二、精业

精业即精通专业,用正确的方法做正确的事;精益求精,从优秀到卓越。

有纽约王宫之称的华尔道夫饭店是世界最著名的饭店之一,该饭店分为两部分,28 楼以下为一部分,房价从每晚 499 美元至 1 000 多美元不等;28 楼至 42 楼为另一部分,通常为许多富翁设立的永久住所和总统套间都在此,每晚房价在 7 000 到 5 000 美元。

"困难的,立刻办到。不可能的,多花几分钟就可以办到"。这是华尔道夫饭店墙上的标语,也是为客人提供优质服务的座右铭。为了能让客人在停留期间享受最高等级的服务,主要管理人员要熟知国际政治、外交礼仪及各国领袖的喜好。其专业精神令人瞠目。

在有些人看来,德国人是最蠢的,他们在青岛待了17年,17年间,没修别墅,没盖大楼,没搞布满鲜花、喷泉和七彩灯管的广场,却费了九牛二虎之力,先把下水道修好了。没人看得见德国佬做的这些(基本上属于费力不讨好),可是100年来,中国人见证了一个从来不淹的青岛。

著名表演艺术家陈道明拍戏时有一个"怪癖"——不脱戏服。一旦进入剧组,换上角色的衣服,他就不会轻易脱下来。在《归来》的整个拍摄期,他一直穿着陆焉识的破棉袄,下了戏也不脱下来,因而回酒店时常常引来人们的侧目而视。这个习惯不是在拍《归来》才有的,从《康熙大帝》到《楚汉传奇》无不如此。拍《楚汉传奇》是在冬天,陈道明就穿一天单裤,因为他觉得戏中的场景是在秋天,多穿一条裤子会影像视觉效果。为此,拍完戏就得了重感冒。在片场他总穿着刘邦那套戏服,永远是整装待发的样子。之所以如此,陈道明的理由是:"进入剧组后,演员要做的第一件事是把戏服穿成自己的衣服,把道具变成自己的手持物,只有这样,这些东西才能'贴神',而不像借来或租来的。"对于自己的"怪癖",陈道明是这样解释的:"演员这个职业是有职业性的,职业性有时要付出代价。不都是光环,不都是掌声和鲜花。演员不能只带脸进现场,一定要带着脑袋进现场,因为演员不是演脸的,而是演心的。"

在职场中,我们大体会遇到四种人,有的人既敬业精业又高度负责,这是一个组织的核心人才和骨干人物;有的人敬业不精业,这种人吃苦耐劳、精神可嘉,遇到紧急情况能召之即来,却未必来之能干;有的人精业不敬业,虽然业务素质高,专业能力强,善于解决问题,却三心二意,毛手毛脚,容易大意失荆州。有的人既不敬业也不精业,当一天和尚撞一天钟,每天浑浑噩噩过日子,这种人误己又误人。[1]

---

① 唐宋:"敬业·职业·精业",《人民日报》2009.4.14.

　　我国一位著名企业家曾讲过这样一个故事,他去韩国参观访问一家同行时,发现他们一家加工 1 500 吨面粉的工厂才 66 位员工,他非常惊讶。而这家工厂的老板却告诉他,自己刚从中国失败而归。本来他在中国办的工厂的设备比韩国还先进,但是 100 多号人却只能加工 200 多吨面粉。这位企业家问其原因,人家回答:中国员工做事不到位,员工的差异性决定了企业的差异。我们的企业家听后感慨万千,并由此悟出,企业成功背后依靠的是具有精业精神的高素质员工,今后的管理必须加强对员工精业精神的培养,要把企业家个人的理念、责任心转化为全体员工共同的理念和责任心。

三、做好平凡小事

　　在职场中,很多时候是通过做事和共事来实现交往的,而做事的过程中,做什么事和如何做事至关重要。据统计,我们日常从事的工作 90% 是一些重复性、事务性、琐碎性的简单工作,即所谓的平凡小事。如何看待这些平凡小事,怎样去做这些平凡小事呢? 应该说,对任何一个组织而言,没有任何一件小事,小到可以被抛弃;没有任何一个细节,细到能够被忽略。小事所表示出的意义是重大的,最打动人心,最让人永久难忘的,很少是那些轰轰烈烈的大事,因为在这个世界上,每年、每个时代都会发生一些比之前更大的大事,人们的记忆和感动总是会被不断地刷新。相反,那些细小的事,特别是那些关怀人心、尊重人格的每一个细节却总能被人们所牢记,而另一些看似无关紧要的小事,如疏忽礼貌、工作上的敷衍、不经意的失信,也会深深地嵌入人们的脑海。所以,工作中无小事,每一件事都不应该敷衍应付或轻视懈怠,相反,应该付出你的热情和努力,尽职尽责地去完成。

　　心理学家曾说过:一个拥有好人缘的人,首先必须具有敏锐的观察能力,能深刻地认识事物,能记住有关对方的小事。从某种意义上来说,职场交往中建立起来的良好关系及其友好合作更多地源于小事小节之中。有人可能说,通过大事不是更能认识一个人吗？是的,大事确实能够帮助我们认识一个人,但相比而言,小事同样重要,甚至更重要。因为轰轰烈烈的大事毕竟不是职场交往中的常态,小事才是职场交往的常态。况且在轰轰烈烈的大事中,人们表现的都是自己的理想形象,在小事中才暴露出本来面目。换言之,小事虽然小,却能够真实地反映了一个人的品行、性格和工作作风。因为人们在细节在小事上的表现更多的是一种习惯,而这种习惯有赖于一个人的性格和平时的养成。有一句话叫"性格决定命运",而性格多多少少地会表现在许多不经意的细节上。再者,人际关系的处理有时是非常微妙的。君不见,有时候即便你释放的仅仅是小小的善意和礼貌,也同样温暖人心,改善你们的关系吗？相反,假如借口不拘小节就待人粗鲁,刻薄和不敬,则会不断恶化你们的关系。所以,职场交往无小事,小事之中见真情,在职场交往中,最重要的往往就是小事情。

海尔公司掌门人张瑞敏曾说过:什么是不简单？能够把每一件简单的小事千百次地做对,就是不简单;什么是不平凡？能够把大家公认的非常容易的小事高标准地做好,就是不平凡。在任何工作中,其实需要的并不是把很难的事情做到90％,比如,提高产品质量,服务做到无懈可击,树立公司在客户面前的形象……而是把每个简单的事情做到100％——比如,把组织中每个人的档案都按照一定的规律整齐码放;做好新产品发布的资料准备工作、与重要客户保持热线联系、在门卫处设立一个外来人员的签到簿、把会议室桌椅摆放整齐,将多余的椅子拿走;约好时间请专家来进行指导;为加班的同事定好工作餐,等等。如果你能把所有细节问题都考虑周到,满腔热情地把这些小事做好,多给同事支持,给领导减压,为单位分忧,完美地履行自己的职责,将细节的处理运用到职场交往的每一个环节,就一定会促成人际关系的和谐,迎来做大事的机会。因为这样的人一定会得到老板的赏识与信任、同事的认同和赞扬,而由此形成的良好人际关系自然会给她带来好运气和机遇。

新东方掌门人俞敏洪在一次演讲中打了这样一个"洗厕所"比喻,我在面试时,有时会试着问:"同学,你想要的工作我这儿都没有了,但是有两个卫生间没人打扫,你愿意不愿意干?"几乎不会有学生说愿意,实际上他在拒绝打扫两个卫生间的时候,丢失了一个非常重要的机会。我让一个大学毕业生去打扫厕所,很明显是对你的考验。你在打扫卫生的时候,我绝对会关注你的一举一动。你的表现是不是符合那种正常的坦然接受一份工作的心态? 当你真的把两个卫生间打扫得干干净净,你想我能让你一辈子打扫卫生间吗? 至少我会给你增加工资。我给你打扫四个卫生间,当你把四个卫生间打扫干净以后,我会考虑,是不是把所有打扫卫生间的后勤人员都给你管理,你不是很自然变成管理者了吗? 当你把这些打扫卫生间的人员管理得井井有条,整个公司的环境因为你的管理变得赏心悦目,我不把你提到后勤主任这个位置上我提谁? 你如果又干得非常出色的话,我不把你送到哈佛大学去读 MBA 我送谁去? 当你学成回来了,你不当总裁谁当? 这个比喻相当夸张,却一针见血地指出了当下毕业生求职时和在职场初期最容易出现的误区。那就是只想做大事、做"有意义"的事,而对于做琐事、做专业技术含量不那么高的事,则认为自己被忽视了,大材小用,充当了廉价劳动力。其实,现在组织用人通常都遵循一种思路,即毕业生都要从基层做起,一方面是让新人充分了解单位的运作情况,熟悉各项业务,另一方面也是考察新人、锻炼其能力。可太多毕业生就是在被"考察"期间放弃了可能不久即将降临的机会,可惜可叹。

欧尔曼是美国第一份面向贫民百姓发行的"便士报"——《纽约太阳报》的出版人,同时也是美国第三十任总统卡尔文·柯立芝多年的好朋友。柯立芝经常邀请欧尔曼陪同自己出席各种活动。

但特别细心的人会观察到一个这样的现象,那便是,每次柯立芝与欧尔曼会面交谈时,总是站在他的左边,无论是在办公室,还是在聚会等公共场所,抑或是坐在同一辆车上,甚至在一起吃饭时,柯立芝也自然而然地坐在欧尔曼的左边。很多人都不知道其中的原因,就连柯立芝身边的翻译、贴身保镖也不例外。

总统的这一"癖好",多年来一直是一个谜,无人能解,直到多年后,人们才在欧尔曼的一本书中找到了答案。欧尔曼写道:"每当总统有意无意地走到我左边时,我都会情不自禁地感动一回,没人会注意到他是有意这样做的。更极少有人知道,我在年轻的时候,曾因为一次意外伤害,导致自己的右耳永久性失聪,关于这件事,我也只是无意间跟总统提到过一次,仅仅一次,没想到他却始终记着,并且做得从来不让我有任何的难堪,总统他站在我的左边,只为了照顾我的听力……柯立芝当政期间,有什么样的丰功伟绩,发表过什么样的精彩演说,我都记不得了,但我却记得他走到我左边的样子,犹如发生在昨天。

四、积极主动

积极主动既是一种态度,也是一种行为方式,它不仅是指主动决定并推动事情的进展,为未来的事情早做打算与准备,同时还意味着对自己的负责。不会把自己的行为归咎于环境或他人。他们在与人交往时,会根据自身的原则或价值观,做有意识的、负责任的抉择,而非完全屈从于外界环境的压力。当然,采取主动不等于胆大妄为,惹是生非,而是要让人们充分认识到自己有责任创造条件。

在美国工商管理学院的入学能力测试 GMAT 考试中,其中语法考试有一个特点,就是主动语态和被动语态的对错考试。在一般的英语语法中，主动语态与被动语态都被认为是正确的表达。但在GMAT考试中，假如一句话能用主动语态来表达而用了被动语态，就算是绝对错误。比如说"作业被我做完了"一定要说成"我把作业做完了"才算正确。只有在实在找不到主动者时才能用被动语态，如"窗户被打破了"但不知道是谁打破的，才能说"窗户被打破了"。这种对主动与被动的敏感区别，背后隐藏了一个重大命题，那就是考察参加考试的人员在面对所发生的事情时用主动思维还是被动思维。因为，习惯于用被动思维的人会不自觉地运用被动的方式来面对问题，而习惯于主动思维的人则会考虑主动地解决问题。进入工商管理学院的学生，毕业后要进入各大公司和机构做管理工作，管理工作中最重要的素质之一就是要有主动沟通、协调、解决问题的能力。凡是拥有主动心态的人，都比较容易成为出色的管理者。所以GMAT考的不是纯粹的语法问题，而在语法背后隐藏的一个人的心态问题。

研究发现：如果一个人主动地工作，他就能发挥全部才能的80%左右，如果只作领导指派的工作，则只能发挥全部才能的30%以下。一般来说，大多数人的资质都很一般，然而，主动性却可以弥补天分的不足。

概括地说，在每个组织中，都存在有三种典型的员工：

第一种，完全被动，被动地对待工作，听候领导吩咐，从来不会主动承担责任和追求为组织做贡献。

第二种，麻木，把工作看成是干活挣钱。这种人抱着为薪水而工作的态度，为了工作而工作。这种人不是组织可以依靠和领导可以信赖的员工，也不是优秀的员工。

第三种，完美地体现了工作的哲学：自动自发，积极主动。这种人能够倚仗自我激励，把工作当成报酬，视工作为快乐。

毫无疑问，第三种类型的员工是每一个组织都乐于接受的。持有这种工作态度和行为方式的员工,是每一个组织所追求和寻找的员工,其所在的组织也会给予其最大的回报。

有这样一个故事很能说明积极主动的价值所在。

A到公司工作快三年了,比她后来的同事陆续晋升,只有她原地踏步,为此心里一直很不服气,最终决定找到老板理论一下。她说:"老板,我有过迟到,早退或乱章违纪的现象吗?"老板干脆地回答:"没有"。

"那是公司对我有偏见吗?"老板先是一怔,继而说,"当然没有。"

"为什么比我资历浅的人都可以得到重用,而我却一直在微不足道的岗位上?"

老板一时语塞,然后笑笑说:"你的事咱们等会再说,我手头上有个急事,要不你先帮我处理一下?"

"一家客户准备到公司来考察产品状况,你联系一下他们,问问何时过来。"老板说。

"这真是个重要的任务。"临出门前,她还不忘调侃一句。

一刻钟后,她回到老板办公室。

"联系到了吗?"老板问。

"联系到了,他们说可能下周过来。"

"具体是下周几?"老板问。

"这个我没细问。"

"他们一行多少人。"

"啊! 您没问我这个啊!"

"那他们是坐火车还是飞机?"

"这个您也没叫我问呀!"

老板不再说什么了,他打电话叫B过来。B比A晚到公司一年,现在已是一个部门的负责人了。

B接到了与A刚才相同的任务。一会儿工功夫,B回来了。

B对老板说:"对方乘下周五下午3点的飞机,大约晚上6点钟到,他们一行5人,由采购部王经理带队,我跟他们说了,我公司会派人到机场迎接。"

"另外,他们计划考察两天时间,具体行程到了以后双方再商榷。为了方便工作,我建议把他们安置在附近的国际酒店,如果您同意,房间明天我就提前预订。"

"还有,下周天气预报有雨,我会随时和他们保持联系,一旦情况有变,我将随时向您汇报。"

B出去后,老板对A说:"现在我们来谈谈你提的问题。"

"不用了,我已经知道原因,打搅您了。"

A突然间明白,没有谁生来就能担当大任,都是从简单的小事做起,一个人做事的态度和方式决定了日后能否被委以重任。

一个人做事是积极主动还是消极被动直接影响到做事的效率。任何一个组织都迫切需要那些工作积极主动的员工,优秀的员工往往不是被动地等待别人安排工作,而是主动去了解自己应该做什么,然后全力以赴地去完成。

在工作中选择积极主动还是消极被动,是一个人的权利,但是一旦你选择了积极主动——自觉去了解自己应该做什么并规划它们,然后全力以赴去完成,自己想办法解决问题而不是使自己成为问题,你就一定会成为职场上的"抢手货",人们会争相与你合作共事。

第二节 担负责任是善做事的最高境界

一、担负责任

"责任"一词有三层含义:分内应做的事;特定的人对特定的事项

的发生、发展、变化及其结果负有积极助长的义务；因为没有做分内的事情或没有履行助长的义务而应承担的不利后果或强制性的义务。

从本质上说，责任是一种与生俱来的使命，它伴随着每一个生命的始终，是生命价值的体现。社会学家戴维斯说："放弃了对社会的责任，就意味着放弃了自身在这个社会中更好生存的机会。"细想想，每个人来到这个世界都承担着一定的责任。为人父母，养儿育女是责任；身为儿女，孝敬老人是责任；经商开店，诚实守信是责任；悬壶行医，救死扶伤是责任；站在三尺讲台，教书育人是责任；头顶一枚军徽，报效祖国是责任……

对于职场人士而言，担负责任就是要求"在从事职业的过程中做任何事都能意识到所承担的所有这些方面的责任，并在所有这些方面都追求最佳的效果，防止任何不利和有害的后果，对于可能发生的不良后果有预防措施并及时妥善处理。"①责任意味着言必信，行必果，说到做到，意味着把揽下来的每一件事情都做好，意味着让问题的皮球止于自己，意味着不会因疏忽酿成大错等。意味着对做错的事承担后果，不推诿、不找借口。不仅如此，担负责任还意味着勇挑重担。从组织角度而言，组织的每个部门和每个岗位都有自己的职责，但总有一些突发事件或者艰巨的任务，无法明确地划分到哪个部门和哪个人，而这些事情往往还都是比较紧急和重要的。对此，应该从维护组织利益的角度出发，勇于承担，积极妥善地加以处理。就个人而言，一个人只要做工作，就难免出现这样或那样的问题，此时，应该做到主动承担责任，不推诿、不找借口。同时懂得反思，避免同样的错误再次出现。

一个人的职位有高有低，工作能力有大有小，但是一定要有责任感，一定要肩负起自己的责任，即使成不了出类拔萃的职场宠儿，也要

---

① 钱昌照："德性与职业成功"，《赣南师范学院学报》2012.04.

做一个负责任的职场人。丘吉尔有句名言："伟大的代价就是责任。"一个人只有具有责任心，承担了一定的责任，才能赢得上司、同事和客户的信赖，拥有良好的职场人际关系，才有可能被赋予更大的责任，进而获得更大的成功。

一位房地产公司老总讲过一件发生在自己企业的小故事。

有一个部门经理要跳槽到一家香港公司去，离开的时候，做了三件事。第一，交给老总一个本子。本子上面详细记载着该部门所涉及到的政府部门、各个配套公司、各个协作单位。并清楚地写着与哪个公司合作或联系到什么程度，下一步还有什么工作要做，还有什么难题需要解决。第二，他列出了一个完完整整的联络表。比如，规划局在什么地方。门牌号码是多少，联系人是谁，电话是多少，什么时候接待……第三，领着将要接替他工作的同志到所有部门去交接，非常全面、仔细地做完了交接工作。这个部门经理离开以后，整个公司对他的评价都非常高。

公司老总说："这样一个人才，以后有机会，我还会请他回来。"

一个人一旦失去责任心，凡事就会推三阻四，即使是做最擅长的工作，也会做得一塌糊涂。

有个著名的管理小故事，说的是一个老木匠年事已高，准备回家享受天伦之乐，但老板舍不得他的一手好活，再三挽留，然而老木匠不为所动。没办法，老板只好放他走，只是想让他再帮忙建一座房子，老木匠答应了。盖房子时，老木匠的心已不在工作上。不仅用料不再那么严格，做出的活也全无往日的水准。房子终于建成了，没想到，房子建好后，老板却把它作为礼物送给了老木匠。老木匠愣住了，一生盖了那么多好房子，却为自己建了一幢粗制滥造的房子。

这个故事告诉我们，无论在什么时候，身处何种岗位，我们对待工作都要有一丝不苟的精神，负责到底的态度。而事实上，当你对自己的职业和工作担负起责任时,不仅你所在的组织会从中受益,你的薪水、声誉乃至未来规划都将与之挂钩,你还会受到众人的尊重和推崇,成为职场中备受欢迎的人。

二、超越期望

所谓超越期望,就是在做"该做"之事(完成自己的本职工作)基础上进一步设身处地为工作单位着想,关心组织利益,主动寻求工作的改善,环境的优化,为组织创造更大的价值。具体来说,就是比自己分内的多干一点,比别人期待的多做一点,如,每天多打一个业务电话、多努力一点、多做一点研究、多进行一点练习,看到桌子脏了主动抹一抹,地板脏了主动扫一扫,等等。总之,不要把专业工作之外的事情当成负担或与己无关的事。这不是什么投机取巧和逢迎拍马,而是一种工作美德。

著名投资专家约翰·坦普尔顿通过大量研究,得出了一条很重要的结论:"多一盎司定律"(一盎司只相当于十六分之一磅)。他指出,取得突出成就的人与取得中等成就的人几乎作了同样多的工作,他们所做出的努力差别很小,只是"多一盎司"。但其结果(所取得的成就及成就的实质内容方面)却经常有天壤之别。

多一盎司其实是一个简单的秘密。在工作中,有很多东西都是我们需要增加的那一盎司。大到对工作、公司的态度,小到你正在完成的工作,甚至是接听一个电话、整理一份报表,只要能多加一盎司,把它们做得更完美,你将会有数倍于一盎司的回报。

最严格的工作标准应该是自己设定的,而不是由上司或别人要求。如果你对自己的期望比老板对你的期望更高一点,如果你能达到自己设定的最高标准,那么你无论从事什么工作,都会有更多人指名道姓找你。

二战期间,一个名叫格朗华的青年从奥地利逃亡到了美国,历尽艰辛,最后终于在《时代》杂志的外国新闻部找到一份送稿生的工作,每天的工作职责之一,便是把作家们的稿子油印,然后送往设在另一栋大楼的外国新闻编辑部。

工作从不惜力偷懒的格朗华送稿的速度却总是很慢,因为他一边走,一边为这些文章编分章节,插做标题,等他走到外国新闻编辑部时,也正好拟好一份让文章更出色的编辑建议。

格朗华的才华,以及他为公司着想的举动很快引起了上司和同事的瞩目,多年后,《时代》出版集团出了一位名叫格朗华的主编。

坚持每天多做一点点,不是因为傻,而是因为懂得责任,超越期望做事,不见得多赚钱,但会赚得经验、赚得人脉、赚得能力提升、赚得老板赏识、赚得同事和合作伙伴的赞扬、赚得竞争对手的钦佩,日积月累,你就会变得卓越超群,变得不可或缺。

第三节　以做善事促进职场和谐交往

一提到"做善事",人们马上就联想到了出钱出力,这是一种极其狭隘的理解。对于职场人士来说,其实"做善事"的范围相当广,有"出钱"做的善事;亦有"不出钱"能做的善事,如:以德报德、赞扬他人成绩、原谅别人过失、调解是非争端、文明礼让、尊敬前辈、提携晚辈,凡此等等,都是不用花钱而能做到的善事。可见,"做善事"并非一定要"出钱",最根本的,是要"出心"去做!

一、慷慨帮助

慷慨帮助既是指慷慨帮助别人,同时也是指自愿请求别人的慷慨帮助。没有人刚强到不需要别人的帮助,也没有软弱到不能帮助别人。一个人在职场，不可能是万能的，纵使能力高强，人脉广泛，财富无数，还是需要别人帮助的；即便是一无所有，低微到尘埃，依然能够给予别人援手。因为表达慷慨帮助的方式很多。当别人遭遇困境时，给予物质上的支持，是慷慨帮助；耐心，倾听别人的诉苦，是慷慨帮助；同情，分担别人的痛苦，是慷慨帮助；点拨，给迷茫者以指点，是慷慨帮助。

一个年轻人在城里一条商业街开了家店铺。刚来时，他发现这条街坑坑洼洼，觉得很奇怪。相邻的商铺主人告诉他，街上的生意不好做，石头可以使经过的路人和车辆慢下来，人们走进店铺的几率就会增加。

年轻人对这种逻辑颇不以为然，他不听周围人的劝阻，坚决搬走路上的乱石，并找人将路面修平。之后，这条街人车畅流，呈现出一派繁华景象，商机非但没有减少，反而激增。

众人疑惑不解地问这个年轻人：路畅其流，何以商机反倒增加了呢？年轻人回答："路不好走，人们心生抱怨，便会选择绕道而行。商机怎能多。"

许多时候，人们习惯于怨天尤人，在正途之外动心思。其实，这是在自己的心里摆放了石头，使自己的心灵凹凸不平。如此这般，往往与愿望背道而驰，会使他人离你而去。若要别人接受你，帮助你，必须搬走摆放在你心里的石头，真诚地面对别人，帮助别人。常言道，助人者自助，要在职场建立互助合作的良好关系，就应该尽心竭力给予他人帮助。特别是当他人遭遇困难需要帮助的时候，更应当尽一己之力，慷慨相助，救别人于危难。这样做对于职场交往非常有价值。每个人都有不足的地方，如果你能用自己的优势来帮助别人，别人肯定会铭记在心，有朝一日在你需要帮助的时候，就会伸出援手。

在职场中，每个人的身份、地位各有不同，但只要你愿意，总有你可以帮助别人的地方；在慷慨帮助别人的同时，也寻求和接受别人的帮助，那么，良好的工作交往圈子便形成了。

下面的故事充分说明了这一点。

有一次，美国国父富兰克林很想与宾夕法尼亚州州立法院的一个议员合作，但这个议员很孤傲也很难说话。

富兰克林知道这个议员的私人藏书中有一本绝版图书，于是就询问这位议员能否把这本书借给他看两天。议员同意了。当他们下次见面时，议员主动和富兰克林说话了，而且很有礼貌（他以前从来没有这样做过）。后来，他甚至向富兰克林表示愿意为其效劳。

富兰克林把他借书带来的成功，归结为一条简单的原则："曾经帮过你一次忙的人，会比那些你帮助过的人更愿意再帮助你一次。"人们都愿意帮助自己喜欢的人，当请求对方帮忙时，你其实是在给对方一个暗示："我就是你喜欢的人啊。"于是，对方就会被催眠，你们就成了伙伴。

凯思·法拉奇是美国法拉奇绿讯营销咨询顾问公司的创始人和首席执行官。有一次他在大学演讲时，被同学们追问："成功的秘诀是什么？获得成功的潜在规则是什么？法拉奇把成功的秘诀归结为一个词：慷慨。为了帮助学生们理解，他给他们讲了发生在自己身上的一些事：

第一件事是，我父亲想让我接受更好的教育（父亲是宾夕法尼亚州的一名钢铁工人），以便日后更有出息。他把对我的期望告诉了他们公司的首席执行官艾利克斯·麦克纳先生，要知道，在这之前他连麦克纳先生的面都没有见过。麦克纳先生除了是一位企业家外，还是一所著名私立学校的理事。他非常理解我父亲望子成龙的心情，帮我在那所私立学校争取了一份奖学金。这可是原先我们连想都不敢想的事。

第二件事是，当我在耶鲁大学读二年级的时候，我参加了纽黑文市城市委员的竞选，尽管事前进行了精心准备，但还是不幸落选了。

宾夕法尼亚州共和党主席阿尔斯·斯尔曼女士在《纽约时报》上看到这个消息后,主动联系我,借了一笔钱给我,给了我很多建议,并且鼓励我去转读商学院,而在这之前我们素昧平生。

我对学生们说,我得到了世界上最好的教育,而这些机会几乎全部出自别人慷慨的帮助。

对于请求别人的帮助,需要特别说明一下,请求别人帮助可能会开启良好关系,但仅仅止于此是不能使关系长久的。要保持职场交往关系健康长久,必须坚持互惠互利原则,给别人的慷慨帮助一个应答。

二、不吝赞美

人的精神生命中最本质的需求就是得到肯定和赏识。每一个正常人都有强烈的社会赞许动机,渴望受到他人的肯定和赞美。美国心理学家杰斯莱尔认为:"赞美就像温暖人们心灵的阳光,我们的成长离不开它。"人生不如意者十有八九,我们经常被一些不愉快的事情缠绕,生活似乎失去了往日的色彩。此时,我们的内心深处就会涌起一种渴望,渴望被关心和赞美!

法国著名作家安德烈·莫洛亚认为:"美好的语言胜过礼物。这是因为,几乎所有的人,男人、女人、甚至最骄傲的人都有某种自卑感,漂亮的人怀疑自己的智慧,强有力的人怀疑自己的魅力,向一个人指出他浑然不知或忽略了的可爱之处,是一件十分令人快乐的事情。听到热烈的赞美,腼腆的女子会像阳光照耀下的花儿一般心花怒放;男人爱听奉承话是没有止境的;没有姿色的丑女人照样能够讨人喜欢,就是因为赞美的话说得得体中听。"①

在职场交往中,赞扬是不可或缺的学问,适时、恰当的赞美,不但

---

① 夏焱主编:《处世真谛》,哈尔滨:黑龙江人民出版社 2002.231.

可以调节人际关系,还会鼓舞对方,成为推动其前进的力量。在我们向同事、上司、合作者乃至竞争者说的许许多多的话中,赞扬的语言常常能够穿越时间和空间,成为人们彼此良好关系的润滑剂以及记忆长存的精神财富!

下面这个例子就是很好的例证。

一个业务员去拜访一家商店的老板。

"老板,您好!"

"你是谁呀!"

"我是××保险公司的××,今天我刚到贵地,有几件事想请教您这位大名鼎鼎的老板。"

"什么? 大名鼎鼎的老板?"

"是啊,根据我走访的结果,大家都说这个问题最好请教你。"

"哦! 大家都在说我啊! 真不敢当,到底什么问题呢!"

"实不相瞒,是……"

"站着谈不方便,请进来吧!"

……

既然人家诚恳求教,又怎么好拒之门外呢。于是,这位业务员轻而易举地过了第一关,并取得了准客户的信任和好感。

有人分析了 100 位白手起家的知名企业家,他们的年龄从 21 到 70 岁以上,教育程度从小学到博士,他们之中有 70% 来自小城镇或乡村。然而,他们却有一个共同的特征,那就是他们都是别人优点的发现者,能看到别人的优点且不吝啬加以赞美。美国商界中年薪最先超过一百万美元的人中有一位叫查尔斯·史考伯。为什么史考伯能挣到一百万美元,难道是他比别人知道得更多,比别人更优秀吗? 否,史考伯说:"我认为,我那能够使员工被鼓舞起来的能力是我所拥有的最大资产。""而使一个人发挥最大能力的方法,是称赞和鼓励。再也没有比上司的批评更能抹杀一个人的雄心。我从不批评任何人,我赞成鼓励别人工作。因此我急于称赞,而讨厌挑错。如果说我喜欢什么的话,就是我诚于嘉许,宽于称道。"

无独有偶,我国著名企业家张瑞敏也是一个善用赞美的人。张瑞敏说过:"一个人如果想成功,一定要学会控制自己的情绪和保持良好的心态,与人为善。要养成'三不'与'三多'(不批评、不抱怨、不指责;多鼓励、多表扬、多赞美),这样就会成为一个受社会大众欢迎的人。如果想让你的伙伴更加优秀,很简单,鼓励和赞美他们。即使他们的确有毛病,也应该给他们建议。在工作中不难发现这样的现象,有的人提建议对方能够心悦诚服地接受,有的人提建议则让对方很生气。为什么会如此?是因为提建议的方式不科学,提建议应该用三明治方式——赞美,建议,再赞美。"

现实中,大多数人会怎么对待自己的伙伴呢?如果对方做了错事,马上指责。等下次做对了,却得不到承认。因为在普通人看来,把事情做对、做好是理所当然的,做错事情就应该受到批评和指责。

下面这则故事具有代表性。

有一天该吃晚饭了,一位乡村妇人把一堆草放在家人面前,家人十分愤怒。妇人说:"想不到你们还注意到了,过去 20 年来我一直为你们做饭,而在这 20 年中,我没有听到一个人告诉我你们吃的不是草。"

在工作中,如果我们希望我们的工作伙伴与我们合作,就应该学会赞美。然而,赞美说起来简单,真正做起来并不容易,若是赞美不能够审时度势,或是言不由衷,也会使好事变成坏事。因此,赞美必须注意方式方法。

首先,留意别人的优异表现并及时赞美。人们既能够在别人身上找到某些值得称道的东西,也能够发现某些需要指责的东西,这取决于你寻找什么。在职场交往中,要善于寻找对方身上值得称道的东西,如,随时留意别人的优良表现,及时发现他们工作上的"闪光点"和优异之处,诚恳地称赞对方,肯定一切能够肯定的方面,表扬一切可以表扬的方面。如此不仅会给别人带来快慰的情绪,还会进一步融洽你们的关系,加强日后的合作。相反,赞美姗姗来迟,对人们来说不仅会失去新鲜感和激动感,还会让人觉得你是别有用心。

通用电气公司前掌门人杰克·韦尔奇堪称及时赞美的行家里手,他经常亲自提笔写便条和打电话赞美那些取得良好成绩的下属。据说当他还是一个部门经理时,他就在自己的办公室里装了一部特别的电话,这部电话的号码不对外公开,专供集团内采购代理商使用。只要某个采购人员从供应商那里争得了价格上的让步,他就可以直接给韦尔奇打电话报告。无论当时韦尔奇正在干什么,他一定会停下手头的事去接电话,并大声告诉对方:"这真是太棒了,大好消息;你把每吨钢材的价格压下来两角五分!"然后马上坐下来起草给这位采购人员的祝贺信,韦尔奇的及时赞美不仅使采购代理商们由一个个平凡的男女变成了创造奇迹的英雄,也使韦尔奇负责的部门声名鹊起。

其次,赞美必须真诚且恰如其分。赞美是培养良好人际关系的润滑剂,但其前提是一定要真诚。尽管人人都喜欢被赞美,并且喜欢赞美自己的人,但如果你的赞美太过慷慨或太言过其实,让人觉得毫无根据,或者让对方感觉到赞美者本人可以从中得到什么好处,此时赞美不但不会引起喜欢,反而可能招致对方的反感,给人留下虚伪和虚假的印象。正确的赞美方式应该是真诚且恰如其分。让有优秀表现的人知道,你对他表现出的能力真心钦佩,对他所做出的成绩由衷羡慕。在你的真诚的赞扬声中别人会感到舒适顺畅,自身价值得到了提升。

女作家威尔逊有一个精通雕刻的男仆,他最崇拜雕刻家鲍格伦。

有一天，鲍格伦到威尔逊家做客，男仆由于兴奋过度，在端酒时竟将整杯酒撒到了鲍格伦身上，男仆十分尴尬，一面赶紧用餐巾替鲍格伦擦拭，一面解释说："对不起，我服侍平凡一点的人时总是好好的。"鲍格伦笑着对男仆说："我这一辈子，还没有受到这样的推崇。"可见，发自内心的真诚赞美是多么感人。

第三，赞美适度并指向具体成绩。赞美应该是适度的，既不能太多也不能太少，因为太多或太少都起不到应有的作用。不仅如此，赞美还应该指向对方的具体成绩、具体成果或充分说明理由（而非泛泛而谈或光用形容词，如，你很棒），这样，受到赞美的人才会感到自己努力获得了认可，能力得到了赏识，价值得到了肯定，成绩得到了重视，而赞美的人也不会有谄媚之嫌。被人认可、赏识、肯定和重视是人类天性中最深刻的冲动。在人类的天性中，除了物质的需求之外，那就是被尊重的欲望，被人重视的欲望，当一个人明确无误地赞美另一个人的成绩时，就会极大地满足其被尊重、被重视的欲望。

第四，赞美不忘"小人物"及"成功小事"。强调对"小人物"及"成功小事"加以赞美，并不是说无须对"大人物"和"成功大事"进行赞美。对"大人物"、"成功大事"来说，大到社会，小到组织都会给予高度关注和多种形式的激励，此时的赞美不过是锦上添花。而对"小人物"和"成功小事"而言，往往无人关注和无人喝彩，赞美极其稀缺。如果我们能够对"小人物"及"成功小事"予以恰如其分的赞美，不仅会满足对方追求赞美的渴望，使其连续不断地产生自豪感，还会使其对你给予的关注、赞美倍加感激，把你引为知己。

有一点请牢记，赞美不是阿谀奉承，不是廉价的吹捧，不是无原则、无根据的夸赞，也不是投其所好的精神按摩，更不是卑躬屈膝的精神贿赂，而是要充分肯定别人的优点，称颂别人的过人之处。如果你的赞美毫无根据，恐怕没有人会认为你的赞美是善意的，更毋庸说鼓舞别人,推动别人前进了。

三、巧妙批评

批评是否有效,很大程度上取决于批评者的态度。如果你一味地指责他人,很容易招致他人的厌恶和不满。然而,如果能够让对方感觉到你是对事不对人,是基于纠正错误和来解决问题,而非发泄你的不满,批评不仅会奏效,而且会很好地促进合作。当然,批评需要讲究方法:

一是尽量不要在大庭广众之下进行批评。当众批评是最糟糕的做法,这就是所谓的表扬在人前、批评在人后的道理。

二是欲取之必先予之。批评别人前不妨先营造一个尽可能和谐的气氛。直截了当的批评,会让人感觉伤自尊,没有面子。比较好的方法,是先肯定对方的良好的作为,再指出不足、缺失,继而提出改善的建议。这样能让对方不因批评而沮丧,反而愿意自觉改善,把事情做好。

三是对事不对人。批评时一定要针对事情本身,不要针对人。人非圣贤,孰能无错,每个人都免不了犯错。最糟糕的批评就是因对方犯错而全盘否定他这个人,这会让他感到羞辱。这样的批评也许会让一个人因为恐惧而战战兢兢,但他绝对会心生怨恨。

四是要找到解决问题的办法。在你批评别人做错了事的同时,你必须要告诉对方,怎样做才是正确的,一定要让对方明白:你不是想追究谁的责任,只是想解决问题。

崔朴是唐代某州刺史,此人贪图享乐,喜欢游玩。有一年春天,他乘船出游,一路沿江观风赏景,船经过益昌的时候,需要有人来拉船,于是派人通知益昌县令何易于征召百姓来拉船。何易于对崔朴这种劳民伤财的做法很不满,想规劝又担心崔朴难以接受,于是给自己的批评找了这样一个"切入点"：到了拉船的那一天，何易于只身一人穿着农民的服装来到江边拉船，崔朴对只有一人来拉船感觉奇怪，就仔细打量了拉船的人，一看吓一跳，原来拉船的人腰间居然别着一个朝板（只有官员才有资格带朝板），于是连忙命人将拉船人叫到跟前，走近一看居然是县令，惊问为何县令来拉船，何易于趁机说道："大人，当下正是农忙时节，百姓不是耕地就是喂蚕，挤不出时间来拉船。我是县令，又不种地养蚕，正好可以担当拉船这个劳役！"崔朴听完这番话，羞愧得无地自容，当即决定打道回府。且从此以后，再也没有搞这种劳民伤财的出游。

1986 年，钱学森与在身边工作的专家汪成为谈起软件问题，钱学森认为汪的想法很好，希望他把自己的想法写出来。于是汪成为便写了篇文章交给了钱学森。

第二天，汪成为找到钱学森，说："钱老，稿子您看了吗？"钱学森微微一笑，说："我送你一首诗吧。"接着自顾自地念了起来："爱好由来落笔难，一诗千改始心安。阿婆还是初笄女，头未梳成不许看。"

念完，钱学森问："你知道这首诗是谁写的吗？"汪成为想了想说："是清代袁牧写的吧！"说罢，他赶紧补充："钱老，您把那篇文章还给我，我修改后再交给您。"

钱学森笑了笑，说："明白了？"

过了一段时间，汪成为把修改后的文章交给钱学森，钱学森仔细看了一遍，高兴地说："这回你是认真的了。"

人都有自尊和他尊的需要，无论什么人，概莫能免。在职场交往过程中，尽可能不要批评别人，不得不批评的时候也要婉转，不能让人感到难堪，要给人保留脸面，不要贬低别人，不要夸大别人的错误，并且始终应该是对事不对人。同时还应牢记，最好不要以书面的形式批评人。

第十二章　职场人际和谐

现代社会中的绝大多数职业活动都是在人际交往中展开的,职场人际关系和谐不仅是有效合作的前提,亦是高效率完成工作任务的保证。然而,职场和谐人际氛围的营造取决于每个人的道德素养,只有人人讲道德、真诚守信、团结友爱、重法规、守纪律,和谐的人际关系才有良好的基础。

第一节　职场人际和谐及其伦理意蕴

一、人际和谐

亚里士多德说过:一个人不跟别人交往,他不是一个神就是一个兽。职场不是一个人的职场,它是众多人的舞台,在这个舞台上,大家各自扮演着不同角色,而角色与角色之间又不可避免地发生着这样或那样的关系,这些关系的和谐与否会为日后的事业发展定下基调,而且在相当程度上影响着事业的发展。美国卡内基工业大学曾经对10 000人的案例进行分析,结果发现个人"智慧"、"专门技术"和"经验",只占成功因素的15%,其余85%取决于良好的人际关系和处世技巧。在现实中,我们极少看到事业成功者与他人的关系是糟糕的,相反,许多事业不成功者与他人的关系也大多不睦。哈佛大学就业指导小组调查报告也证实了这一点：在数千名被解雇的人当中，人际关系不好的比不称职的要高出两倍。

　　所谓人际和谐，就是指人与人在社会交往过程中，基本利益一致，双方心理距离接近，心理相容性强，彼此感情认同。人际和谐在社会实践活动中通常表现为人与人之间能够求大同存小异，相互理解与支持，心往一处想劲往一处使，思想情感容易通融，在工作中心情愉快，能够充分发挥人的主观能动性，使人的潜能和才华得以最大程度的发挥。"①人际和谐是健康组织的基本要求，也是组织整体和谐的基础。

　　"人际和谐"是中国传统文化的重要特征和宝贵遗产。中国自古以来被称为礼仪之邦，就是因为中国崇尚"以和为贵"，崇尚"天时不如地利，地利不如人和"，②坚信"和则一，一则多力，多力则强，强则胜物"。③ 这一点对职场人际交往也不例外。

　　对于任何一个组织而言，营造和谐的人际环境，实现人际和谐都是十分重要的。就组织层面来看，人际和谐关系可以确保组织具有向心力、凝聚力和创造力。众所周知，人际关系是组织向心力、凝聚力和创造力的基础，一个组织如果员工和员工之间、员工和领导之间、领导与领导之间的人际关系和谐、感情融洽，互相谅解，工作上互相帮助、相互支持，该组织一定是一个士气高、凝聚力强的集体，不仅如此，还有利于发挥员工的积极性与创造性，大大提高工作效率，相反，如果一个组织人际关系紧张，大家彼此提防、工作上不配合，互相拆台，则不仅会削弱组织的向心力和凝聚力，影响员工的工作积极性，还会阻碍组织目标的实现；就经济层面来看，人际和谐可以减少交往中的不确

---

① 景枫："试论构建人际关系和谐"，《河北师范大学学报》2008.03.

② 《孟子·公孙丑下》.

③ 《荀子·五制篇》.

定性和盲目性，提高信任程度，降低交易成本，使效益最大化，实现共赢；就精神文化层面来看，人际和谐可以减少人与人之间的相互猜疑、内耗、冲突和矛盾，使人们能够在愉悦、宽松、舒适和相互欣赏的环境中工作。① 就个人层面来看，人际和谐是开展工作的依托。无论是何种类型的组织，都是以群体的形式存在的和发展的，没有谁可以充当独行侠，靠单打独斗来完成一切工作。组织的活动是群体活动，只要开展工作，就不可避免地和领导、同事、下属发生联系，就存在人际关系处理的问题，就需要协调好方方面面的人际关系，达成人际关系的和谐。而一旦做到了这一点，便能创造一种和谐和信任的感觉，达成彼此间的相互信赖，相互扶持，进而从共同的利益出发，为了一个共同的目标去完成工作，各自取得相应的工作成果。

美国卡耐基教育基金会在对成功人士进行研究时发现"一个人的成功，15％要靠专业知识，85％要靠人际关系与处世技巧"。有人在对美国商界所做的领导力调查中证实：管理人员的时间平均有四分之三花在处理人际关系上；大部分公司的最大一笔开支在人力资源上。② 能成大事的人都认识到了人际和谐对于成功的重要性。美国历史上唯一蝉联四届美国总统的富兰克林·D.罗斯福曾经说过："成功的第一要素是懂得如何搞好人际关系"。潜能成功学的作者安东尼·罗宾将良好人际关系与组织成功的关系比喻成鹅与蛋的关系，他说："鹅——良好的人际关系，会生出完美的蛋——团体合作、开诚布公、积极互助以及高效率。"③

作为一个职场人士，无论你的目标是什么，选择了什么职业，如果你想获得事业的成功，你必须学会用心经营和维护各种人际关系，如

---

① 景枫："试论构建人际关系和谐"，《河师范大学学报》2008.03.
② 安东尼·罗宾：《潜能成功学》，北京：经济日报出版社 1997.420.
③ 安东尼·罗宾：《潜能成功学》，北京：经济日报出版社 1997.445.

上下级关系、同事关系、竞争关系、合作关系等。否则，就很难有很好的发展。

上一世纪 80 年代末，大学刚刚毕业的斯蒂芬·凯瑟进入了一家大规模的投资公司，由于表现出色，业绩非凡，很快晋升为业务主管。凯瑟春风得意，自认为是商业神童、能呼风唤雨、要什么有什么，而且在人前毫不掩饰这种自大的态度。

然而，90 年代以后美国经济开始萎缩，裁员之风愈演愈烈。凯瑟总认为这与他无关。可没想到，有一天老板叫他进去对他说："斯蒂芬，你的能力没话讲，问题出在你的态度上。公司里没有人愿意与你配合，我恐怕必须请你离开公司。"真是晴天霹雳！像他这样的公司精英，居然被开除了！斯蒂芬·凯瑟回忆说："可我当时还满不在乎，以为此处不留爷，自有留爷处，凭我的履历，要找个高薪的主管职位应该不难。但是我大错特错了。"

经过了几个月求职的挫折，凯瑟平生第一次感到前途渺茫。"更要命的是，你想想，既然以前我都以那种态度对人，这个时候当然也就无处投靠，无处倾诉。我当时是完全孤独的，简直就要崩溃了！"一直到那时候，凯瑟才意识到了自己的问题所在，于是，他开始关心别人，尝试着和他人友好相处，并尽自己所能帮助那些处境比他还糟的人。他回忆道："我换了一种态度去待人。我觉得自己变了。我的恐惧减轻了，心胸开阔了，我开始注意、关心周围的人，周围的人也同样地关心和帮助我。我的生活质量提升了，成功的步子加快了，这是一种从未有过的美妙感觉，即使我暂时不再拥有住宅与轿车。"

"3 年后，我又回到高级主管的职位，只不过这一次，我周围的同事都是我的朋友了。"最终成为美国银行总裁的凯瑟欣慰地说："有了他们的帮助，我相信自己能有更好的发展。"事实也印证了他的话。

有些人际关系法则看似简单平常，常常被人忽视，但它们却是我们处理好人际关系、获得事业成功的法宝。

有人可能会说,工作当中人际和谐的目的在于高效完成工作,其着眼点应该是工作本身,一切目标都是为工作服务,都要围绕工作而展开,人际关系只是它的依托和辅助。如果仅仅着眼于人际和谐而忽略了工作本事,那就是本末倒置。这种说法没有错,因为不存在为某个人工作的问题,只有为了某项工作的完成而和某人建立必要的联系,从而达到合作完成工作的目的。但是,着眼于工作本身并不意味着人际关系不重要,工作本身重要,作为工作的依托和辅助的人际关系也不可或缺,失去了这种依托和辅助,工作将无法顺利展开,任务将难以高效完成。君不见,人际关系处理得不好的人,在寻求帮助的时候,往往会孤立无援,而孤军奋战很容易造成工作绩效的降低,同事认可度下降,最终很可能因不能很好与同事合作相处,工作业绩低下而被组织遗弃。

二、人际和谐的伦理意蕴

人际关系是建立在人际伦理的基础上的。"对于个体来说,道德既是他'内得于己'的'为己之学',又是他'外得于人'的'为人之学'。作为一种'为人之学',道德是一种协调'我——他'关系的社会建制。'我——他'关系是道德的基础。"[①]

所谓人际伦理,"是指人以道德的方式与他人相处而形成的一种伦理价值形态。"[②]在职场中,"每一个人都有维护自己利益的需要,利益是人存在的出发点和根本的内在驱动力。"为了维护自我的存在,人总是并且也不可能不是从自我本身出发,与他人发生交往,参与、拓

---

① 寇东亮:"'他者意识'社会主义和谐人际关系的伦理基础",《社会主义研究》2007.04.

② 龚天平、何为芳:"生态文明的伦理意蕴",《湖北大学学报》2012.04..

展人际关系。因此，人的存在具有二重性的特征，这又决定了人与人的关系既有合作协调的一面，也有冲突对立的一面。合作协调和冲突对立一起构成人际关系的和谐生态。人际关系要维持在一定的秩序之内而不致破裂，就必须处于和谐生态。"[1]而和谐生态的形成，首先要求人们必须以道德的方式与他人相处。对于职场人士来说，以道德的方式与职场上的他人相处，就是要做到尊重他人，宽容他人（具体体现为：承认、尊重、包容他人的个性；允许他人犯错误，体谅他人的困难，信任他人、允许他人有不同意见和不同做法等），有效与他人合作等等。一个人是否能以道德的方式与职场上的他人相处，恰当处理职场交往中所形成的人际关系，关乎其职业德性，因为搞好人际关系最重要的是一个人的为人，而非其言行。如果一个人的言行不是发自内心而仅仅表现为一种肤浅的人际交往技巧，那是无法建立稳定与和谐的人际关系的。

构建和谐通达的职场人际关系，是不可缺少的职业道德。在职场交往过程中，虽然不能说有好人品，能够以道德的方式与他人相处的人，一定会拥有和谐的人际关系，一定会事业成功，但是可以肯定的是，一个道德品质低下，人品低劣的人绝对不会拥有和谐的人际关系，也绝对难以成功。其中道理很简单，物以类聚、人以群分。一个正常的人，谁愿意与人品低下的人为伍呢？所以，人的道德品质的好坏是决定人际关系好坏的决定因素。

第二节　人际和谐与德商

一、德商

德商（MQ）是指一个人的德行水平和道德人格品质。德商一词的

---

① 龚天平、何为芳："生态文明的伦理意蕴"，《湖北大学学报》2012.04.

提出者是美国学者道格·莱尼克和弗雷德·基尔,上世纪 90 年代道格·莱尼克进行了一项研究,该研究旨在帮助美国运通集团等大型企业经理人及员工发展和提高情商水平。在研究过程中,他发现高情商虽然使人具有高度的自制力和人际交往能力,但它在大多数情况下是价值中立的,即无法帮助人们区分"对"与"错",也无法避免人们做错事。安然公司及随后大量的财务丑闻充分证明了这一点,高情商并不能使企业避免犯安然公司那样的错误。基于此,道格·莱尼克与另一位学者弗雷德·基尔进行了合作研究,于 2005 年合作出版了一本名为《德商:提高业绩,加强领导》的书,在该书中首次提出了德商的概念,并将"德商"定义为"一种精神、智力上的能力,它决定我们如何将人类普遍适用的一些原则(正直、责任感、同情心和宽恕)运用到我们个人的价值观、目标和行动中去"。

德商的内容包括体贴、尊重、容忍、诚实、负责、礼貌、敬业精神、奉献精神、平和心、道德感及幽默感等各种美德。德商高的人会有较高的自我激励和自我约束的能力。

二、高德商有益于人际和谐

德商作为一种测定人的道德素养的指标,具体来说就是考察一个人的言行举止是否符合当时社会所公认的道德行为规范。哈佛大学教授罗伯特·科尔斯认为,品德胜于知识,德商重于智商。在我国则有人形象地将人比作产品,认为有德有才之人为正品,有德无才之人为次品,无德无才之人为废品,有才无德之人为毒品,其比喻可谓精妙绝伦。

在职场交往中,一个高德商的人,会赢得更多的信任、尊重和关心,拥有更好的人际关系和更多的发展机会。这是因为,德商水平高的人不仅会尊重他人,善于容忍和宽恕他人,而且礼貌周全,富有幽默感。这样的人在尊重别人的同时,也赢得了别人的尊重,在成就别人的同时,也成就了自己,与周围达成了和谐的人际关系。

下面是一则真实的故事。

一位女士在一家肉类加工厂工作。有一天,当她完成所有工作安排,走进冷库例行检查时,突然,冷库的门意外关上了,她被锁在了冷库里,淹没在人们的视线中。虽然她竭尽全力地尖叫和敲打,但是没有人能够听到,因为这个时候大部分工人都已经下班了。五个小时过去了,当她濒临死亡时,工厂保安打开了冷库的门,奇迹般地救出了她。后来她问保安,他怎么会去开冷库的门,这不是他的日常工作。保安回答说:"我在这家工厂工作了 35 年,每天都有几百名工人进进出出,但你是唯一一位每天早晨上班向我问好,晚上下班跟我道别的人。许多人视我为透明看不见的。今天,你像往常一样来上班,简单地跟我问声"你好"。但下班后,我却没听到你跟我说"再见,明天见"。于是,我决定去工厂里面看看。我期待你的"嗨"和"再见",因为这话提醒我,我是某人。没听到你的告别,我感觉可能发生了什么事,于是我在每个角落寻找你。"

这则故事告诉我们,为人应该谦虚,要尊重你周围的每一个人,因为你永远不知道明天会发生什么。

三、工作交往中提高德商的方法

提高"德商",通俗的表达就是"提高道德水平"。在工作交往中,该如何提高德商水平呢?

1. 同情。同情是一个人感受别人情感的唯一途径,是人类相互理解的基础和前提。同情表现在工作中,就是真诚热情的对待同事,主动去帮助遇到困难的人。

2. 正直。正直是一个人内在的强烈需求,正直能够帮助人们抵制诱惑,并且妥善处理工作中人际关系中的纠葛,明辨是非。

3. 节制。节制重在约束冲动,促使人们采取正确行动,尤其是面对自己的欲望时,能够三思而后行。

4. 尊重。尊重是所有美德的基础。它促使人们在工作中顾及他人的感受、为他人着想,做到"己所不欲,勿施于人"。

5. 和善。和善使人们在工作中富有涵养,进而更多地考虑别人的感受,体味别人的工作,关心别人的疾苦。

6. 宽容。宽容意味着对待别人有包容的态度,对于那些在工作上与自己有不同观点,不同见解的人,能够有耐心去思考这些差异的来源,而不是简单地认为别人错了。

7. 公正。公正意味着在工作交往上,光明正大,不偏不倚地对待他人,按规则办事,轮流分享,并在做出判断之前听取各方面的意见。

第三节　人际和谐的伦理原则与态度

一、人际和谐的伦理原则

1. 公正原则

公正原则是协调人与人利益关系的最基本原则。"公正是一种人与人之间所得与应得、权利与义务、利益与分担之间的相称关系、恰当关系。因此,在利益分配的过程中,做到公正就是一个人或一种社会制度的最起码的道德。用公正原则调整利益关系,实际上就是为社会成员的权利和义务的分配提供了合理的价值尺度。每个人都有权利发展自我,但自我在追求自己的目标时,不能把自己对社会的义务以及自己的活动对他人、社会可能产生的影响弃置不顾。自我与他人构成了团体、集体、社会等等大大小小的共同体。自我与他人的团队精神、合作精神既是双方互利互惠的需要，也是共同体运作的必然性使然。自我在谋取个人利益时如果侵害了他人利益，不遵守规则，那就是对共同体生存条件的破坏，个人利益就成了无源之水。因此，任何个体对利益的追求必须限制在一个度内，而且这个度只有在公正状态下才是最优点"。[①]

2. 平等原则

平等原则表现在职场人际交往中，就是不以职业、地位、权势压人，不骄不狂，不目中无人，不自以为是，不我行我素；既要认同别人的优势和长项，又不鄙视对方的弱势和短板，既不居高临下又不惟命是从，既尊重别人又保持自尊，时时处处平等谦虚待人。职场也是一个利益场，职场交往中交织着各种利益，只有遵循公正原则，公正公平地处理利益关系，才能为人际和谐创造条件。

3. 真诚尊重原则

在职场中，真诚相待，相互尊重是和谐交往的必要条件。真诚是对人对事的一种实事求是的态度，是待人真心实意的友善表现。"尊重是对人的最底线的道德要求。尊重，既是他人对自己存在价值和发展价值的肯定，同时，他人客观上也要求对自己的存在价值和发展价值进行肯定。只有相互尊重的人们才能相互信任，进而产生相互爱戴之情。因此，尊重原则是人际交往的第二原则"。[②] 无论在什么行业，哪个领域，每个人都希望得到别人的真诚尊重，但是要得到别人的尊重，首先要真诚尊重别人。古人云："敬人者，人恒敬之。"如果采取轻视他人、居高临下的态度，就无法与他人有效沟通，更谈不上形成和谐人际关系与真诚合作了。

---

① 汪怀君："伦理学视域下的人际交往"，《唐都学刊》2008.09.
② 汪怀君："伦理学视域下的人际交往"，《唐都学刊》2008.09.

4. 包容友爱原则

包容是人际交往的一种美德,亦是职场交往的法则。包容不是懦弱,而是宽容待人的体现。包容意味着学人之长,容人之短,多理解他人,不苛求他人,不用自己之长比他人之短,自觉尊重不同的意见和做法。包容是团结友善的重要基础,更是发展和谐人际关系的重要原则。友爱,代表亲近和睦,是体现和谐人际关系的崇高境界,是职场人际交往的伦理道德准则。职场中的每一个人,随时都要处理各种各样的人际关系,处理得结果如何,取决于是否采取友善的态度和行动。工作在友好、友谊、友爱的氛围中,让自己的周围充满善意、善良、善举,是每个人的希望。但是友爱是相互的,只有当你对他人付出友善的时候,别人才能回报你友善。

5. 简单适度原则

所谓简单适度原则就是要求人们在交往中把握分寸,根据具体情况、具体情境而采取相应的行动,如在与人交往时,既要热情大方,又不能轻浮谄媚,既要自尊,又不能自负,既要坦诚,又不能粗鲁,既要信人,又不能轻信。处于同一职场的人形形色色,来自四面八方,各有其价值观和行事风格,导致人际关系纷纭复杂,使复杂关系简单化是处理复杂人际关系的有效方略。同事之间的相处是一种缘分,人际关系简单,这样每个人都不必耗费精力去协调、处理关系。

二、达成人际和谐的应有态度

1. 尊重他人

尊重他人是处理职场人际关系的最低限度,也是做人基本原则。尊重他人是一种美德,因为道德的本质,就是心中有他人。美国哲学家泰勒认为,人际伦理的基本精神就是尊重。所谓尊重他人就是尊重每一个人依据其价值观而生的自主性。把他人当作人来尊重,就是承认他人的人格,因为人格具有超出纯粹感知生物的"独特的价值",是绝对不可侵犯的。更为重要的是,要把他人的人格视为某种拥有自在价值的对象。具体而言,尊重他人意味着注意到并接受人类个体之间及群体之间的差异,进而尽力理解这些"其他人",如承认和重视每个人的人格、感情、爱好、习惯、社会价值以及所应享有的权利和利益,并力求和他们有效地共事;同时还意味着尊重并赞扬他人的成就。总之,就是要顾及他人的心态和立场,尊重他人的自尊和权利。

渴望被人尊重,是人性最基本的需要。著名心理学家马斯提出了需要层次理论,该理论将人类的需求从低级到高级分为五个层次:第一、第二层次是生存或生理和安全需求;第三、第四层次是获得肯定、获得社会和他人尊重的需求;第五层次是自我实现的需求。由此可见,得到他人尊重是人类的基本需求。人们总是企望证明自己的价值、得到他人应有的尊重。

尊重他人与自尊密切相关。"处于人际关系中的个体,因自我利益需要而具有自尊,但为了实现自我利益又必须依靠他人,因此人在本性上又有尊重他人的需要,任何人都是目的与手段的统一体。"[①]自尊与尊重他人是统一的。马克思说:"每个人为另一个人服务,目的是为自己服务;每一个人都把另一个人当作自己的手段互相利用。这两种情况在两个个人的意识中是这样出现的:(1)每个人只有作为另一个人的手段才能达到自己的目的;(2)每个人只有作为自我目的(自为的存在)才能成为另一个人的手段(为他的存在);(3)每个人是手段同时又是目的,而且只有成为手段才能达到自己的目的,只有把自己当作自我目的才能成为手段,也就是说,每个人只有把自己当作自为的存在才把自己变成为他的存在,而他人只有把自己当作自为的存在才

---

① 龚天平、何为芳:"生态文明的伦理意蕴",《湖北大学学报》2012.04.

把自己变成为前一个人的存在。"①可见，尊重他人是一个人自尊的必要条件，蔑视他人的自尊就会演变成狂妄自大，其自尊亦不复存在。

尊重他人是一种修养，一种品格，一种对他人不卑不亢的平等相待，一种对他人人格与价值的充分肯定。职场是由众多人组成的，在交往过程中，一个人很少能够喜欢另一个人的所有方面，或者干脆讨厌某个人，但是即便如此，也要相互尊重（因为你必须承认和尊重这一事实：他就是那个人，而不是别人，他有自己的特性）。职场上的相互尊重主要体现在上下级之间以及同级之间。对上级而言，对下级的尊重不在于表面的客气，也不仅仅是报酬的多少，而是要给他提供发挥自己能力的空间；而对下级而言，对上级的尊重不在于表面的言听计从，而是尊重和贯彻上级的决策，有效辅佐上级完成绩效目标。对同级而言，相互尊重不在于表面的你好我好大家好，而是接受对方原有的样子，不要求对方趋同自己，能换位思考，倾听对方的意见和建议，尊重对方的人格，不失礼于人，同时又真诚合作……

尊重他人是职场和谐交往的基础。在今天的职场中，偏狭或者自傲已不再是可行的选择。无论你身份有多高，声名有多显赫，与他人交往都应该相互尊重如此，方能为和谐交往奠定基础。企业家冯仑说过："我发现，凡是生意做得不错的人，都善于把自己的姿态放得很低，在中国文化里这叫给别人面子，就是你得尊重别人"。尊重他人，尤其要尊重那些某些方面不如你的人。如果你不小心，不经意间说出令同事尴尬的话或做了令对方不快的事，表面上他也许只是脸面上有些过不去，实际上其心里已经受到了严重的挫伤，日后很可能会因自尊受到伤害而拒绝与你交往和合作。

尊重他人是职场人际交往的基本态度。古人云："爱人者恒爱之，

---

①《马克思恩格斯全集》（第 30 卷），北京：人民出版社 1995.198.

重人者恒重之。"在职场交往中,自己待人的态度往往决定了别人对自己的态度,你若想获取他人的好感和尊重,必须首先尊重他人。只有尊重他人,才会得到他人的尊重。你把阳光投射给别人,就会有更多的阳光折射给你。

尊重他人,不应因人的身份地位而有所改变,无论对方是上司还是下属,是同事还是竞争对手,是合作者还是不合作者,一律要一视同仁,予以尊重,给人以尊严。如果只对权高位重的上层人士献其礼敬,或以财势取人,以利益交人,那就是不折不扣的小人行径。

一个40多岁优雅的女人领着她的儿子走进上海某著名企业总部大厦楼下的花园,并在一张长椅上坐下来吃东西。

不一会儿女人往地上扔了一个废纸屑,不远处有个老人在修剪花木,他什么话也没有说,走过去捡起那个纸屑,把它扔进了一旁的垃圾箱里。

过了一会儿,女人又扔了一个。老人再次走过去把那个纸屑捡起扔到了垃圾箱里……就这样,老人一连捡了三次。

女人指着老人说:"看见了吧,你如果现在不好好上学,将来就跟他一样没出息,只能做这些卑微低贱的工作!"

老人听见后放下剪刀过来说:"你好,这里是集团的私家花园,你是怎么进来的?"中年女人高傲地说:"我是刚被应聘来的部门经理。"

这时一名男子匆匆走过来,恭恭敬敬地站在老人面前。对老人说:"总裁,会议马上就要开始了"老人说:"我现在提议免去这位女士的职务!""是,我立刻按您的指示去办!"那人连声应道。

老人吩咐完后径直朝小男孩走去,他伸手抚摸了一下男孩的头,意味深长地说:"我希望你明白,在这世界上最重要的是要学会尊重每一个人和每个人的劳动成果……"中年女人被眼前骤然发生的事情惊呆了。

她一下子瘫坐在长椅上。她如果知道园丁是总裁就一定不会做这种无理的事。可是她做了，只不过是在园丁身份的总裁面前做的。为什么会如此？是因为她不懂得尊重他人的真正内涵，没有学会尊重他人。

著名主持人白岩松曾动情地讲过这样一件往事。

1995年，央视编导周兵和白岩松做《学者访谈录》。一天，他们在季羡林先生家中做采访。临走时，白岩松要向季老递上自己的名片。当时，坐着的季老，见状立即站了起来，弯着腰等着。白岩松掏了好一会儿才找到名片，季老就一直弯着腰等着。这个场景在周编导脑中至今仍然很清晰。后来，周兵和白岩松还去季老家采访过两次。他们每次走的时候，季老都会站在门边，很有礼貌地等他们渐渐走远。

身为大师和前辈的季羡林先生，是真正懂得尊重他人的人，他如此谦卑地对待这些小字辈，与上面例子中那位所谓"优雅"的女人形成了鲜明的对比。

2. 相互接受

人在职场不是孤立的，而是作为群体中的一员存在的，若要实现群体内人际关系的和谐通达，首先要做到彼此相互接受。要知道，赢得别人接受的最好方法就是接受别人。

如果你想要他人接受你的想法和要求，首先应该给予他人同情和谅解。你可以这样说："如果我是你，我想我也会跟你一样的。"

如果想要说服他人，应该先从你们观点一致的问题谈起，而不是相反。先说你们的相同之处，使之同意你的看法、做法，继而引导他逐步接受你的要求，以达到说服他的目的。例如，在一开始交谈时，立即就对对方说"是的，是的"，如此就会让他忘却争执，并乐意接受你的建议。

如果你希望别人的看法与你一样，就必须给他发言的机会，使之能够畅所欲言,充分表达自己心声与愿望。

　　如果你希望别人接受你的做法,可以诉诸某种高贵的动机。从某种程度上说,每个人都是理想主义者,都喜欢为自己做的事找个好理由。因此,如果要改变别人,就要激发他的高贵动机。在这方面,寇蒂斯可谓行家里手。寇蒂斯拥有《星期六晚报》和《妇女家庭月刊》。在他创业之初,他付不起同行杂志社那么高的稿酬,因而无法请一流的作者为自己撰稿,于是,他就激发他们高贵的动机。比如,他成功地说服了《小妇人》的作者为他写稿,其具体做法是:以他的名义寄 100 元一张的支票给他热衷的慈善事业。

　　如果要想让他人接受你的产品或者方案,可以先把他的主张或愿望引入你的方案或计划中来,特别是在谈判没有进展的情况下,它会让对方感觉到你是因他而想到的,是受到他的启发,进而愉快接受你的产品或方案。

　　如果你想别人接受你的见解和主张,那么应该让他觉得这个见解和主张是他自己的,或者说,你们英雄所见略同。没有人喜欢被强迫命令,无论是购买东西还是遵照命令行事。我们宁愿觉得是出于自愿购买东西,或是按照自己的想法行事。不仅如此,我们还很高兴有人来倾听我们的见解、征求我们的意见。如果你要想赢得他人的合作,就要征询其愿望、需要及想法,让他觉得是出于自愿而非强迫。在这方面,提奥多·罗斯福的做法堪称典范。

　　当提奥多·罗斯福当纽约州州长的时候,他一方面和政治领袖们保持良好的关系,另一方面又"迫使"他们进行一些他们反对的改革。

　　当某个重要职位出现空缺时,他邀请所有的政治领袖推荐接替人选。罗斯福说:"起初,他们也许会提一个很差劲的党棍,就是那种需要'照顾'的人。我就告诉他们,任命这样一个人不是好决策,大家也不会赞成。"

"他们接着又把另一个党棍的名字提供给我,这一次是个老公务员,他只求一切平安,很少有什么建树。我告诉他们,这个人无法达到大众的期望,接着我又请求他们,看看他们是否能找到一个显然很适合这个职位的人选。"

"他们第三次提出的人选,差不多还行,但是还是不够理想。"

"接着,我感谢他们,请求他们再试一次,于是他们就提名了一个我自己非常满意的人选。我对他们的协助表示感激,接着就任命了那个人。然后我还把这项任命的功劳归功于他们,我告诉他们,我这样做是为了能使他们高兴,现在该轮到他们来使我高兴了。"

"而他们真的使我高兴。他们以支持像'文职法案'和'特别税法案'这类全面性的改革方案,来使我高兴。"

罗斯福尽可能地向其他人请教,并尊重他们的忠告。当罗斯福任命一个重要人选时,他让那些政治领袖们觉得,是他们选出了适当的人选,而这完全是他们自己的主意。

如果你想使他人同意你的做法,也要尊重他的意见和主张,并温和地、技巧性地让对方同意你,切勿直言不讳批评对方:"你错了。"相反,承认自己也许会弄错,反而可能避免争论,不仅如此,它还可以令对方跟你一样宽宏大量,承认他也可能有错。著名作家艾柏·赫巴可谓妙用这一方法的行家里手。

艾柏·赫巴是最具独具风格的作家,他那尖酸的笔触常引起人们的强烈不满,但他却熟知为人处世技巧,善于变敌人为朋友。比如,面对一个写信批评他的读者,赫巴就做了如此回复:

回想起来,我也不尽然同意自己,我昨天所写的东西,今天不见得全部满意。我很高兴知道你对这件事的看法。下回你在附近时,欢迎驾临,我们可以交换意见。遥祝谢意!

赫巴谨上

3. 相互欣赏

相互欣赏就是大家都能看到对方的长处和优点。相互欣赏是职场交往的最佳状态,也是人际关系的最高境界。每个人都渴望得到别人的欣赏,每个人也应该学会去欣赏别人。欣赏与被欣赏是一种互动的力量之源,一个人只有具有愉悦之心、仁爱之情、成人之美的善念之时,才能欣赏别人,而一个人一旦被人欣赏,必定会产生自尊之心、奋进之力、向上之志。

相互欣赏是职业交往的一种美德。善于发现对方长处和优点并加以欣赏的人,往往胸襟宽广,视野开阔,思维灵活,能够汲取对方的长处,不断进行自我改善。同时,这样的思维与行为方式也促使对方正视你的优势,进而相互悦纳,彼此支持,在身边营造一个良好的工作氛围与环境。而这种氛围与环境,又能产生无形的助推力,使大家在前进的征途上走得更快、更稳。

著名心理学家威廉·杰尔士说过:"人性最深切的需求就是渴望其他人的欣赏。"[1]人在物质生活满足后,最渴望的就是精神上的满足——被理解、被肯定、被赏识。欣赏是一种给予,一种温馨,一种沟通与理解,一种信赖与祝福.无论是在社会生活中还是职场的交往中,人人都希望受人喜欢、尊敬、引以为范等,因为欣赏意味着提高价值,人们总是在寻找那些能够提高我们价值的人,而躲避那些降低我们价值的人。

对他人的欣赏是给予他人的最大善意,也是最成熟的人格。在职场交往过程中,欣赏他人意味着善于寻找和发现对方身上的优点或独一无二的特质加以称道,还意味着要像对待特殊人一样对待对方,采用人对人式的谈话,而非身份对身份式的谈话。每个人都希望受到

---

① 转引自拿破仑·希尔:《积极心态的力量》,成都:四川人民出版社 2000.173.

"特殊对待",它让我们认识到了我们的个人价值。对人而言最降低地位、最贬低价值的事,莫过于受到"惯例对待"。

在台湾,有"饭店业教父"之称的亚都丽致饭店总裁严长寿说过:"客户不是要排场,而是需要关怀、重视,一个能打动客户内心的关怀,要胜过上亿的装潢。"为了能时刻让客人有宾至如归的感觉,严长寿设计了一套接待客人的流程。当工作人员去机场接客人,并送他们上车之后,就会立刻打电话向饭店通报:"现在2号车要回饭店,坐左边的是陈先生,坐右边的是李小姐。"饭店的服务生会把客人的名字记下来,等车子抵达饭店门口时,服务生就会亲切地说:"欢迎光临,陈先生,李小姐!"

尽管这只是一个小小的细节,但客人在门口就被叫出名字,和进了饭店填完表格后,才被"发现"尊姓大名,两者的感觉是截然不同的。

现在你知道了,为什么一些服务性机构要求自己的员工熟知每一位顾客的名字,其目的是让每一位顾客都感到自己是一个特殊的人,受到了特殊的对待和礼遇,认为你是打心里关心他们,记得他们,并且真诚地对待他们。

4. 换位思考

换位思考顾名思义就是让我们从对方的角度上、站在对方的立场上去思考问题。换位思考是使用别人的思维思考,而不是换个位置用你的思维去理解别人。换位思考需要大脑和心智保持开放,容纳不同的价值观和思维方式,需要尝试用别人的思维结构来思考,甚至是你不接受的思维来思考。

换位思考是一种良好的态度,也是一种能力。由于每个人所处的位置不同、角度不一样,考虑问题的方法、角度也不一样,很容易在认识、立场上出现偏差,导致不同的理解和判断,进而产生误解、矛盾和人际关系恶化,这就需要换位思考。通过角色转换、角度的互换重新审视问题,此时便会更容易理解对方、体谅对方,宽容对待对方。因为"当你努力超越自己的观点,并站在他人的立场上,特别是那些与你的意见不一致的人的立场上进行思考时,你的认识就会变得更加深刻和丰富。这样做并不意味着要你放弃自己的观点,或牺牲自己的利益,而是意味着你要与人和谐相处"。[①]　如果交往双方都能够进行换位思考,多方面地理解别人,考虑他人的苦痛,尽量地少给或不给他人带来麻烦和不快,人与人之间就能做到互相宽容,互相理解,职场人际关系就会越来越和谐。

孔子曰"己所不欲,勿施于人"。自己不想受的苦痛,决不让别人去受此苦痛。稍晚于孔子的《礼记·大学》的作者进一步弘扬了"己所不欲,勿施于人"思想:"所恶于上,毋以使下;所恶于下,毋以事上;所恶于前,毋以先后;所恶于后,毋以从前;所恶于右,毋以交于左;所恶于左,毋以交于右:此之谓矩之道。"这与欧美的"换位思考"思想如出一辙。

1976 年,美国《纽约邮报》刚被报业大亨默多克收购。新老板上任,小记者艾伦生怕自己被炒了鱿鱼。可这时,艾伦的妻子正要分娩,他不知该不该请假去照顾妻子。那天上午,艾伦接到通知,默多克要来给大家开会。

会议开始了,默多克站在台上,讲起了自己的办报经历和对报纸前景的展望,艾伦看起来听得认真,但其实已经如坐针毡,只想快点知道妻子的情况。这时,会议室响起了急促的电话声,大家齐刷刷地盯着墙角的应急电话。默多克无奈地停下来,示意离电话最近的人去接一下。

---

① 白羽:《改变心力——团体心理训练与潜能开发》,北京:浙江文艺出版社 2006. 142.

"医院打来的,说是找艾伦有急事!"那人说完,艾伦紧张地起身,对着台上的默多克解释道:"怕是我妻子要生了,实在对不起……"默多克微笑着点点头,示意艾伦赶快去接,然后又压低嗓门对大家说:"既然是他家里的事,我们还是暂时回避吧。"说完便带头往外走。

意想不到的一幕发生了,100多位同事依次退出了会议室,直到艾伦接完电话才回来。默多克重新站上讲台,对艾伦说:"谢谢你为我创造了更多时间,让我可以把报纸的未来想得更清楚。"他用最简短的话结束了会议,然后走近艾伦说:"你现在可以去照顾你的妻子了。"

30年后,艾伦也当上了报社总编辑,这件看似不经意的小事却一直留在他的心里。

"意识到他人,感觉到他人,然后关心他人是所有道德的基本特征。"[①]职场不是一个人的职场,组织也不是一个人的组织,作为职场上的一分子,每个人必须意识到职场中他人的存在和价值,能够进行换位思考,设身处地地去体验他人的感受。对他人(同事、客户甚至竞争对手)给予必要的帮助和支持和关心,这既是一个人的职业交往美德,也是有效开展工作、促进组织发展之必须。如果仅仅按照自己的主观愿望开展工作,处理各种复杂的工作关系和人际关系,那就是道德上的"自我中心"。因此,在工作中,在要求别人做事情之前,不妨先换位思考一下,问问自己是否能做到,决不能一味以自我为中心,不顾及别人的感受。当然,只有在正确认识自己的前提下,才能正确理解别人的感受,进而达到行动上的一致,达到和谐统一。

在实际工作中,各执己见、各行其是甚至冲突的现象随处可见,由此造成的难以有效合作的事也比比皆是。如何改善这一现实状况,最需要做的就是改变从自我出发的单向观察与思维,尝试从对方的角度

---

① [美]罗斯特:《黄金法则》,赵稀方译:北京:华夏出版社 2000.7.

观察对方,替对方着想,善解对方之意。比如,你对别人的做法想不通,这时不妨站在对方的立场上想一想,可能就会改变自己想法中一些偏执的东西。事实上,只要你能站在客观的立场,你就很容易发现,冲突的双方几乎完全不理解对方,更毋庸说体谅对方了。在工作中要处理好与他人的关系,达成有效合作,最需要做的就是改变以自我为中心的思维方式,学会从对方的角度观察对方,替对方着想,理解对方的理想、观点和做法,如此才能寻找到解决问题的合理方式和方法,开拓良好的人际关系。

换位思考可以让我们学会变通,解决在常规性思维下难以解决的问题;可以让我们揣摩到对方的心理,切身感受到他人的情绪,达到说服对方的目的;可以让我们发现他人的优点,并给予对方真诚的鼓励,从而使团队变得更加和谐高效。有人发现,最有成效的管理者往往并不是最聪明的人,甚至不是做事能力最强的人,而是最会和人打交道的人,最善于心理换位的人。他们的成功更大程度上取决于他们不仅知道自己的感情和需求,还知道他人的感情和需求。

拿破仑·希尔是享誉全世界的成功大师。有一年,他需要招聘一位秘书,于是在几家报刊上登载了一则广告。结果,应聘者众多。但这些求职信的内容几乎如出一辙:"我叫什么名字,年龄几何,毕业于某某学校。我如果能荣幸被您选中,一定兢兢业业……"

拿破仑·希尔对此非常失望。正在考虑放弃这项招聘计划时,却又收到了一封迟到的求职信。看完这封信,拿破仑·希尔大喜过望,立马决定录用该人。

她的应聘信是这样写的:"敬启者:您所刊登的广告一定会引来成千上万封求职信,而我相信您的工作一定特别繁忙,根本没有足够时间来认真阅读。因此,您只需轻轻拨一下我的电话,我很乐意去帮助您整理信件,以节省您宝贵的时间。你丝毫不必担心我的工作能力与质量,因为我已经有 15 年的秘书工作经验。

懂得换位思考,能真正从他人的角度上,站在他人的立场上看待问题、分析问题,并能实实在在帮助别人解决问题,这无疑是一种美德,拥有这种美德的人一定会成为职场上大受欢迎的人。

5. 开放自己

开放自己也叫自我展露,也就是在特定的人面前展示自己内心的秘密。一个人要了解别人只有一条途径,那就是这个人的自我展露。职场交往过程中,适当开放自己,会让对方产生安全感,减少自我防卫,获得好感和信任,有时甚至还能缩短双方之间的心理距离,赢得知己。一般说来,越是好的人际关系越需要关系的双方暴露一部分自我,也就是把自己真实想法与人交流。当然,这样做可能会冒一定的风险,但是完全把自我包裹起来是无法获得别人的信任的。现实中不少人都有这样的体验,内心的秘密一般是不轻易泄露的,倘若某人把自己的某些秘密告诉了我,说明该人对我很信任。既然他信任我,我理所当然地也该回报以信任。

社会心理学研究表明,为人所熟识的东西,可以在其心目中增加积极意义的成分,此乃"熟识吸引"的社会心理机制。社会心理学家曾做过两个实验:实验一:让被试看一些人的照片,有些照片让被试看二十五六次,有些照片只让被试看一两次。之后让被试说说他们比较喜欢哪个人。结果,被试选择了多次看过其照片的人。实验二:实验者让一些女性被试者品尝几种不同的饮料,并且让他们从一个房间转移到另一个房间。在转移过程中,她们会"无意"地碰到五位素昧平生的妇女。实验者不允许被试和这些同是女性的陌生人聊天或有其他的交往行为。五位妇女有的露面的机会多,有的露面的机会少。之后,询问被试者他们喜欢哪一位妇女。结果发现,被试者的喜欢程度受对方露面次数的影响:最喜欢露面了十次的妇女,较喜欢露面了五次的妇女,较不喜欢露面了一次的妇女。

"熟识吸引"的社会心理机制告诉我,如果想得到别人的帮助、支持和合作,就是设法让别人熟识你。而自我展露就是按照"熟识吸引"的社会心理机制去运行的。

当然,在职场中,自我展露不能盲目进行,在哪些条件下人们才将自己安全而真实地展示给他人呢？一是认为对方值得信赖,二是要求有一定程度的安全感和自尊。除此之外,自我展露还应该遵循相互性规则,并且要由浅入深地发展,如此才能获得对方的好感。也就是说,自我展露的速度必须是渐进的,并以对方能够接受的方式进行,避免引起他的诧异和不适。否则,反而招人怀疑甚至讨厌。因为根据对等原则,一方进行了多大程度的开放,就要求另一方也要作相应的开放。当对方不愿或不便作自我开放时,就会感到一定的心理威胁,进而引起防备,拉大两者之间的心理距离。实验发现,如果人们刚刚开始交往,一方就作了深刻的自我开放,对方就会感到不适应,觉得他太亲热了,亲热得有点不正常。结果该人不但没有获得对方的好感,反而会让对方觉得他可能是别有用心,或者是精神不正常。可见,尽管开放自我有增进对方好感、赢得信任和友谊的效果,但若运用不当,则会造成反效果甚至弄巧成拙。

第四节　职场人际和谐之构建

从职场交往的角度来看,处理人际关系最重要的就是协调与上级、同级和下级以及部门之间的关系,使之达到和谐。和谐的上下级关系会使你和上级的关系变得更融洽,沟通更有效;和谐的同事关系会让你和同事的关系变得更简单,更有效率;和谐的客户关系会让你和客户的关系真诚,合作更愉快。

一、与上级和谐

首先,要学会尊重和服从。对上级要先尊重后磨合。职场之所以会有上下级,是为了保证一个组织工作的正常开展,而下级尊重和服从上级是确保组织或团队能够完成目标的重要条件。况且任何一个上司,做到这个职位上,必定有某些过人之处,这些都是值得我们学习借鉴的,我们应该尊重他们精彩的过去和骄人的业绩,服从其领导。此外,上级要开展工作,也必须要掌握一定的资源和权力。作为下级应该做的就是在资源允许的情况,配合上级共同完成组织和自己的工作,而不是仅仅站在自己的角度去处处找上级的麻烦,甚至恃才傲物,不服从管理,这样的员工在组织中是很难生存和发展的。再者,上级进行决策是站在全局立场通盘考虑的,很难兼顾到每一个人,要求其面面俱到是不现实的。当然,上司的行为也不可能完美无缺,与上司有分歧实属正常,要让上司心悦诚服地接纳你的主张,应在尊重的氛围里,有礼有节、有分寸地磨合。

其次,如果自己的工作暂时还不能达到组织的相关规定和要求,一定要及时和上级进行沟通,要让他知道你的工作进度以及努力方向。在实际工作中,有的工作需要一定的时间来保证,可能在一定时期内你的工作还没有让别人看到显著成绩。这时不要和你的上级距离太远,你要创造一定的条件去和他进行沟通,让他知道你是在努力工作,清楚你的工作进度和计划以及就要取得的成绩。如果你这样做了,上级一般不会责备你,甚至还会利用他所掌握的资源给你提供一些帮助或提供一些建议,如此就会加快你的工作进度,进而提前取得工作成绩。在上下级工作交往中,极容易犯的一种错误是,越是成绩不理想,越是不愿去找上级沟通,认为自己没有成绩去找上级沟通没有面子,对上级采取敬而远之的态度。其实,这种做法是最要不得的。

你工作成绩不理想，上级本身就不甚满意，甚至有可能对你的工作能力产生怀疑，加之不了解你的工作状况和进度，就会认为工作不够尽心尽力。长此以往，就有可能进入被上级淘汰的名单之中。

第三，服从组织依照一定程序所做出的决定。如果认为不合理，可以通过合适的途径去反馈，并给上级留出一定时间。作为下级，如果对组织依照一定程序所做出的决定存有异议，也要学会换位思考，站在团队或组织的整体考虑为什么要出台这样的决定，如果这些决定是站在大局和整体高度作出的，而且对团队或组织的利益是有保障的，就应该求同存异予以服从。如果这些决定确有不合理或不尽完善之处，也要选择依照正常的程序和方式提出，并等待回复，切不可对抗组织的决定，那样受伤的就只会是自己。

第四，尽量不采取公开与组织对抗的方式来解决问题。一个人在组织中受到不公平对待的情况时有发生。面对这种状况，正确的做法是选择通过一定的程序和方式反映这一情况，甚至可以选择到相关的执法部门寻求帮助。切不可采取煽动闹事的方式或公开对抗的方式来解决问题，因为这是任何一个组织都难以容忍的，很容易把自己推到一个更加不利的境地。

二、与同级和谐

同级包括同事、客户以及不同职业者。对同级要能够协调，抱着接受、友善和承认的态度进行竞争协作。

首先，尊重同事，承认同事的工作成绩。虽然今天提倡彰显自己，突出自己，但是彰显自己，突出自己不意味着否定别人。喜欢否定别人的人，不可能有良好的人际关系。相反，承认同事的工作成绩，则显现了你对同事客观公正和友好的态度，反而会赢得同事的好感，由此建立良好的人际关系。

其次，承认和接受工作之间的差异，并尽力理解这些差异，如接受和尊重每个人的工作习惯、社会价值以及所应享有的权利和利益，并力求和他们有效地共事。

为了拍摄首部打拐电影《失孤》，天王刘德华现身南昌，根据剧情要求，导演采用隐蔽拍摄的手法。在剧中，刘德华扮演一位在公交站四处张贴寻人启事的农民，他穿着卡其色老式春秋衫，留着凌乱短发、胡子，斜背黄色的大背包。农民的装扮，加上刘德华超人的演技，虽然街上人头攒动，但没有人认出这位天王。喜剧性的一幕出现了，一名年轻的警察从此路过，发现了正在站台张贴寻人启事的刘德华，就毫不客气地上前驱赶他，警告他在公共场所乱贴启事破坏了环境，还触犯了相关法律法规。刘德华愣了一下，马上明白警察把他当做真正乱贴启事的农民了。他没有解释，而是像真正的农民那样，惊慌逃窜，一脚踩在马路牙子上，刘德华的脚扭伤了。

警察走了，剧组的工作人员急忙跑过来扶起刘德华，关心地询问他的脚伤，有人好奇地问："你为什么不解释一下，你可是大名鼎鼎的天王啊？"刘德华拍了拍身上的土说："有什么好解释的，这位警察是位好警察，他在履行自己的职责。如果我刚才解释自己是谁，他一定会不好意思。我宁愿被他误会，也希望他能继续认真履行工作职责。"

刘德华是娱乐圈中著名的"天王"，却毫不骄矜，而是把自己放在普通人的地位，懂得尊重别人的工作。他宁愿自己被误会驱赶，也要成全一位警察认真履行职责。

第三，互相弥补，积极配合。协调与合作既是良好职场交往之必须，更是工作的需要。在完成某项复杂工作任务时，由于个人力量有限，往往需要同事间互相弥补，积极配合。此时，如果能够互相弥补，积极配合，难事可成，反之，相互拆台，易事难为。

第四，坚持原则。遇到大是大非的问题，坚持原则是必须的，因为只有坚持原则,才有可能避免不必要的损失。但是要注意,每个人都有自尊心,都要面子,如果坚持原则而不注意方式方法,就有可能让对方下不了台,从而导致同事间关系紧张甚或由此出现不必要的摩擦。因此,在坚持原则的同时,一定要讲求方式方法,做到既不失原则,又要让同事能够愉悦地接受你的理念和做法。

第五,友善对待同事。当今的职场是一个需要合作的职场,同事之间是一种互动互助的关系。一个人只有善待同事,才会获得同事支持与合作。孟子说过:"君子莫大乎与人为善"。友善对待同事,对于同事遇到的困难,主动问讯,对力所能及的事尽力帮忙。每个人都有强烈的友爱和受尊敬的欲望。爱面子是国人的一大共性。在工作上,如果你能礼貌友善地对待同事,不仅能增进双方之间的感情,使关系更加融洽,还会得到同事的回报。相反,嘲笑、讽刺、挖苦同事,甚至是不经意间说出令同事尴尬的话,都会让对方没面子,其后果也许会非常严重——他会因尊严受到了伤害而拒绝与你合作。

第六,妥善处理与同事的矛盾。同事在一起共事日久难免产生一些摩擦与纠葛,这些摩擦与纠葛有些是表面的,有些是背地里的,有些是公开的,有些是隐蔽的,无论表现为何种方式,都容易引发矛盾,对此,一是尽量避免,二是一旦矛盾发生,应妥善处理。如,应本着就事论事的原则和豁达的态度,事来则应,事去则静,绝不小肚鸡肠,耿耿于怀。只要你大大方方,心胸开阔,不把过去的事当一回事,并积极采取措施去化解矛盾,对方也会以同样豁达的态度对待你。即使对方仍对你有一定的成见,也不必因此而妨碍彼此之间工作来往和合作,而是应该更积极地对待对方。当然,有时候平息积怨的确很困难,但只要坚持善待对方,假以时日,双方的关系一定会改观。

三、与下级和谐

领导要做到与下级和谐,首先要注意与下级保持良好沟通。这种良好沟通既包括工作方面的,也包括感情方面的。工作方面的良好沟通,其目的在于就工作目标、工作思路、工作重点等问题达成共识,进而顺利开展工作。感情方面的良好沟通,其目的在于缩短心理距离,形成相互认同和相互信任的心理氛围。

首先,尊重下级。一位哲人曾提出过这样的问题:将军和门卫谁摆架子?答案是门卫。因为将军有着雄厚的资本,他不需要架子作支撑。现实生活中也是如此,拥有优势的人常常胸怀大度,其自尊和面子足矣,无须旁人再添加。而与你同一阶层甚至某方面不如你的人,很可能因为自卑而表现出极强的自尊,他仅有的一点儿颜面是需要你细心呵护的,如果你能以平等的姿态与之沟通,对方会觉得受到尊重,进而对你产生好感,在工作上便会鼎力支持。

尊重下级包括:认可下级的价值和工作成果,对于下属取得的工作成绩给予真诚的肯定和赞扬。著名成功学家卡内基说过,人人都有追求重要感的渴望。纵观那些成功的领导者或主管,他们会想出很多点子让表现好的员工受到表扬,如有的组织让优秀员工在大会上上台领奖;有的组织每个月都将达到目标的人的照片张贴出来。在这方面最好的例子是拿破仑·波拿巴。拿破仑能叫得出他手下全部军官的名字。他喜欢在军营中走来走去,遇见某个军官时,用他的名字跟他打招呼,谈论这名军官参加过的某场战斗或军事调动。拿破仑的做法使他的下属非常吃惊,他们的皇帝居然如此重视自己——对自己的情况知道得一清二楚。这种重要感的满足是金钱所不能取代的。

素有"经营之神"之称的松下幸之助对下属的尊重是出了名的。据说,每当有人找松下幸之助办事的时候,作为总裁的松下从不马上表示同意或不同意。他总是对来人说:"这件事找某某课的某某主任,这件事由他负责。"虽然这些事对于一个总裁来说,完全有权力立即决定,但松下幸之助从来不会直接那么做。他这样解释其中的原因:"我既然聘用他们担任各个部门的领导，就应该给予他们绝对的信任。凡是属于他们职权范围内的事务，我不插手，交由他们去办，是对他们职位的一种尊重。"

有一次，松下幸之助在自己公司经营的一家餐厅招待客户，一行 6 人都点了牛排。等大家吃完，松下幸之助让助理去请烹制牛排的主厨过来，并且特别强调："不要找经理，要找主厨。主厨很快过来了。他看到松下面前的牛排只吃了一半，很紧张地问："是不是牛排有什么问题?"松下幸之助笑着说："牛排没有问题，但是我只能吃一半，原因不在你的厨艺，而是因为我老了。胃口大不如以前。"看着有点茫然的主厨，松下幸之助接着说："我想单独当面和你说，因为我担心，当你看到只吃了一半的牛排被送回到厨房时，心里会难过。"

每个人都渴望被尊重，这是人本能的心理需求，松下幸之助之所以深得下属的爱戴，与他尊重下属的价值和工作密不可分。

其次，信任下级，用其所长。对于领导者来说，信任是强大的管理工具，用人固然有技巧，但是最重要的，就是信任和大胆地委派工作。领导者对下属的信任主要表现在：大胆放权，对于已经明确由下属负责的工作，放手交给其做，为其施展才华提供广阔的舞台，使之英雄有用武之地；对于本应该是自己所做的工作，如果下属有此专长，也可以放权由其负责，以充分发挥下属的主观能动性和创造性。领导者如果能有信任下属的胸襟，不但可以提高办事效率，还可以助力职场人际关系的和谐。从现实来看，一个受上司信任，能放手做事的人，会有比较强的责任感，会更加积极主动开展工作，无论上司交代什么事情，都会全力以赴，同时也会与上司形成和谐的上下级关系。相反，如果上司不信任下属，对什么事情都指手画脚，下属就会觉得自己不过是奉命行事的机器，不仅对于上司交代的任务不会全力以赴，而且与上司的关系也处于相互戒备之中。

第三,关心爱护,体谅下级。上级对待下级,要做到平易近人,多理解、关心、爱护自己的下属,能体谅多帮助,切实解决下属在工作和生活中遇到的一些实际问题。当然,关心爱护下属,不仅体现为关心和帮助下属成长,还包括关心他们的生活,使之生活美好。所谓体谅下级就是尊重下属的意愿,体谅下属的需要和禁忌,不强人所难,不苛求别人做不能做或做不到的事情,古人说:"不责人所不及,不强人所不能,不苦人所不好"①,"己所不欲,勿施于人"②,就是这个意思。

在印度一家科研机构,大约有 70 名科学家在做一个非常棘手的项目,因为项目的难度很大,加之老板要求很严,每个人都深感压力巨大。一天,一位科学家对他的老板说:"先生,我已经答应我的孩子今天带他们去观看展览,所以我想下午 5 点半就下班。"老板答道:"没问题,你今天下午可以早一点回家。"科学家很高兴,马上开始投入工作。午饭后,他片刻也没有休息就走进工作室。像往常一样,他很快就进入了忘我的工作状态。当工作进入尾声的时候,他低头看了一下手表,天哪,已经是晚上 8 点半了。他深深责备自己:"又让孩子们失望了。"他以最快的速度赶回家,但孩子们不在家,他问妻子:"孩子们哪儿去了?"妻子答道:"你不知道,你老板下午 5 点多来到我们家,带他们去看展览了。"

这究竟是怎么回事?原来老板在 5 点钟的时候看他还在专注地工作,心想:"这个人不会放下他的工作。"然而他已经答应孩子们去看展览,就不应该让孩子们失望。于是老板决定自己代替他去履行承诺。

你猜这个老板是谁?他就是促使印度成功研制出核武器和导弹

---

① 《文中子・魏相》.

② 《论语・颜渊》.

的策划者,后来成为印度总统的阿卜杜拉·卡拉姆博士。他对下属的体谅赢得了下属的高度忠诚,这也是那些科学家为什么愿意承受巨大压力和严格要求、殚精竭虑工作的原因。

对于上司来说,其实帮助下级就是帮助自己,因为员工们的积极性发挥得愈好,工作就会完成得愈出色,也让你自己获得更多的尊重。而聆听更能体会到下属的心境和了解工作中的情况,为准确反馈信息、调整管理方式提供了详实的依据。

第四,一视同仁,团结协作。领导者处理与下级的关系,应该从事业和工作出发,对待所有下属都一视同仁、疏密有度,在思想上同样重视,工作上同样支持,生活上也同样关心。绝不能从个人目的和私利出发,搞"小团体"主义,厚此薄彼。

四、与客户和谐

职场交往中离不开客户,如何与客户打交道,协调好与客户关系,不仅是职场人士的职责所在,也折射出一个人的职业操守。

与客户协调关系,应该从以下几个方面入手。

首先,重视客户,主动联系。受重视是每个人的天性,客户也不例外,记住你的客户,主动与客户联系,客户就会记住你,就会感受到你的优质服务,自然就会把货币信任票投给你。

其次,为客户提供热情周到的服务。热情常常从小事上体现出来,如对客户礼貌会让你的客户觉得亲切,为客户利益着想会让客户感受到你的诚意,帮助客户会让客户对你留下非常好的印象,而所有这一切都会促使他更愿意与你合作。

第三,对客户负责,超越客户期望。面对你的客户,如果你能够本着对他负责的精神,站在他的立场上考虑问题,理解他的需要,超出你的职责范围主动为他提供一些服务,一定能赢得客户的高度信任和忠诚。因为你以实际行动诠释了"客户至上"的服务理念,彰显了服务的高水平和高境界——对客户利益高度关心和真诚负责,具有圆满解决问题的良好态度和能力。这种做法无疑会解除客户的后顾之忧,进一步吸引客户——客户会因你的积极主动服务而尤为满意,从而产生对你的高度依赖和长期信心。

五、与部门之间的协调

对于大多数组织来说,都是多部门并存的,这些部门形成联动,组织才能正常运转。在实际工作中,部门之间的协调相对于个人而言要复杂得多,因为它要达成的是整体与整体间的协作。为此,要求一起工作的有关部门及人员,必须以大局为重,做好部门之间的沟通与协调工作,达成共识,把维护集体利益作为最终目标。同时,还要互相尊重,相互配合。相互尊重是有效沟通与良好配合的基础,在实际工作中,一定要尊重和信任对方,当对方遭遇困难需要帮助时,主动伸出援助之手,提供力所能及的帮助和支持,为其创造有利条件。遇有问题,要及时通报信息,通过协商的方法来解决问题,用真诚换取对方的理解和支持。绝不能以自我为中心,奉行本位主义,在与其他部门出现工作交叉需要合作时,不尊重、不体谅对方,居高临下,这样非但达不到合作的目的,还会人为地制造各种矛盾。

图书在版编目(CIP)数据

职场交往美德/韩秀景著.—上海:上海三联书店,2016.6
ISBN 978 - 7 - 5426 - 5544 - 8

Ⅰ.①职…　Ⅱ.①韩…　Ⅲ.①职业道德－心理交往
Ⅳ.①B822.9

中国版本图书馆 CIP 数据核字(2016)第 065799 号

职场交往美德

著　　者 / 韩秀景

责任编辑 / 张大伟
装帧设计 / 鲁继德
监　　制 / 李　敏
责任校对 / 项晓芬

出版发行 / 上海三联书店
　　　　　(201199)中国上海市都市路 4855 号 2 座 10 楼
网　　址 / www.sjpc1932.com
邮购电话 / 021 - 22895557
印　　刷 / 上海叶大印务发展有限公司

版　　次 / 2016 年 6 月第 1 版
印　　次 / 2016 年 6 月第 1 次印刷
开　　本 / 640×960　1/16
字　　数 / 260 千字
印　　张 / 20.75
书　　号 / ISBN 978 - 7 - 5426 - 5544 - 8/B · 477
定　　价 / 52.00 元

敬启读者,如发现本书有印装质量问题,请与印刷厂联系 021 - 66019858